古生物はこんなふうに生きていた

化石からよみがえる50の場面

LOCKED IN TIME

Animal Behavior Unearthed in 50 Extraordinary Fossils

ディーン・R・ロマックス 文
Dean R. Lomax
ボブ・ニコルズ 絵
Bob Nicholls
藤原 多伽夫 訳
真鍋 真 解説

白揚社

僕の素敵なママ、アン・ロマックスにささげる。いつも僕を支えてくれてありがとう。

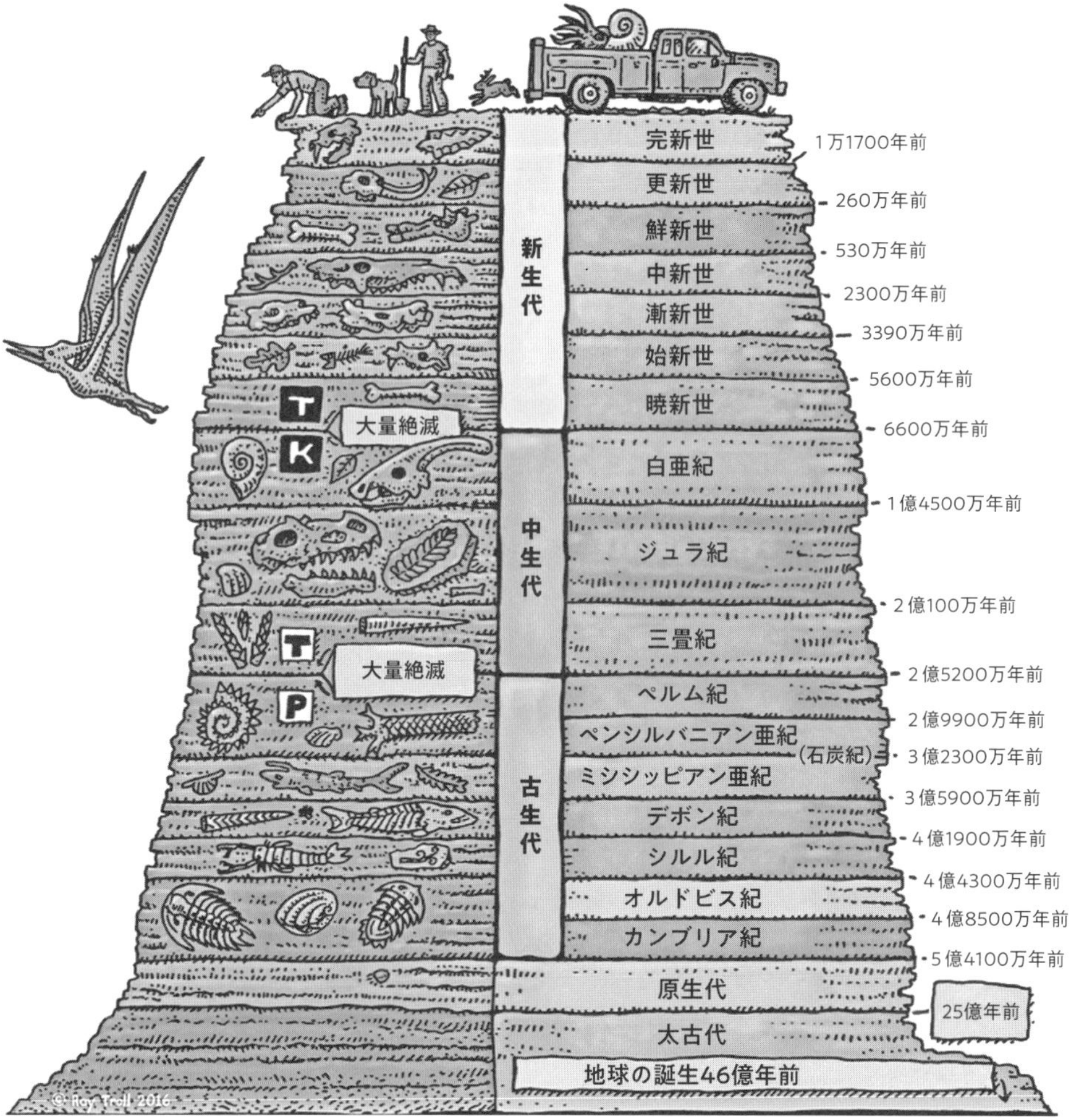

完新世
1万1700年前
更新世
260万年前
鮮新世
530万年前
中新世
2300万年前
漸新世
3390万年前
始新世
5600万年前
暁新世
6600万年前
新生代
白亜紀
1億4500万年前
ジュラ紀
2億100万年前
三畳紀
2億5200万年前
中生代
ペルム紀
2億9900万年前
ペンシルバニアン亜紀
(石炭紀)
3億2300万年前
ミシシッピアン亜紀
3億5900万年前
デボン紀
4億1900万年前
シルル紀
4億4300万年前
オルドビス紀
4億8500万年前
カンブリア紀
5億4100万年前
古生代
原生代
25億年前
太古代
地球の誕生46億年前
T
大量絶滅
K
T
大量絶滅
P
© Ray Troll 2016

目次

3 移動と巣づくり

4 戦う、かむ、食べる

5 世にも奇妙な出来事

はじめに――先史時代の世界をひもとく

恐竜の骨格を初めて見たときのことを覚えているだろうか？　頭を後ろに傾けて見上げ、目を見開き、圧倒されて、「すごい」という気持ちを抑えきれない。そんな経験をした人もいるのではないか。多くの人にとって、骨と歯だけの巨大な生き物、いま生きている動物とは似ても似つかない生き物と出合うことは、すばらしい好奇心と興奮に包まれる体験となる。

しかし、恐竜やほかの先史時代の動物がどんな暮らしをしていたのか、じっくり考えてみたことはあるだろうか？　何を食べていたのか。病気になることはあったのか。赤ちゃんの面倒をどのように見ていたのか。卵を産んだのか、それとも生きている子を産んだのか。こうした一見単純な問いの答えを見つけるのは、化石を研究する古生物学者にとって一筋縄ではいかない難題だ。しかし、なかにはそうした行動の直接的な証拠を記録し、はるか昔に絶滅した種の生涯の一場面をとらえた見事な化石がある。これまでに発見されてきたあらゆる化石のなかでも特別で、畏敬の念を抱かせるほどの魅力にあふれた化石だ。

そうした化石はめったに見つからないものではあるが、生物の痕跡や骨を残しているということ以外にも、多くの情報を与えてくれる。先史時代の動物がどのように生きていたかを詳しく教えてくれるのだ。暗号を解くような側面もあるものの、動物が生きていたときや死ぬときに何が起きたかを確実に解釈するうえで必要なパズルのピースのすべて（あるいは大部分）を古生物学者に与えてくれる。

たとえば、これまでにつくられた恐竜の映画やテレビ番組のほぼすべてで、クライマックスに恐竜どうしのバトルが登場するという点を考えてみよう。実際のところ、恐竜どうしの戦いによる死亡例を記載した科学論文は一つしかない（「決闘している恐竜」とみられる例はもう一つあるのだが、まだ正式には研究されていない）。これは、恐竜やほかの先史時代の動物がめったに戦わなかったことを意味しているわけではない。こうした行動が化石として残る可能性がきわめて低いという事実を浮き彫りにしているのだ。戦いの最中に命を落とした二頭の恐竜がいっしょに地中に埋もれ、損傷を免れるだけでなく、戦いの状況をとらえたまま化石として永遠に保存される可能性がどれだけ低いか考えてみてほしい。しかも、化石が浸食されて永遠に失われやすいことを考えれば、死んだ何百万年も後に、古生物学者が戦ったままの状態を発見することは、めったにない幸運だ。

先史時代の生物にまつわる既存の知識のなかで、恐竜はごくわずかな部分を占めているにすぎないが、多くの人にとって恐竜は古生物学、そしてしばしば科学全般の世界への入り口となる。この本には、子の世話をする恐竜の親や病気になった恐竜など、独特なストーリーを伝える驚きの恐竜化石を収録した。それだけでなく、何億年も前に生きた恐竜以外の動物の精緻な化石も盛り込んだ。交尾中に永遠に化石となった生き物の姿を垣間見るほか、巨大ザメの保育所の謎を解き明かし、海にすむ爬虫類の出産を目の当たりにする。その他、たくさんの驚くべき化石に出合うことだろう。

本書に収録した五〇の物語を通じて、遠い過去にさかのぼる世界旅行に出てみよう。実際に起きた出来事、そして動物そのものを現代によみがえらせるため、ボブ・ニコルズが五〇の化石それぞれについて美しいイラストを描いてくれた。すべてのイラストは、それぞれの化石が伝えるストーリーに全面的にもとづいている。さらに重要なのは、すべてのイラストが科学的に正確であることだ。単なる推測ではなく、科学的な研究で得られた証拠にもとづいている。

化石はただの動かない物体ではないということを、本書で示したい。失われた世界を知る手がかりとなる知見を与えてくれるタイムカプセルだ。それは見たことのない世界であると同時に、なじみ深い世界でもある。本書で取り上げた化石は事実や数値以上の多くのことを伝えてくれる。いま生きている動物の典型的な行動が、進化のうえではるか昔に起源をもっていることを教えてくれるのだ。本書に収録したストーリーとイラストを通じ、過去のある瞬間の「スナップ写真」を見て、これらの化石がかつてあなたや私と同じように生きて呼吸していた動物だったのだと理解することができる。動物たちの暮らしのストーリーが、石に閉じ込められ、時代を超えて現代まで残ったのだ。

大昔の化石を掘る

古生物学はいま、発見の黄金時代の真っただ中にあり、たくさんの新発見が続々ともたらされている。ごく最近アジアで見つかった色つきの羽毛恐竜、南アメリカで発見された一万二〇〇〇年前の哺乳類のＤＮＡに関する研究、アフリカで見つかった絶滅した初期人類の正体など、最新の大発見は多くの人の興味をかき立てる。知識を手に入れやすい現在の世界では、古生物学の研究にかつてなく自由に触れることができるようになった。

私が化石に夢中になったのも、メディアを通じてこうした発見や報道に触れたからだ。私もかつて、恐竜など、先史時代のあらゆるものに夢中な子どもだった。恐竜のことをみんなに話して回るうっとうしい子どもがいるだろう。私はまさにそういう子だった。いまでは仕事でそれをやっているのだが。

この本を書きたいという情熱を抱いたきっかけは、二〇〇八年のワイオミング州への旅だった。自分の進む道を決めたのもこの旅だ。それはイギリスにいた私にとって初めてのアメリカ旅行であり、一人で外国に旅行するのも初めてだった。当時一八歳だった私は持っていた『スター・ウォーズ』のコレクションを売って（本当の話だ）、ワイオミング恐竜センターへの旅行資金にした。それは私にとって初めての専門的な発掘調査と研究の旅だった。ワイオミング恐竜センターはサーモポリスという不思議な響きの町にあるすばらしい博物館だ。最初の日、博物館の展示物を案内してもらったとき、ある見事な化石に目が釘づけになった。板状の大きな石灰岩の表面を横切るように、小さな歩行跡が残っていたのだ。それをたどっていった私は知らず知らずのうちに、一億五〇〇〇万年前の死の場面につながる道筋を追っていた。

広範囲にわたる歩行跡の終点にその主が横たわっていた。ジュラ紀に生きた一匹の若いカブトガニだ。この小さな節足動物は有毒な潟に投げ出され、仰向けに落ちてから、しばらく歩いたものの、やがて酸素不足で窒息して力尽きた。一億年以上前に起きたこの出来事全体が永遠に保存されているという事実そのものに、私は驚いた。それは化石に対する自分の考えを変えるほど大きな衝撃だった。

さらに興奮したのは、その化石がまだ研究されていなかったことだ。それを知った私は調査できる機会に飛びつき、博物館の古生物学者クリス・レイシーのチームに加わった。私たちは化石を共同で調べ、その成果は数年後に査読付きの雑誌に公式に発表された。当時の私は若く、学ぶ意欲にあふれていた。ちょうどよい時期に絶好の場所にいた好例だ。化石のカブトガニとは正反対とも言える状況だった。

あの化石を見て以来、私は行動にまつわる独特なストーリーをもった化石に強く興味を引かれるようになった。そして、先史時代の動物たちが語る驚愕のストーリーをまとめるという本書のアイデアをくれたのもまた、あのカブトガニの化石だった。

化石動物の行動を知る

時にドラマに満ちた動物の行動は、何より刺激的なこともあれば、自然界の奇妙な側面を垣間見せてくれることもある。急降下して魚をとらえるワシ、身を守るために目から血を飛ばすツノトカゲ、ヤスデの分泌物を薬として使っていると思われるキツネザルなど、動物界では多種多様でしばしば複雑な行動が進化を通じて出現してきた。

化石を研究していて何よりもどかしく感じることの一つは、その絶滅種の生きた個体を決して見ることがないとわかっている点だ。これは奇妙な感覚であり、私は天文学者にたとえている。天文学者は惑星や恒星を見て研究することはできるが、決してその星を訪れることができない。化石を通じて行動を理解し、推定する研究は、古生物学者にとって最も困難で骨が折れる仕事の一つではあるが、同時に最も大きな興奮をもたらしてくれる仕事の一つでもある。

先史時代の生物が特定の行動をしていたと断言するためには、最後に食べたものが消化管に残っている動物や、獲物の骨に歯を食い込ませたままの動物など、直接的な証拠を見つけなければならない。現生の近縁種や類似の種と慎重かつ詳細に比較すれば、その証拠にさらなる解釈を加えることができる。場合によっては、その絶滅種に類似した種のほうが現生の近縁種より適切なことがある。たとえば、コマドリは生きた恐竜ではあるが、だからと言って大型植物食恐竜のディプロドクス（*Diplodocus*）との比較にふさわしいわけではない。コマドリとディプロドクスは体のつくりや生活様式がまったく異なっているからだ。これは、リスとシロナガスクジラがどちらも哺乳類だからと言って、両者の行動を比較しようとする人がいないのと同じである。現代の生態系では、動物の行動を直接リアルタイムで研究できる（動物行動学）。これは古生物学者が化石を解釈するうえで欠かせない土台となり（古行動学）、太古の生物とその生息環境の相互関係について重要な情報を与えてくれる（古生態学）。

本書に収録した化石の同定やその行動の解釈は古生物学者による詳しい研究にもとづいている。一部の化石については、私自身も標本の調査と研究を行なった。しかし、科学のすばらしい特質として、ほかの化石が発見されて研究が進んだ結果、新たな証拠が得られ、これまでとは違った説明が提示されて、化石から推定される行動の解釈が変わる可能性もある。

行動の証拠を示す特別な化石を求めて幅広い文献をあさるのはとても楽しかった。化石から行動を探る研究はたくさんある。とりわけ多いのが琥珀《こはく》に閉じ込められた生物の研究だ。これは化石化の特殊な形態で、生物どうしの行動の相互関係を記録していることで知られている。こうした理由、そして五〇の化石とストーリーのバランスをとるため、単純な行動から複雑な行動までさまざまな行動を盛り込むように気をつけながら、多様な化石を選ぶことを心がけた。こうした標本の多くは、唯一無二のものだ。しかし、複数の産出例を代表する化石や、保存例が多い行動をわかりやすく示しているという理由で選んだ化石もある。

この本を読んで、私が一億五〇〇〇万年前のカブトガニの死の行進を初めて目にしたときに経験したのと同じ興奮を読者に味わってほしい。風変わりなストーリーもあれば、驚くほどなじみ深いストーリーもあるが、これらは『ジュラシック・パーク』のようなフィクションではない。遠い昔に絶滅した動物の本当の物語だ。それが岩に刻まれている。

1

交尾

オーストラリア原産でネズミほどの大きさの有袋類、チャアンテキヌスの雄にとって、繁殖期は生涯のなかでも特別な時期だ。まだ一歳にもならないうちに、同年代のすべての雄が精子づくりをぴたりとやめてしまう。それまでにためた精子を使う時がやって来たのだ。この出来事をきっかけに、それから数週間、雄たちは一心不乱に交尾する。できるだけ多くの雌を妊娠させようと、小さな体が許す限り、ほかの雄と競うように交尾を繰り返す。雄たちは疲れ果てるまで何時間も交尾し続ける。全精力をつぎ込んだ子づくりはやがて、雄たちに大きな代償をもたらす。ストレスの度合いが高まって、免疫系が崩壊してしまうのだ。毛皮が抜け始め、感染症によって危険なほど体が弱り、体内での出血まで生じる。だが、雄たちは交尾をやめず、一匹残らず命を落とす。すべての雄が交尾のやりすぎで事切れてしまうのだ（それはある意味で劇的な生涯の終え方であることは確かだ）。この行動は「自殺的生殖」、または専門用語で「一回繁殖」と呼ばれている。これらの小さな哺乳動物は最悪の代償を払って繁殖のチャンスを求めている。

こうした異常かつ劇的な繁殖行動が進化で生まれたことは、地球の生命がいかに多様で複雑であるかを示している。結局のところ、この惑星にすむすべての生物は繁殖の直接の結果として存在している。繁殖は生命の基本的な要素の一つだ。単純に言えば、生き物は繁殖しなければ絶滅してしまう。永遠に生き続けられる生物はいないから、繁殖の能力を備えていることで死をうまく逃れているとも言える。個体は遺伝子を残して、次世代に独特の性質を受け渡すことができ、それが種を確実に存続させることにもつながっている。

生物が繁殖する方法には無性生殖と有性生殖がある。前者は交尾が伴わない生殖で、遺伝的に同一の複数の子（クローン）を生み出せる単独の親がいればよく、動かない生物にとって理想的な方法だ。単純かつ迅速で、必要なエネルギーが少なく、サンゴ、海綿動物、植物、昆虫といった複数のグループに見られるが、魚類や爬虫類ではまれで、哺乳類には例がない。反対に有性生殖では、繁殖力のある子を残すために雄と雌が必要だ。生殖は哺乳類のように体内受精（一方の性器をもう一方の性器に挿入する）か、サケのように体外受精で行なわれる。サケの場合、雌が水中で産卵し、それを待っていた雄が卵に精子をかけて受精させる。有性生殖のほうが無性生殖より時間がかかり、二匹の個体が必要であるうえ、エネルギー消費も大きい。人間が相性のよいパートナーを見つけるためにどれだけエネルギーを使っているかを考えてみてほしい。とはいえ、交尾をすることで子に多様性が生まれ、両親の特徴が組み合わさった遺伝的に固有の子を生むことができる。こうして遺伝子が混ざり合うことによって、子が繁栄や生存、繁殖をしやすくなる。

ほとんどの生物はどちらか一方の繁殖法だけを使うが、両方の繁殖法を使える生物も多くいる。脊椎動物ではほとんどないが、多くの無脊椎動物は一匹の個体が雄と雌の生殖器を両方備えた「雌雄同体」で、多くが自家受精することができる。ただし、通常は有性生殖する。クマノミなど、魚類のなかにも雌雄同体の種がいる。しかし、前述の例とは異なり、生まれたときは雄だが、後で雌に変わり、有性生殖できるようになる。

現生の動物では個体の性別を簡単に特定できることもあるが、その区別は軟組織でなくても可能だ。多くの動物は外観の特徴から雄と雌を区別することができる。こうした特徴は「性的二形」と呼ばれ、なかには際立った特徴もあって、とりわけ雄に見られることが多い。ライオンの雄にはたてがみがあり、シカのほとんどの種の雄は角を備え、クジャクの雄は派手な尾羽を生やしている。しかし、なかには目立つ特徴を雌が備えている種もある。たとえば、水辺にすむ鳥であるヒレアシシギは雌のほうが雄より体が大きく、鮮やかな羽毛を生やしている。この事例では、目を引く特徴は性別を区別するためだけでなく、求愛行動や群れの支配、競争において特定の役割を果たしてもいる。これを促しているのが「性淘汰」だ。これはダーウィンが提唱した自然淘汰の一種であり、性的形質が交尾相手の獲得と繁殖の能力に役立っていると考えられる。とはいえ、交尾と遺伝子の継承という話になると、交尾の始め方、あるいは少なくとも交尾しようと努力するやり方はそれぞれの種によって異なるものだ。相手を魅了するためにダンスを披露する種、最高の巣づくりや最高の贈り物で相手を引きつける種。求愛行動は手が込んでいたり、きわめて入り組んでいたりすることもあるし、命懸けになることさえある（精子を受け渡そうと競い合うチャアンテキヌスがその例だ）。現生の生物に膨大な数の種が存在することを考えれば、多種多様な繁殖法が進化したのは驚くに当たらない。それぞれの手法が種の存続のために重要な役割を果たしている。

それでは、化石の場合はどうだろうか？「化石」と「交尾」という二つの単語はいっしょに使われることがめったにない。それはなぜだろう？何億年にもわたって生物が繁殖してこなければ、あなたはいまこの本を読んでいなかった。そう考えると変な気分になるかもしれないし、あるいは当たり前のことだと思うかもしれないが、この惑星にいるすべての生き物は先史時代の繁殖の結果として生まれた。はるか昔に絶滅した祖先たちがＤＮＡを子孫に受け渡した結果である。何百万もの個体が何事もなくこの世に生を受け、病気や捕食、自然災害に見舞われることなく性的に成熟し、交尾相手を見つけて繁殖しなければならなかった。そうして世代から世代へ、一つの種から新たな種へとＤＮＡが脈々と受け継がれた。森に生えた植物や上空を舞う鳥から、一つ一つの生き物の進化の起源をたどることができる。

とはいえ、繁殖について化石からどのようなことをどうやって知ることができるのだろうか？大ヒット恐竜映画の原作である小説から引用しよう。「誰か外へ行って、恐竜のスカートをめくって確認してもらえるかな？　そもそも、恐竜の性別をどうやって特定できるんだ？」　これはいい質問だ。通常、化石には硬い部位（骨や歯など）が残っているだけであり、軟組織が残っていたとしても、性別の特定や繁殖法の推定につながる情報はめったに残っていない。そうであるなら、私たちは知識にもとづいた推測以上の何かを本当に提供できるのだろうか？

　これはもっともな問いである。先史時代の動物が繁殖行動の証拠を残すのは不可能であるように思えるからだ。しかし、私たちは「機能形態学」（生物の構造と多数の部位が機能する仕組みとの関係に関する研究）という分野の研究を活用することができる。形態と機能に関する研究は、先史時代の生物とその生態に関する謎を解くヒントになる可能性を秘めている。確かに限界はあるものの、絶滅種の繁殖法を推定するうえで同じ動物グループの現生種を類似種として利用することもできる。

　それでは、繁殖の証拠が残っていたとしたらどうだろうか？　この章では、まさに行為に及んでいる最中の生き物から妊娠の証拠を示す化石まで、繁殖とそれに関連する行動の進化において重要なステップに光を当てていきたい。それは、遠い過去に起きた、驚くほど特別かつ親密な瞬間をとらえている。

魚の母の子づくり

私たちヒトは、四肢を備えたすべての脊椎動物と共通の祖先をもっている。それは副次的に四肢をなくした脊椎動物（ヘビなど）とも共通で、四億年以上前にさかのぼる。その共通祖先は魚だった。進化の観点で言えば、私たちは魚なのである。ヒトを含め、すべての四肢動物が長大な時間をかけて進化してきた過程はニール・シュービンの著書『ヒトのなかの魚、魚のなかのヒト』に見事にまとめられ、進化の旅のなかでもとりわけ目を見張るストーリーだ。しかし、初期の魚類の繁殖行動を示す直接の証拠はほとんどなかった。その状況が変わったのが二〇〇五年。あらゆる化石発見のなかでも格別に並外れた偉業があったのだ。

魚の化石を見つけるため、著名な専門家であるジョン・ロングが西オーストラリア州のキンバリー地域に位置するゴゴ地域で化石を探す旅を企画した。そこは彼にとってなじみ深い地域で、およそ三億八〇〇〇万年前のデボン紀には浅い海だった。オーストラリア初のグレート・バリア・リーフとも言える。現在のサンゴ礁は多種多様な生物のすみかとなっているが、それは太古のサンゴ礁も同じだった。ゴゴ地域は並外れた化石の産地として知られ、とりわけ三次元の状態で保存された魚が有名である。こうした化石は「ゴゴ・ノジュール」と呼ばれる丸い石灰岩の団塊に含まれている。それを割ると、幸運ならば中から化石が姿を現すというわけだ。

そんな最高についていた一日が、二〇〇五年七月七日である。ロングの友人で旅に同行したリンジー・ハッチャーが、ノジュールを一つ拾い上げ、いつものようにハンマーで叩いたところ、黄金を掘り当てた。それを見せられたロングは、「板皮類《ばんぴ》」と呼ばれる装甲に覆われた絶滅魚の化石であると判断した。しかし、化石の大部分はまだまわりの母岩に埋もれたままだったため、それ以上詳しい同定はできなかった。ノジュールはていねいに梱包され、パースにある西オーストラリア博物館の研究室に送られて、そこで母岩が取り除かれることになった。そのときはまだ、装甲に覆われた魚は謎に包まれていたから、どんな大発見をしたのか、二人は知る由もなかった。

ゴゴ地域から産出した板皮類の化石はよく知られている。板皮類は形や大きさがさまざまで、世界中のあちこちで発見されていて、これまでに三〇〇を超す種が見つかってきた。顎を備えた最初の魚であるほか、一対の付属肢（ひれ）も備え、一部の種は歯も発達させた。そのため、板皮類は現代の脊椎動物の進化を研究するうえで重要な役割を果たしている。板皮類はヒトにつながる進化の系統と同じ系統にある祖先の一つか、私たちの魚類の祖先に関連する進化の分岐の一つであるとの説がある。

二〇〇七年一一月、二年を超える順番待ちの末に、ハッチャーの化石のクリーニングがようやく始まろうとしていた。骨が壊れやすいことから、周囲の岩石は酢酸（強い酢）の低濃度の溶液を用いて慎重に取り除かれた。酸は石灰岩を溶かすが、骨は長い時間浸さなければ溶けない。岩石を取り除く工程は数カ月かかることもある。その工程を少しでも早めるために、標本は酸に漬けられた。その結果として姿を見せたのは、ほぼ完全な三次元骨格だ。全長およそ一五センチで、頭部のほか、頭蓋さえも残っていた。化石の重要性に気づいたロングは、化石の記載に力を貸してもらおうと、化石魚類と初期の顎口類（顎を備えた脊椎動物）の専門家として世界的に有名なケイト・トリナイスティックに支援を求めた。

この標本は保存状態が良好なだけでなく、まったく新しい属に分類される新種であることに研究チームは気づいた。それでもまだ、この時点では最も衝撃的な事実は発見されていなかった。

このとき魚の一部はまだ岩石に覆われていた。そのため、化石が損傷する危険はあったのだが、研究チームは化石を再び酸に漬ける決断をした。すると、新たに露出した部分に奇妙なものが姿を見せた。それはちっぽけな魚の骨格だ。細かい解剖学的な特徴が、成魚の骨格と完全に一致している。そこでチームはすべてを理解した。彼らは妊娠した脊椎動物の世界最古の化石を発見したのだ。それまで見つかっていた最古の事例より一億三〇〇〇万年以上も古い。小さな胚(胎児)をさらに詳しく調べると、ロープのような構造が胚のまわりに絡まり、雌の成魚につながっていた。高性能な電子顕微鏡で観察してみると、この構造は胚に生命を吹き込むへその緒であることが明らかになった。三億八〇〇〇万年前のへその緒である。これは母親が子に栄養を与える構造が化石として保存された最初の事例となった。しかも、それは卵黄嚢《らんおうのう》とも考えられるものの近くに位置していた。

魚類の曽祖母ともいえるこの魚には、マテルピスキス・アッテンボローイ(*Materpiscis attenboroughi*)という学名がつけられた。前半の属名はラテン語で「母なる魚」を意味し、後半の種小名は著名な動物学者でプロデューサーでもあるデヴィッド・アッテンボローにちなんで名づけられた。アッテンボローは一九七九年にテレビシリーズ『地球の生きものたち』でゴゴの魚類化石産地に注目した人物だ。妊娠した母親の化石を同定した研究チームは、さらなる発見を求め、それまでにゴゴから採取された化石に目を向けた。すると驚いたことに、チームは妊娠した標本をさらに複数発見した。それらの標本は板皮類のほかの種に分類され、なかには小さな子を三つ宿している標本もあった。その子はマテルピスキスの微小な骨格と同じ領域に位置していた。

　これらの発見に続き、二〇二〇年には別の研究グループが妊娠した板皮類を新たに発見し、ワトソノステウス・フレッティ（*Watsonosteus fletti*）と名づけた。その化石が採取されたのは、ゴゴよりも少し古い三億八五〇〇万年前のスコットランドの岩石だ。その年代から、この新たに発見された化石は世界最古の妊娠した脊椎動物の化石の座をマテルピスキスから奪った。

　これらの魚が子を宿しているという事実は、胎生（生きた子を出産する繁殖法）であることの決定的な証拠だ。妊娠期間がどれぐらいかはわからないが、一つ確実にわかっているのは、体内受精の結果として妊娠したことである。つまり、これらの板皮類は産卵せず、交尾をしていたということだ。鳥やミツバチが出現するはるか前に、これらの魚は性行為（私たちが言うところのセックス）に熟達していた。しかし、それは具体的にどのような行為だったのか？　それを知るには、骨格の硬い部位に着目しなければならない。

　体内受精によって繁殖する大部分の現生の魚は、腹びれか臀《しり》びれから形成された生殖構造を利用して受精する。たとえば、軟骨魚類（サメなど）の雄は、ペニスに似た「クラスパー」と呼ばれる交尾器官を備えているため、雌と区別することができる。板皮類の一部の種もこうした性的二形の構造をもち、雄と雌を見分けられる。これまでに発見された最古の例、つまり性行為を示す最古の雌雄の証拠はミクロブラキウス・ディッキ（*Microbrachius dicki*）という、およそ三億八五〇〇万年前の親指サイズの魚だ。種小名が英語でペニスを意味する俗称を想起させるのは愉快な偶然でしかなく、化石を最初に発見したロバート・ディックにちなんで名づけられた。これまでにエストニアから中国に至る地域で、多数の標本が発見されてきたが、その大部分はスコットランドで見つかっている。雄は大きくて目立つ鉤状の皮骨のクラスパーを備え、雌は一対の刃状の生殖板をもっている。エストニアで発見されたある標本

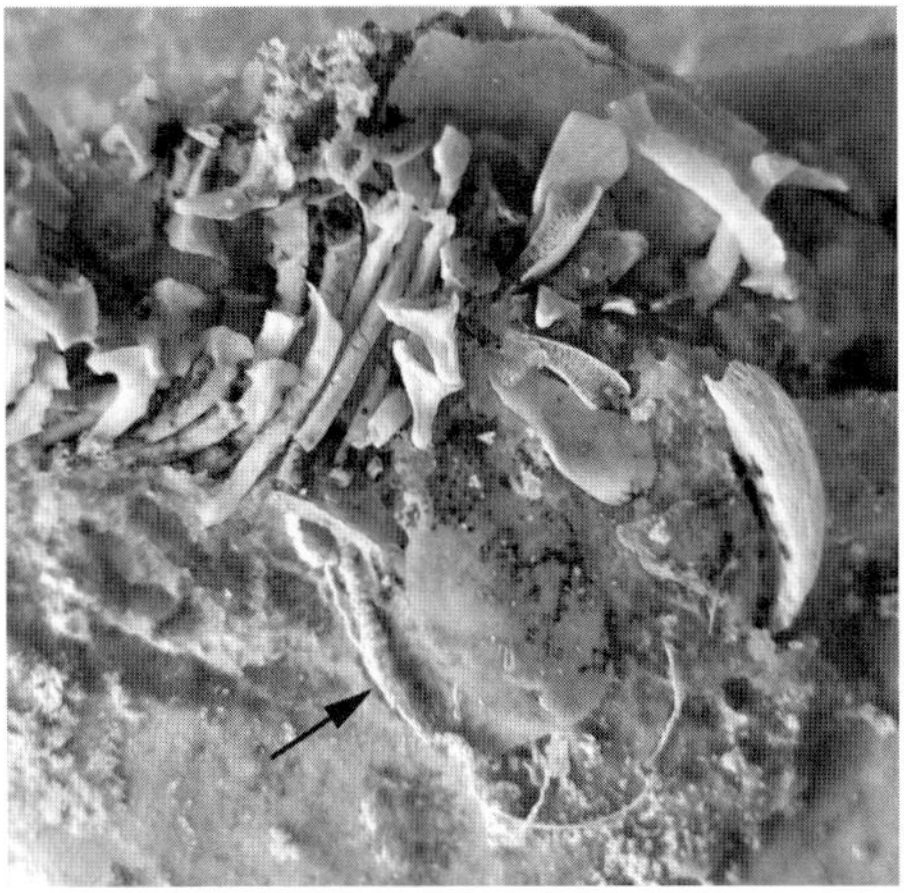

図1.1. 板皮類の魚、マテルピスキス・アッテンボローイの妊娠した母親の接写。胚の断片と、ロープ状のへその緒（矢印で示した）も残る。

（写真提供：John Long, Flinders University）

図1.2. ミクロブラキウス・ディッキの雄（左）と雌（右）。雄はペニスに似たクラスパーを備え、雌は一対の生殖板をもつことから区別できる。(A)ひれ、(C)クラスパー、(G)生殖板、(H)頭部。

（写真提供：John Long, Flinders University）

は、雄のクラスパーが雌の生殖板に付着した状態で発見された。交尾のあいだ、二匹が並んで泳ぎ、おそらくは骨張ったひれを絡ませているとき、雄はその大きなクラスパーの先っぽを雌の総排泄腔に挿入したのだろう。雌の生殖板はクラスパーをしっかりと固定し、何よりも大事な精子の放出を助けた。

板皮類のような魚類の場合、体外受精が原始的な繁殖様式だとかつては考えられていた。しかし、化石として保存された骨質の生殖器や妊娠の証拠といった見事な発見があったおかげで、こうした初期の魚が交尾をし、最初期の胎生の脊椎動物であることが明らかになった。

図1.3. 絡み合う愛（⬅次ページ）

交尾するミクロブラキウスのカップル。右が雄で、左が雌だ。その背後では別のミクロブラキウスが出産している。

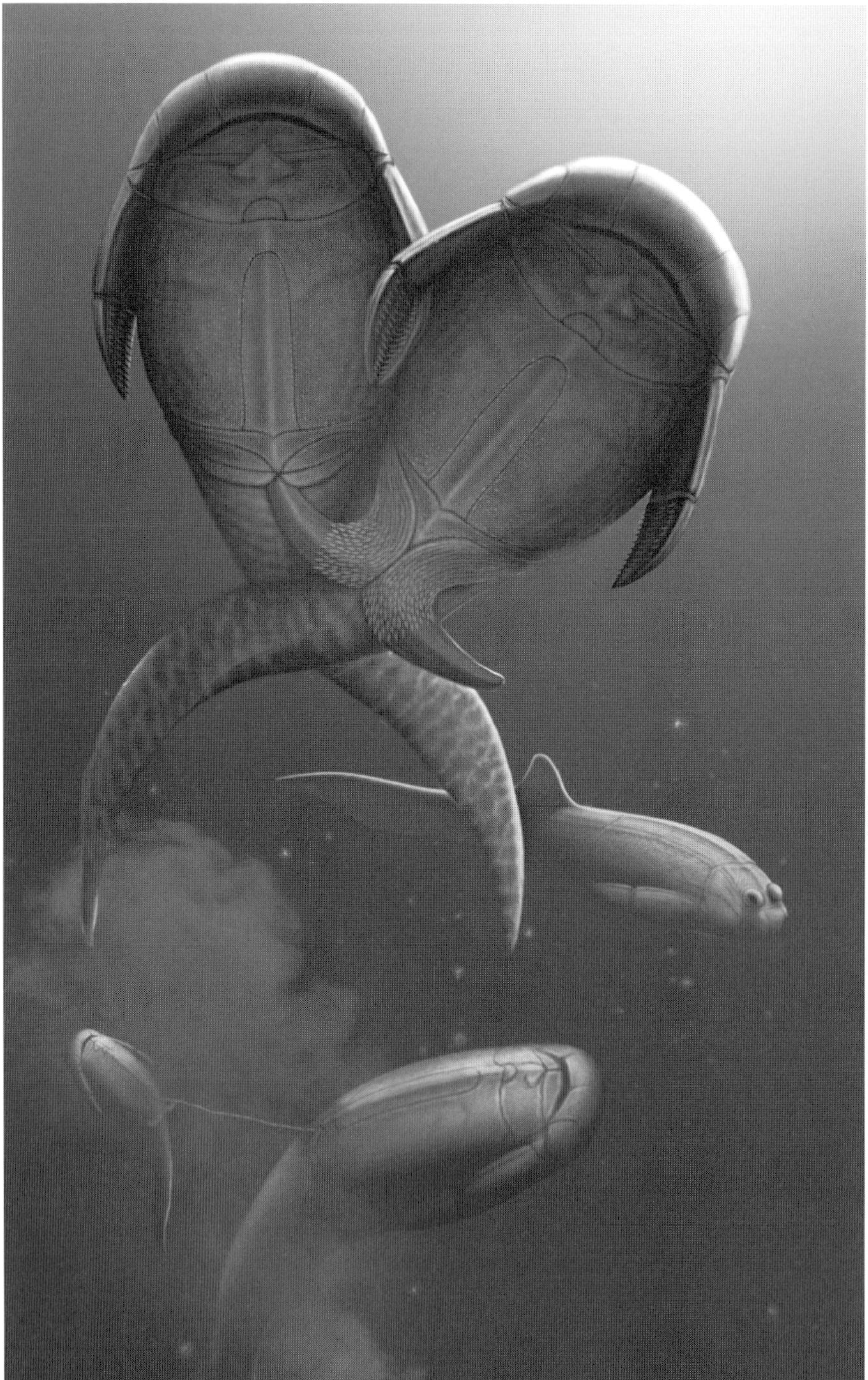
BOB NICHOLLS 2020

恐竜の求愛ダンス

鳥は恐竜である。ハチドリからシチメンチョウ、ペリカンからエミューまで、一万種を超す現生の鳥類はすべて恐竜、正確に言えば獣脚類の恐竜だ。数々の特徴のなかでも、骨格の解剖学的な特徴が類似していること、羽毛を生やしていること、さらには抱卵などの行動そのものが、鳥類と獣脚類を結びつけている。そしていまでは、一部の獣脚類の恐竜が異性を引きつけるために「ダンス」していたことを示唆する証拠も見つかっている。

このダンスは「レッキング」と呼ばれる行動で、地上に巣をつくる多くの現代の鳥に見られる。繁殖期やその前になると、雄はたいてい集団で集まって印象的なダンスを披露し、雌の気を引こうとする。雄たちが競い合うように激しく声を上げ、優雅に踊り、羽根を見せびらかすのを、雌はじっと観察する。さらに、雄がよく見せる重要な行動がもう一つある。それは巣づくりの能力を披露することだ。足で地面を引っかく動作を見せて、自分が立派な巣を築ける強い雄であることを雌に伝えるのである。

この引っかき跡の化石が、アメリカ・コロラド州にある四カ所の発掘現場で見つかっている。大きいもので直径二メートル、年代は白亜紀だ。引っかき跡は一度限りの発見ではなく、複数の標本で見つかっている。ある発掘現場では、長さ五〇メートル、幅一五メートルの一つの領域内に六〇点を超える引っかき跡が残っている。それぞれの発掘現場は恐竜の足跡が残っていることでよく知られているが、引っかき跡の化石が認識されて正式に記載されたのは二〇一六年になってからだった。引っかき跡の発掘現場の一部は、国立自然ランドマークに指定されたダイナソー・リッジ（または「ダイナソー・フリーウェイ」）にある。そこは一九三七年以来、恐竜の足跡が多数発見されてきた有名な場所だ。

引っかき跡は大きさや深さ、分布がそれぞれ異なるものの、たいていの跡には平行な二本の溝が複数残っている。これは両方の足の爪で複数回引っかいた結果できた溝だ。引っかき跡のなかには、三本指の獣脚類の足跡の輪郭をくっきり残しているものもある。さまざまな足跡の長さにもとづいて推定すると、これらの足跡を残した恐竜の体長は二・五〜五メートルであると考えられる。足跡を残した獣脚類の骨がこの発掘現場で見つかっていないのは残念だが、この岩石層（ダコタ砂岩）から胴体の化石が発見されるのはきわめてまれだ。

踊る恐竜というと鮮烈な場面を思い浮かべるが、果たしてこれらの引っかき跡は本当に恐竜の求愛行動の結果としてできたものなのか。そう疑問に思うのは当然だろう。この問題の答えを見つけようと挑んだのが、恐竜の足跡に詳しいマーティン・ロックリー率いる研究チームだ。

引っかき跡の検証中には、いくつかほかの解釈も考察された。特に、四カ所の発掘現場が本物の巣やコロニーである可能性、あるいは恐竜が食料や水、ひょっとしたら隠れ場を求めて掘った跡である可能性が検討された。しかし、恐竜の営巣地として知られている場所で通常発見されている卵や卵殻の存在を示す証拠は見つかっていない。また、地質学的な証拠から、当時の環境は非常に多湿だったことがわかっている。そのため、水は手に入りやすかっただろう。恐竜が地中にいる小型動物など、食物を求めて地面を掘った可能性は考えられるが、どの発掘現場でも巣穴の存在や、小型動物の死骸が埋まっていることを示す証拠は見つかっていない。

図1.4. アメリカ・コロラド州デルタ郡のルビドー川で見つかった、大型獣脚類による引っかき跡。複数の跡がはっきり残っている。跡の大きさを示すため、研究者のケン・カート(左下)とジェイソン・マーティン(右上)が写っている。

(写真提供:Martin Lockley)

図1.5. 著者(左)と古生物学者のルー・テイラー(右)が、コロラド州モリソンに位置する有名なダイナソー・リッジの発掘現場で非常に大型の引っかき跡を調べる。

(写真提供:Malcolm Bedell Jr.)

以上のような議論から、この白亜紀の発掘現場は獣脚類の複数の雄が集団で求愛の誇示行動をした跡であると解釈された。おそらく一年のある時期にだけ集まり、巣づくりの能力を競うように見せつけて、見物している雌を引きつける行動だ。交尾相手が決まると、現生の鳥と同じように、その近くに巣がつくられる。しかし、繁殖や巣の場所はこれまでに見つかっていない。まったく保存されなかったということも考えられる。獣脚類の恐竜が地面を引っかく行動は、恐竜の繁殖行動と現生の鳥の繁殖行動を直接結びつける最初の証拠だ。大きな獣脚類はこうした求愛の儀式の最中にどんな声を出し、どれほど壮観な行動を見せたのか。私たちは想像することしかできない。

図1.6. 見物する雌（⬅次ページ）

複数の大型獣脚類の恐竜が、雌の気を引こうと激しいダンスで競い合う。雌は雄たちのショーをじっと見つめる。引っかき跡を残した獣脚類の種は不明だが、アクロカントサウルス（*Acrocanthosaurus*）かそれに類似した種が有望な候補だ（イラストに描かれているのは想像上の種）。

BOB NICHOLLS 2020

死の中の命——妊娠した魚竜の出産

魚は何億年ものあいだ、海で唯一の脊椎動物だった。しかし、板皮類の出現からかなりの歳月がたった頃、そしてホホジロザメやシャチが出現するはるか前に、陸生爬虫類のグループの一つが初めて水の世界に入り、海の頂点捕食者の座を魚から奪うことになった。そのグループは三畳紀初めから白亜紀末まで一億八〇〇〇万年以上ものあいだ海に君臨した。海生爬虫類は水中で数々の障害を乗り越えなければならなかったが、なかでも重要だったのが出産と種の存続を確実にすることだった。海生爬虫類のなかでは、魚竜が最もよく知られている。その化石が海生爬虫類の繁殖様式を初めて解き明かした。

魚竜はメディアで「泳ぐ恐竜」などともてはやされてきたが、形も含めて恐竜とは似ても似つかない。恐竜と異なる特徴はたくさんあるが、ひれのような四肢をもち、一生水中で暮らすという点が特筆すべき相違点だ。魚竜は爬虫類のグループのなかでも非常に興味深く、恐竜が出現する二〇〇〇万年近く前に化石記録に現れ、絶滅した大型爬虫類としては科学者にいち早く注目された。その立役者となったのが、ジョージ王朝時代後期からヴィクトリア時代前期の古生物学者メアリー・アニングだ。アニングはイギリス・ドーセット州ライム・リージス出身で、数百点から数千点の化石標本を採集した。魚竜を意味するichthyosaur（ギリシャ語で「魚トカゲ」の意）という名前がつけられたのは、dinosaur（恐竜）という単語が考案される少なくとも二〇年前だ。骨格の解剖学的な特徴から、魚竜は初期の陸生の祖先から進化したことがわかっているが、それが具体的にどの動物なのかはまだわかっていない。典型的な魚竜は長い口と流線形の体をもち、サメとイルカの原始的な合いの子とも言える見かけをしていた。初期の魚竜の一部は小型かつ原始的で、ひれのついたトカゲに似ていたが、シロナガスクジラの大きさと形に近いものもいた。

魚竜は爬虫類で、一見ウミガメに似たひれをもっていることから、ウミガメと同じく浜に上陸して産卵すると考えられていた。この仮説の問題点の一つは、海洋環境によく適応した特殊な体形を発達させ、海を離れることは不可能であるように思えたことだ。だとしたら、両生類のように水中で産卵したのか、それとも生きた子を出産したのか？　魚竜が海で最初の大型爬虫類であり、多くの子孫を残し、世界中で何万点もの化石が発見されていることを考えると、その繁殖法の謎を解き明かせば、初期の爬虫類が水中環境にどのように適応したかを知るための重要な情報が得られる。

この謎を解く最初の手がかりは二〇〇年以上前に発見された。胸郭のあいだに複数の小さな個体の骨格が閉じ込められた魚竜の化石が初めて見つかったのだ。化石の大部分は、ドイツのホルツマーデンという町の周辺にある複数の採石場で切り出された、ジュラ紀の岩石から発見されていた。小さな骨格が胸郭の内側にあるということは、魚竜が同じ種の仲間を食べていた、つまり共食いしていたことを示す有力な証拠であるように思われた。この説は広く受け入れられたが、その後、複数の小さな骨格を胸郭の内側に閉じ込めた魚竜の化石が次々に見つかり始めると（なかには一〇頭を超す個体を閉じ込めた化石もあった）、共食い説に反する証拠も集まり始めた。

そして一八四六年、大きな発見があった。イギリスで最大級の化石コレクションを築いた収集家のジョーゼフ・チャニング・ピアスが、南西部サマセット州の小さな村で採取した魚竜の仲間イクチオサウルス（*Ichthyosaurus*）の骨格を調べていた。この化石はいまはロンドンの自然史博物館に展示されていて、光栄にも私は研究の一環としてその化石を調べたことがある。ピアスは、ほぼ完全に保存された小さな骨格が胸郭の終点、骨盤の領域にあるのを発見した。この位置は胃の領域からあまりにも遠く、イクチオサウルスの最後の晩餐と考えるには無理があった。魚竜が胎生だったことを示す重要な証拠である。これが正しければ、妊娠した爬虫類の化石を記録した最初の事例となる。

それ以来、さまざまな研究で議論が繰り広げられたが、一九九〇年代に大規模な二つの研究で、魚竜が共食いであるとの説は誤りであると結論づけられた。ほぼすべての標本は共食いではなく、妊娠を示しているというのだ。この主張を裏づける証拠としては、小さな骨格の骨が胃酸で腐食しておらず、かまれた跡も見られないという点が挙げられる。また、より大きな個体が同時に複数の稚魚を食べるということもまず考えられない。こうした証拠から、妊娠説が最も理にかなっていると考えられるようになった。

いまでは、一〇〇個体を超す妊娠した魚竜がホルツマーデン地域で発見されている。そのすべてがステノプテリギウス（*Stenopterygius*）と呼ばれる属に分類される。胎内の子の頭部は母親の頭部のほうを向いている。この位置関係から、魚竜の子はイルカやクジラと同じく、通常は尾から先に生まれていただろうと推定された。鼻が最後に出ることによって、出産中に溺れないようにしているのだろう。この説の正しさを証明し、魚竜が胎生ではないとするほかの異論をすべて握りつぶしたのは、出産中の標本という大発見だった。

ホルツマーデンで発見された魚竜のなかに、四つ子を宿した母親の体内で子の一頭が産道を抜け出せなくなり、頭部が母親の中に残ったままになっているという不運な瞬間をとらえた驚くべき化石がある。

残念ながら、母親はおそらく出産中に命を落とし、一つだけでなく五つの命が失われることになった。この悲劇的なシナリオを裏づけるように、三つ子を宿した魚竜の仲間チャオフサウルス（*Chaohusaurus*）の標本が中国東部で最近発見された。この発見がとりわけ興味深いのは、その標本の年代が三畳紀前期の二億四八〇〇万年頃で、魚竜が最初に出現した年代に近いことだ。しかし、この標本では、一頭の子が頭部を先にして母親の骨盤から出ようとしており、母親の外には生まれたての別の子が残っている。これは、この母親が少なくとも一頭の子を出産したことを示している。このことは、陸生だった魚竜の祖先が生きた子をおそらく頭部から先に出産したこと、そして初期の魚竜も子を頭部から先に出産していたが、のちに尾から先の出産形式に変わったことを示唆している。この標本は、生きた子を出産するまさにその瞬間をとらえた世界最古の脊椎動物の化石だ。

　こうした出来事ははるか昔に起きたことではあるが、化石に残された瞬間は大昔に絶滅した爬虫類の生殖生

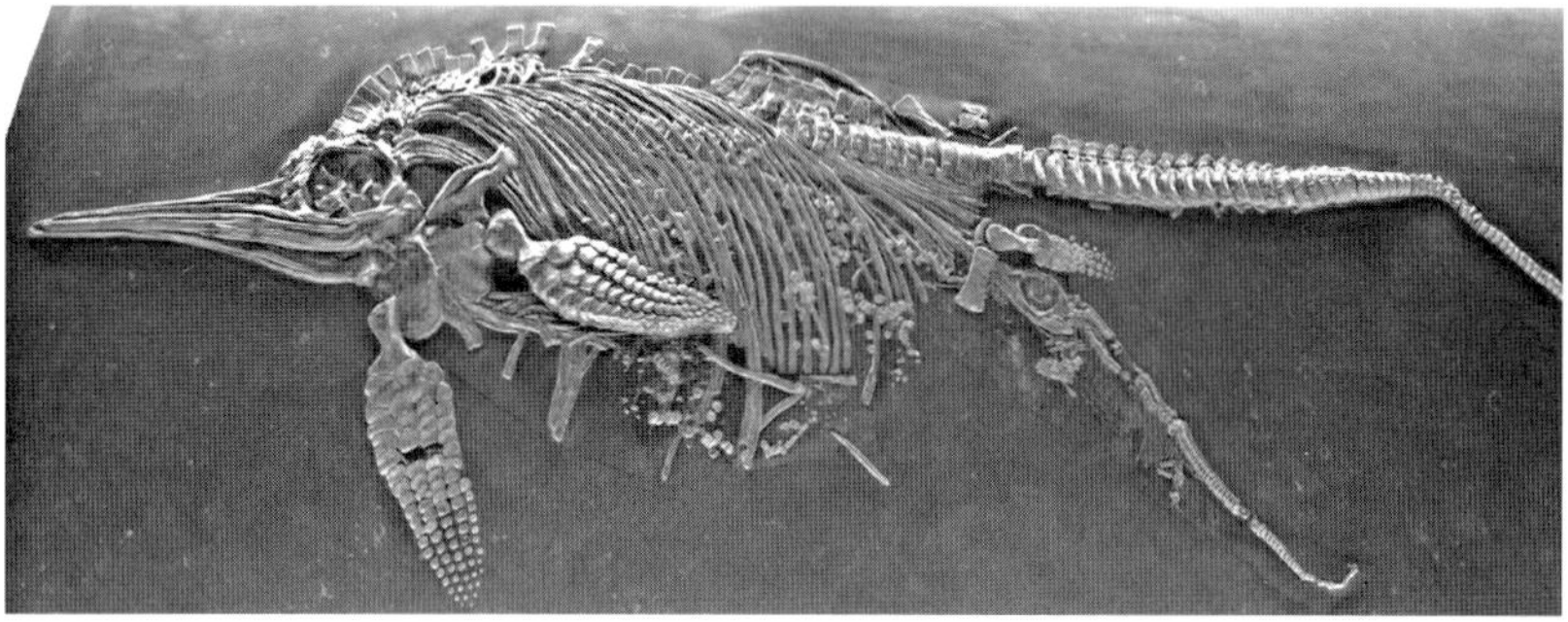

図1.7. 妊娠した魚竜の仲間ステノプテリギウス・クアドリスキッスス（*Stenopterygius quadriscissus*）が出産している場面をとらえた驚くべき化石。1頭の子が産道で動けなくなっている。胸郭の内部には3頭の子が残っている。

（写真提供：Cindy Howells）

物学的な特徴を示す直接の証拠を与えてくれた。このような驚くべき発見がなければ解明できなかったことだ。

胎生の能力は、魚竜が大きく繁栄した主な理由の一つだろう。このような環境では、胎生にはいくつかの利点がある。特に、子は(概して)発育が進んだ状態で生まれ、ほぼ生まれた直後から自分で食べて生きていくことができる。たとえば、魚竜の赤ちゃんは、とがった円錐形の歯を備え、すぐに獲物の魚を捕まえられる状態にあるなど、完全装備の状態で生まれてくる。

とはいえ、胎生にも限界はある。特に、母親は子が栄養をたっぷりとって十分に成長した状態で生まれてくるようにするため、獲物を捕まえて食べなければならず、母親に対する負担が大きいのだ。水中で長時間にわたって出産することも最大の懸念の一つだ。クジラやイルカと同様、魚竜も息継ぎをしなければならない。出産にかかる時間が非常に長い場合、あるいは出産中に合併症が起きた場合、母親は水面まで泳いでいって息継ぎせざるをえなくなる。捕食者に襲われる危険もあるし、水中にあまりにも長くとどまらなければならなくなれば、溺れて命を落とすおそれもある。生まれたばかりの子もまた、母親と同じように水面まで泳いでいって初めての空気を吸う必要がある。そのとき、同じ危険に遭うおそれがある。

こうした問題が考えられるため、水中で生きた子を出産する行為は多くの危険をはらんでいるが、絶滅した海生爬虫類にとってはよい結果を生んだし、現代の海生哺乳類にもよい結果を生み続けている。魚竜は、陸生の祖先から進化を通じて海での暮らしに完全に適応するという偉業を成し遂げた最初の大型の二次水生動物だ。

図1.8. 水中での死

およそ1億8000万年前の温暖なジュラ紀の海で、妊娠したステノプテリギウスの出産中に合併症が起きた。

永遠に残るジュラ紀のセックス

いまもどこかでセックスが行なわれている。毎日、この瞬間にも、海で、陸で、空で、動物たちが交尾をして次世代に自分の遺伝子を受け渡している。しかし、その行為中の場面が何百万年ものあいだ残り、科学者たちに隅々まで調べられ、その研究成果が世界に向けて発表され、誰もが見られるようになってしまった状況を想像してみてほしい。セックスの最中に化石になってしまった個体ほど不運な個体はまずいない。

「行為中」の場面をとらえた動物の化石が残ることなど、ほとんどありえないようにも思える。ご想像どおり、交尾中の化石の記録はきわめて少ない。交尾中の脊椎動物の化石はごくわずかしかなく、そうした化石のほとんどは無脊椎動物であり、その標本の数は五〇点ほどである。大部分は琥珀に閉じ込められたガや蚊、ハナバチ、アリなど、油断した隙に木から流れ落ちてきたねばねばの樹液につかまった昆虫だ。交尾中の化石で最も古いのは、一億六五〇〇万年前のジュラ紀の岩石に精緻に保存されたアワフキムシのカップルである。

アワフキムシは植物の液汁を吸う微小な昆虫のグループで、現在は世界中で三〇〇〇種ほどがいる。未成熟のアワフキムシ（幼虫）は植物につかまって泡を出し、その中に身を隠す。この泡は繭のような役割を果たし、その中で植物の液汁を吸うアワフキムシを守っている。

交尾中のアワフキムシのカップルの化石は中国北部の内モンゴル自治区道虎溝村で採取された。この地域に分布するジュラ紀中期の岩石からは非常に保存状態のよい化石が数多く産出し、アワフキムシの化石は一二〇〇点以上見つかっている。それぞれの個体の全長は二センチ足らずだ。化石の保存状態がよいのは、火山の噴火で出た火山灰が近くの湖に堆積したところに昆虫が押し流されて埋もれてしまったからである。

これらの標本は北京にある首都師範大学の生命科学学院に保管されている。その化石昆虫コレクショ

図1.9. 交尾中の姿をとどめるアワフキムシ(アントスキティナ・ペルペトゥア)の化石。右が雄で、左が雌だ。
(写真提供:Dong Ren)

ンは二〇万点を超す膨大なものだ。化石のアワフキムシは絶滅した科に属することが明らかになり、アントスキティナ・ペルペトゥア（*Anthoscytina perpetua*）という学名の新種とされた。種小名はいつまでも抱擁し続ける姿にちなみ、「永遠の愛」を意味するラテン語のperpetから名づけられた。

二匹は向き合って横たわっているが、このアワフキムシの雄と雌が本当に交尾中であると確実に言えるだろうか？　一二〇〇点のアワフキムシの化石のうち二〇〇点に、保存状態のよい雄の性器と雌の性器が存在する。雄には長い管状の「挿入器」があり、雌には袋状の「交尾嚢」がある。哺乳類のペニスと膣ほどではないものの、イメージはつかめるだろう（現生のアワフキムシにも左右対称の同じ性器がある）。化石になった交尾中の雄と雌は腹部を向かい合わせにしているが、おそらくもともとは現生のアワフキムシがとる通常の体位と同じく、横に並んだ状態で雄の挿入器を雌の交尾嚢に直接挿入していただろう。挿入器が挿入される部分では体が曲がっている。これは、雄の後部のいくつかの体節は柔軟性があり、交尾中に曲げられたことを示している。そうやって挿入器を入れやすくしていたのだ。

この化石が交尾中のちっぽけなアワフキムシのカップルであることには否定の余地がない。二匹の性器と体位は現代のアワフキムシのものと一致し、この交尾行動が一億六五〇〇万年前から変わっていないことを示している。

図1.10. アワフキムシの交尾

ジュラ紀のアワフキムシ（アントスキティナ・ペルペトゥア）の雄と雌が、巨大な竜脚類の恐竜が通り過ぎるのを気にも留めず、交尾に励んでいる。

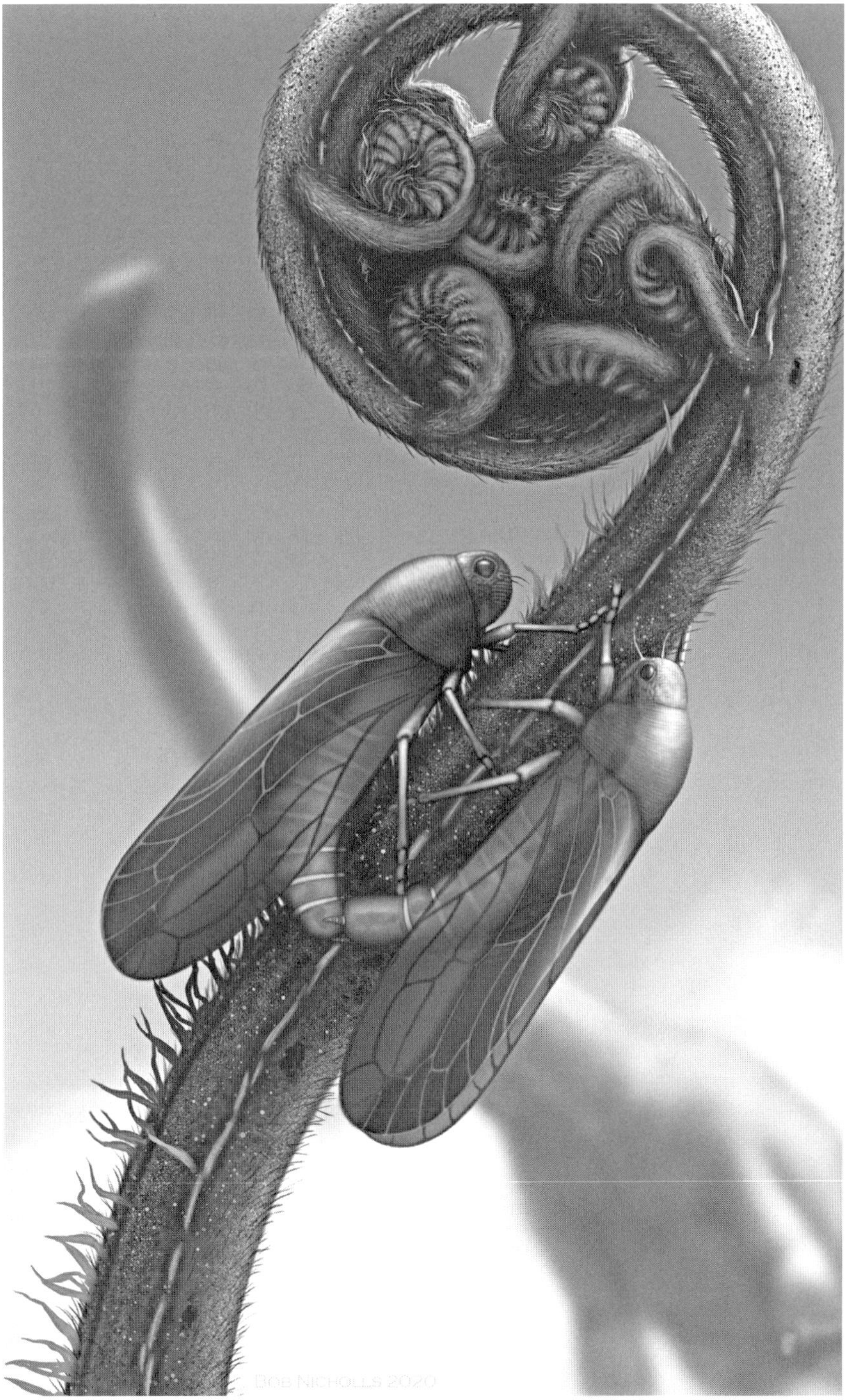
BOB NICHOLLS 2020

妊娠した首長竜

首長竜は先史時代のあらゆる動物を代表する動物の一つだ。魚竜と同じく、不運にも「泳ぐ恐竜」だと誤解されることが多いが、実際には主として海にすむ肉食の水生爬虫類のグループである。大きな翼のようなひれ状の四肢を使って泳ぐ。二〇〇年以上前に発見されて以来、この動物がどのように子を産んだのか、科学者も一般の人々も思いをめぐらせてきた。陸に上がったのか、それとも水中で行なったのか。卵生だったのか、胎生だったのか。骨格の構造に関する研究、とりわけひれ状の四肢が柔軟性に乏しく、胴体との接合が弱いという研究結果から、首長竜は陸上で移動できなかったことがほぼ確実であり、したがって水中で生きた子を出産していたことが示唆された。同時代の魚竜とは異なり、首長竜の繁殖行動を裏づける証拠となる標本は見つかっていなかった。二〇一一年までは。

といっても、じつは二〇一一年というのはそれほど正しくない。厳密に言えば、一九八七年までさかのぼらなければならない。その年、ベテランの化石ハンターであるチャールズ・ボナーが、アメリカ・カンザス州ローガン郡にあるボナー牧場の一家の所有地でいつものようにハイキングしているとき、岩場から骨の化石が何本か突き出ているのに気づいた。何か特別なものかもしれないと考えたチャールズは、家族の手を借りて骨を掘り出した。その骨は七八〇〇万年前の首長竜のものであると判明しただけでなく、骨格はほぼ完全な形をとどめていたうえ、関節もつながっていた。しかも、それより小さな骨格が胸郭の近くに存在していた。その発見を聞きつけたロサンゼルス自然史博物館の古生物学者たちが、熱烈な興味を示した。この反応に感銘を受け、ボナー一家はその骨を科学者に研究してもらいたいと望み、同博物館に快く寄贈した。当時、古生物学者たちはこれが母子ともに保存された標本だろうとひそかに確信していた。だとすれば、首長竜が胎生だったことを世界で初めて示す紛れもない証拠となる。しかし、骨はまだ大量の岩石に埋もれたままであり、その推定の正しさを証明するには周囲の岩石を取り除かなければならなかった。

海生動物の化石が陸に囲まれたカンザス州で発見されるのは奇妙に思えるかもしれないが、白亜紀中ごろから後期にかけて、西部内陸海路と呼ばれる温暖な内海が現在のアメリカ中西部を横切って広がり、現在のアメリカ合衆国を大まかに二つに分けていたのだ。

時代は飛んで二〇〇〇年代半ば。ロサンゼルス自然史博物館に新たな古生物学展示室を設けようという計画が動き出した。そこには海生動物の化石だけを展示する区画も含まれる。その展示物として目を向けられたのが首長竜だ。最初に断っておくと、これは首長竜の標本が長いあいだ収蔵庫にただ放置されていたという単純な話ではない。実際にはまったく逆の話で、このような繊細かつ希少な化石のクリーニングには多額の資金が必要になることが多く、資金を確保しなければならなかったのだ。熟練の専門家が数年がかりで慎重にクリーニングを行ない、ついに標本が完全に姿を現して、研究する準備が整った。展示されるのは研究が終わった後だ。

同博物館で研究とコレクションを統括するルイス・キアッペは標本のクリーニングを監督するなかで、その科学的な重要性を認識して、アメリカ・ウェストヴァージニア州にあるマーシャル大学の古生物学者ロビン・オキーフと連絡をとった。オキーフは首長竜を長年研究しており、世界的な専門家であると認められている。二人は共同で、この標本が秘めたストーリーを解き明かす研究を始めた。

まず、骨格を既存の首長竜の骨格と比較した結果、この標本は首長竜のなかでも首が短い種であるポリコティルス・ラティピヌス（*Polycotylus latippinus*）の大型の成体であると同定された。この種は、同じくカンザス州で採取された断片的な標本にもとづき、一八六九年に最初に記載されていた。種が特定されたところで、研究者の目は胎児とみられる何より重要な存在に注がれた。この小さな骨格は不完全で、骨化が進んでおらず、大部分の骨どうしがつながっていない。個々の要素をすべて数えると、骨格の六〇～六五％ほどが保存されていることがわかった。多数の脊椎骨と肋骨、そして骨盤と肩帯の一部が含まれ、なかには成体の右の前肢と混ざり合っている箇所もあった。この小さな個体は成体といっしょに見つかり、胎児であると示唆されるとはいえ、ほかの可能性を排除しなければ断定はできない。特に、小さな個体が死後に成体の隣に流れ着いた可能性と、成体が子を食べた可能性を検討する必要がある。

これらの説に対する反論をしていこう。まず、小さな骨格の一部は成体の体腔の内部に位置していることから、小さな個体が大きな成体の隣に流れ着いたことは考えられない。小さな骨格を構成する骨は、母親の種であるポリコティルス・ラティピヌスのものと一致する。また、小さな個体が成体に食べられたことを示す証拠はない。最後の晩餐だったとしたら骨に歯でかんだ跡が残るか、骨が胃酸で溶けた形跡があるはずだが、そうした痕跡はない。したがって、この小さな骨格が生まれる前の子であることは明らかだ。

全長が四・七メートルと推定される成体の個体と比べ、胎児の骨格の骨は非常に小さく見えるが、見かけにだまされてはいけない。骨を測定してつなぎ合わせると、胎児は大きく、全長は一・五メートル

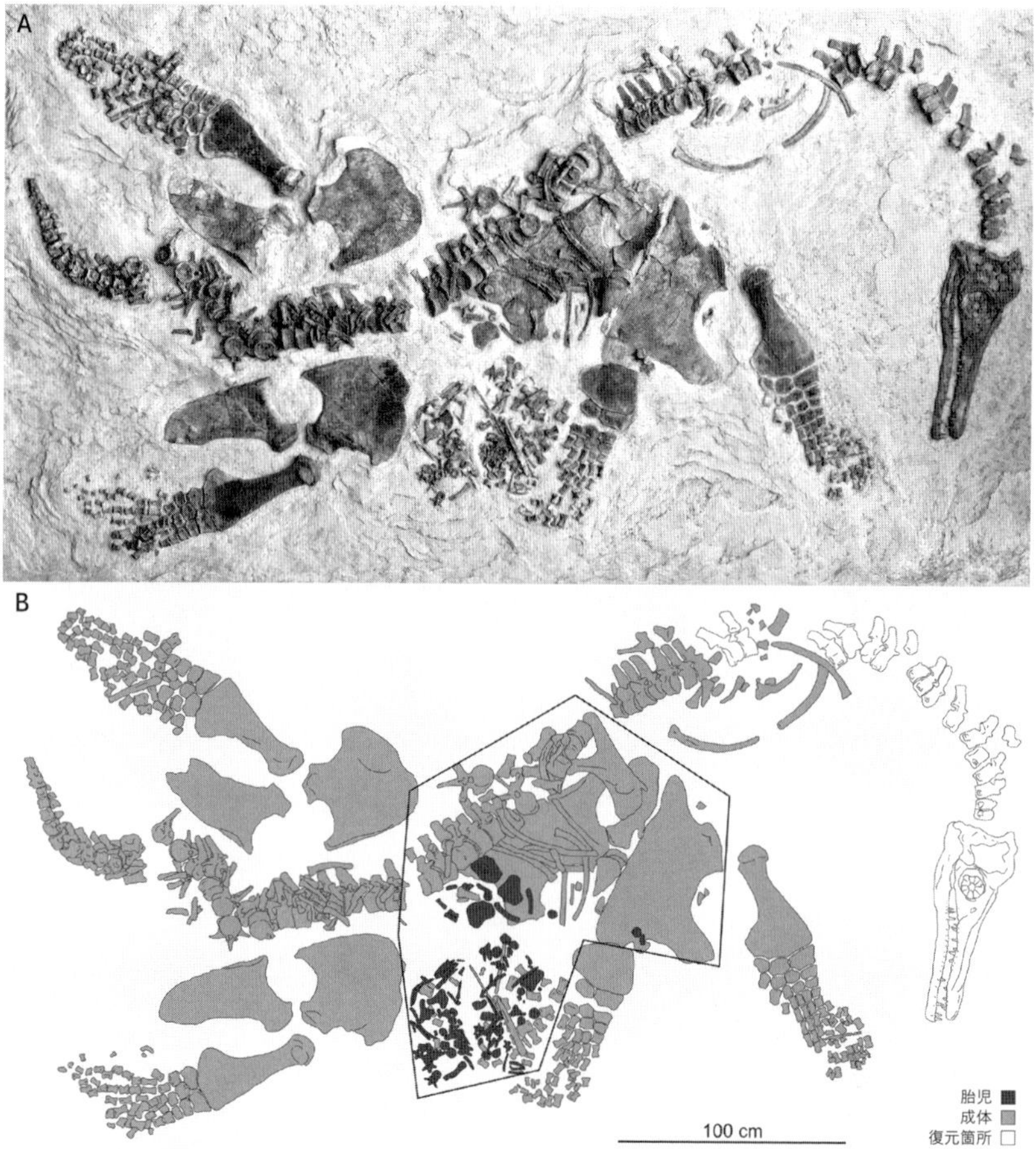

図1.11. 妊娠した首長竜ポリコティルス・ラティピヌスの写真(A)と解釈を含めたイラスト(B)。
(写真提供:The Dinosaur Institute, Natural History Museum of Los Angeles County)

と推定され、母親の全長の三二%もある。しかし、骨格が完全に骨化していないことから判断すると、胎児は臨月ではない。無事に生まれていれば、母親の全長のおよそ四〇%まで胎内で成長しただろう。これはかなり大きな赤ちゃんだ。ヒトにたとえると、六歳の子を出産することに相当する。

魚竜などのほかの海生爬虫類は大きな子を一頭だけ産むのではなく、比較的小さな子を一度に複数出産するのがふつうだ。これは繁殖戦略のなかで「r選択」と呼ばれ、複数の個体を一度に出産することでそのなかの数頭が生存する確率を高めようとするものだが、すべての個体が生き残る可能性は低い。「質より量」を重んじる事例だ。この戦略ではまた、母親があまり影響を受けない、つまり子の世話にほとんどあるいはまったく労力を注がない。対照的に、首長竜の母親が大きな子を一頭だけ宿すことは繁殖戦略のなかで「K選択」と呼ばれる。この場合、母親がすべての時間と労力を一頭の子に注ぐ。首長竜で確認されたこの戦略は海生爬虫類のなかでは独特だ。もちろん、これは一頭の首長竜で見られる事例であり、首長竜のすべての種が同じ戦略をとっていたとは限らない。とはいえ、現代の海生哺乳類はこの戦略をとり、一頭の胎児に時間を注いでいる。なかには妊娠期間が最大二年に及ぶものもいる。海生哺乳類はまた、子育ての期間が長く、社会的な行動もとる。このことから、首長竜も子育てをしていた可能性が示唆され、ひょっとしたら集団で子育てをしていたとも考えられる。

この見事な発見は、いまのところ一頭の妊娠した首長竜でしか記録されていない。この発見によって、二〇〇〇年にわたって謎に包まれていた首長竜の繁殖行動が解き明かされ、首長竜のライフサイクルについて非常に興味深い知見がいくつももたらされた。

図1.12. K選択

大きな子を出産している仲間を守ろうと、首長竜の一種であるポリコティルス・ラティピヌスの群れが、スクアリコラックス(*Squalicorax*)と呼ばれるサメの攻撃をかわす。

BOB NICHOLLS 2020

クジラが陸上で出産した時代

シロナガスクジラは地球最大の動物だ。最大で全長三三メートル、体重はアフリカゾウのおとな二五頭分を超え、これまで地球上に出現したすべての動物のなかでも最大かもしれない。これに匹敵するのは、首の長い大型恐竜である竜脚類か、ひょっとしたら巨大な魚竜ぐらいだろう。現代のクジラは大きく二つのグループに分けられる。一つはシロナガスクジラが含まれるヒゲクジラ類、もう一つはマッコウクジラやイルカ、ネズミイルカが含まれるハクジラ類だ。これらは引っくるめてクジラ目や鯨類と総称される。哺乳類であるので息継ぎをする必要があるが、水中生活に高度に適応しているため、陸上では生きられず、あらゆることを水中で行なわなければならない。いまや世界中の海の支配者という威厳をたたえた海生哺乳類ではあるが、その起源は陸にある。

白亜紀末の六六〇〇万年前に巨大な小惑星が衝突し、非鳥類型の恐竜を全滅させたことはよく知られている。衝突による衝撃波は海にも及び、何百万年も海を支配していた大型の海生爬虫類も絶滅に追い込まれた。この絶滅で生まれた空白はやがて、クジラ目という水生動物の新たなグループによって埋められることになる。しかし、クジラが海の頂点捕食者としての地位を確立するまでには二〇〇〇万年以上にわたる進化が必要だった。

陸上を歩いていた初期のクジラはオオカミぐらいの大きさで、形の整った機能する脚を備え、噴気孔はなく、現代のどのクジラにも似ていなかった。五四〇〇万年ほど前、始新世中期から後期あたりに現在のインドやパキスタンに当たる地域で出現した。頭骨、そして耳や足首の骨といった骨格の解剖学的な特徴が、クジラの祖先であるとの解釈を裏づけている。沿岸の環境にすみ、海で魚を捕まえ、陸で交尾や出産をする水陸両生だったと推定されている。現代の海生のイグアナは海で捕食しているが、陸で産卵する。外見上はこれに似た生活様式だったと考えてもいいだろう。

こうした水陸両生の初期のクジラに、パキスタンのコール地区で発見されたマイアケトゥス・イヌウス（*Maiacetus inuus*）という種がいる。クジラ化石の専門家であるフィリップ・ギンガリッチらによって二〇〇〇年と二〇〇四年に二体の成体の骨格が採取され、二〇〇九年に記載された。およそ四七五〇万年前に生き、全長は最古のクジラよりやや大きい二・五メートルほどで、比較的短いが形の整った脚と足を備えている。その指は非常に長く、ほぼ確実に水かきをもっていた。これは、このクジラがひれのような足を使って泳ぎ、かつ陸上を歩行できたことを示している。クジラの祖先の化石はたいてい保存状態が悪いか断片的にしか残っていないから、マイアケトゥスの化石はすばらしい発見だった。しかも、そこには初期のクジラの出産に関する秘密が隠されていた。

マイアケトゥスの標本の一つでは、肋骨のあいだに一頭の大きな胎児のか弱い頭骨と部分骨格が横たわっていた。マイアケトゥスという名前はギリシャ語のマイアとケトスからつけられ、「クジラの母」を意味する。化石になったこのクジラが妊娠していることにちなんだ名前だ。初期の歩くクジラの胎児は、これまでにこの化石しか発見されていない。現代のクジラはほとんどの場合一度に一頭の子しか産まないから、化石に胎児が一頭しか存在しないという事実は現代のクジラとも一致する。ただし、現代のクジラは出産中に子が溺れないよう尾から先に産むが、マイアケトゥスの胎児は頭から先に生まれる姿勢にあるという点が現代のクジラと異なる。頭から先という姿勢は陸生哺乳類ではふつうだから、この初期のクジラが陸上で出産したことを示すさらなる証拠となる。

胎児の頭骨は長さがせいぜい一七センチで、失われた部分を考慮すると、おそらく体長は六五センチ前後だっただろう。これは母親の体長の四分の一に当たる。胎児が大きく、頭骨も十分に成長し、はっきりした第一大臼歯の永久歯をもっていることから、この胎児はおそらく出産間近だっただろう。現生の海生哺乳類のように、これは子が早成性だったことを示している。生まれたばかりの子は自由に歩いたり泳いだりすることができ、捕食者の攻撃を防ぐことができたうえ、母乳を補うための獲物を捕まえる能力も備えていたかもしれない。

妊娠したマイアケトゥスは明らかに雌だ。しかし、もう一つの雄の標本は雌よりも骨格がそろっていて、体全体のサイズはやや大きく、犬歯は二〇％大きい。こうした小さな違いは、雄のほうが大きいという、性的二形の結果であるとみられる。現代の陸生および海生の哺乳類でも雄と雌のあいだに同様の違いがあることを考えれば、この解釈は妥当だろう。

歩くクジラが完全な水生のクジラに移行するまでの出来事は、進化の典型例となった。クジラは何か新しいことを行なう必要はなく、空白になったニッチ（生態的地位）を利用しただけである。妊娠した歩くクジラの化石という驚くべき発見は、初期の水陸両生クジラが（陸上の）どこでどのように出産したかを明らかにした。出産の方法はクジラが海中での生活に適応するにつれて変わっていった。それより何百万年も前には、海生爬虫類が陸に生きた胎生の祖先から進化し、やがて水中に飛び込んだきり陸に戻ることはなかった。まさにこれと同じことが、クジラでも起きたのである。

図1.13. 頭から生まれる

歩くクジラ（マイアケトゥス・イヌウス）の子が、海岸で母親の胎内から頭を先にして生まれた。

BOB NICHOLLS 2020

白亜紀の鳥の求愛

派手な羽毛、逆立った冠羽、優美な色合い。見る者の目を釘づけにする求愛の装飾のすばらしさにかけて、鳥の右に出る動物はまずいない。こうした形質は異性にアピールして自分を目立たせるという点で、性淘汰において重要な役割を果たしている。概して雄は雌よりカラフルな見かけで、派手な羽毛を見せびらかして交尾相手を引きつける。極楽鳥の雄がまとった豪華な羽毛がその一例だ。一方で、雄と雌のあいだにわずかな違いしかない鳥も多い。なかには鳴き声でしか性別を区別できない鳥もいる。

現生の鳥の羽毛に見られる性的二形の意味を考えると、先史時代の鳥の羽毛にも雌雄の違いがあったと考えてもいいだろう。このような相違は羽毛が保存された鳥の化石に見られる可能性もあるが、そうした相違が性別の違いを示していると、どうすれば確信できるだろうか。面倒に思えるかもしれないが、保存状態が非常によい羽毛つきの標本をたくさん集めれば答えが得られる。

一九九五年、孔子鳥（*Confuciusornis sanctus*）という、くちばしがある歯のない鳥が、中国東北部に位置する遼寧省の有名な化石産地である熱河層群で発見されたことが記載された。ここで産出した化石群は熱河生物群と呼ばれ、羽毛恐竜（鳥も含む）が多く発見されていることで有名だ。当初、この化石はジュラ紀後期の岩石から産出したと考えられたが、のちにその年代は白亜紀前期に当たるおよそ一億二五〇〇万年前であると訂正された。この化石が発見されて以降、カラスほどの大きさのこの原始的な鳥の標本が数千点も見つかってきた。その多くが美しい羽毛としばしば皮膚を含む見事な標本で、なかには足にうろこ状の皮膚があり、かぎ爪にケラチンのさやが残るものまである。

孔子鳥は頭から尾まで全身が羽毛に覆われ、一目見てすぐにわかる。しかし、標本のあいだには羽毛に注目すべき違いがある。骨格の解剖学的な特徴は同じだが、非常に長い尾羽が二本あるかないかという違いだ。この吹き流しのような尾羽は骨格全体より長く、現代の鳥のように非常に短い尾（いくつかの尾椎が癒合してできた一本の尾端骨）から突き出ている。さらに驚くのは、孔子鳥のいくつかの種で、一つの同じ岩塊の中で両方のタイプが保存された事例が発見されていることだ。

現生の極楽鳥の一種、オジロオナガフウチョウの雄は体長の三倍を超す長さの尾羽をもつ。こうした装飾的な羽毛の有無は性的二形を表している。孔子鳥の羽毛にもこの相違があることから、長い尾羽をもつ標本は雄で、尾羽のない標本は雌であるとの解釈が生まれた。この解釈には大部分の研究者が同意している。ほかには、この相違は換羽時期の違いを表しているとの解釈もある。鳥がぼろぼろになった古い羽毛を落とし、新しい羽毛を生やす時期が違うというのだ。あるいは、尾羽の存在は年齢に関係し、性的に成熟した個体だけが尾羽を生やすとの解釈もある。

雌雄相違説をさらに検証するため、ある研究チームが孔子鳥の複数の標本（雄とみられる標本三点、雌とみられる標本六点）から微小な骨を採取した。骨を顕微鏡で観察したところ、雌とみられる標本の一つで、骨髄骨（繁殖期の雌の鳥にだけ存在する骨組織）が確認された。対照的に、雄とみられる標本では骨髄骨の存在を示す証拠は確認できなかった。この観察結果は、孔子鳥の尾羽のない個体は雌で、尾羽のある個体は雄であるとの説を裏づけるだけでなく、骨髄骨が保存された雌は死ぬ前に排卵して卵を産める状態にあったか、あるいは産卵した直後に命を落としたということを示唆している。骨髄骨がほかの雌で見つからなかったのは、死んだときに繁殖期に入っていなかったからだ。

羽毛の色と模様も、孔子鳥の性別による相違を表している可能性がある。架空の話かと思う読者もいるかもしれないが、孔子鳥の羽毛の一部に関する研究によると、羽毛は暗い色で、ひょっとしたら体全体が灰色か黒色をしていて、翼にほかより明るい色が入っていたという。驚くべきことに、なかには翼と冠羽、喉に小さな斑点があるなど、複雑な模様をした標本もある。現代の鳥の場合、こうした色や模様は概して性的誇示かカムフラージュを示すから、さらなる研究が必要ではあるものの、孔子鳥の場合もこれに当てはまるのではないかと考えたくなる。

すばらしい保存状態と豊富さを誇る孔子鳥の化石は、一億二五〇〇万年前の鳥類における性的二形について興味深い希少な姿を見せてくれる。羽毛がなければ、雌雄の区別はできなかったかもしれない。現生の鳥類との比較から、羽毛の相違は、孔子鳥の雄の凝った尾羽が性的誇示において重要だったことを強く示唆している。

図1.14. 羽毛をきれいに残した孔子鳥の見事な標本2点。雄(左)は吹き流しのようなきわめて長い尾羽をもつが、雌(右)には尾羽はない。

(写真提供:王永棟、南京地質古生物研究所)

図1.15. 最高の動きを見せる雄

尾羽を見せびらかす孔子鳥の雄の動きを、雌が念入りに調べる。

BOB NICHOLLS 2020

交尾中のカメに起きた悲劇

化石探しで何よりもわくわくするのは、まだ科学界にまったく知られていない何かを発見するチャンスが常にあることだ。自分が何を見つけるかは決して予想できない。とはいえ、どれほどベテランの化石ハンターであっても、交尾をしている四七〇〇万年前のカメのカップルを見つけたらびっくりするのではないか。

これは脊椎動物の交尾をはっきりと残した最初で最古の化石記録だ。二匹の動物が本当に交尾している姿をとらえているのである。二匹が交尾中に命を落とし、そのまま乱されずに化石として保存される確率がどれほど低いかを考えれば、これはまさに大発見と言える。あらゆる条件が完璧にそろわなければならない。

二匹のカメは、かつて緑豊かな熱帯の森に囲まれた先史時代の湖にすんでいた。見つかったのはドイツ西部フランクフルトに近い「メッセル・ピット」と呼ばれる場所で、以前は油母頁岩《ゆぼけつがん》の採掘場だったが、いまはユネスコ（国際連合教育科学文化機関）が登録し、世界中に認められている一〇〇〇以上の世界遺産の一つになっている。メッセル・ピットは直径およそ三〇〇メートルの爆裂火口にできたマール湖で、それが生き物にとって死の罠となり、命を落とした何千もの動植物が保存されている。湖の上層は生き物が自由に泳げる生息に適した環境だったが、湖底のほうへあえて泳いでいったり、誤って沈んでしまったりした生き物は、火山ガスと腐敗物を含んだ有毒な水で命を落としたのだ。

メッセルで発見された大量の化石のなかで、カメの雌雄のペアが一〇組以上見つかっている。それらすべてが、ディナー皿ほどの大きさのアラエオケリス・クラッセスクルプタ（*Allaeochelys crassesculpta*）という種だ。それぞれのペアは直接接しているか、せいぜい三〇センチしか離れておらず、どのペアも互いの尾部を相手に向けている。

カメは非常に古い動物で、その起源は少なくとも二億四〇〇〇万年前までさかのぼることができる。現代のカメはくちばしがあって歯はないが、最初期のカメは歯をもち、しかもカメと聞いて真っ先に思い浮かべ

図1.16. 交尾中のアラエオケリス・クラッセスクルプタのペア。左が雄で、右が雌だ。

（写真提供：SGN. 撮影：Anika Vogel）

る甲羅がないものもあった。現生の種を参考にすることで、アラエオケリスの性別を特定することができる。アラエオケリスに最も近縁な現生種であるスッポンモドキ（主にパプアニューギニアとオーストラリア北部に生息）を含め、ほとんどの現生のカメでは雄のほうが尾が長く、甲羅から突き出ているが、雌の尾は短く、甲羅の縁にかろうじて届くぐらいだ。メッセルで発見されたカメのペアにも尾の長さに同じ違いが見られる。顕著な特徴はほかにもあり、化石の雄は雌より平均で一七％小さく、雌は甲羅を折り曲げるための可動式の蝶番があるという証拠も示している。これは産卵のときに役立っただろう。

二組のペアで、雄の尾が雌の甲羅の下に回り込み、両者はそこで直接接している。これは、現生のカメが交尾するときの尾の位置とまったく同じだ。現生の水生の雄ガメは水中で相手の上に乗って交尾する。二匹はこの姿勢で動きを止め、水中に沈んでいってから体を離す。このことを念頭に置くと、アラエオケリスは水中の酸素を吸収できる穴を皮膚にもつカメのグループに属している。したがって、現生のカメのように、アラエオケリスの雄はおそらく水面で雌の上に乗って交尾を始めたのだろう。抱き合って動きを止めた二匹は、うっかり暗く深い水域まで沈んでしまい、皮膚の穴から水中の有毒物質を吸収して命を落としたのだろうと推定できる。

愛と毒死。このストーリーにはちょっと『ロミオとジュリエット』に似た要素がある。この標本は世界で初めて見つかった唯一の交尾中の脊椎動物の化石であり、先史時代のカメのカップルが分かち合った親密な瞬間をいまに伝えている。

図1.17. 最後の抱擁

始新世のメッセル湖で、2匹のアラエオケリス・クラッセスクルプタが交尾に励んでいる。

Bob Nicholls 2020

小さなウマと子ウマ

化石と進化にまつわる本を手にとって、ウマの進化について読まないことはありえない。ウマはイエネコぐらいの大きさで新芽を食べ、足の指が複数ある動物から、草を食べ、足にひづめが一つだけある現代の姿に進化した。アメリカ・ワイオミング州で発見された化石から、最初期の小さなウマはほぼ五六〇〇万年前に現れたことがわかっているが、初期のウマのなかで最も完全で並外れた化石はドイツのメッセル・ピットとエックフェルトという二カ所の少し新しい（四四〇〇万〜四八〇〇万年前の）化石発掘現場から産出している。

メッセルの化石がいかに並外れているかは、先ほど紹介した交尾中のカメのペアからわかるだろうが、エックフェルトも同じくらい並外れている。この二カ所は哺乳類の化石が驚くほど完璧に保存されていることでよく知られ、皮膚の細部や毛、さらには内臓といった軟組織もしばしば見つかる。こうした化石が発見された哺乳類の一つが、キツネほどの大きさのウマであるエウロヒップス・メッセレンシス（*Eurohippus messelensis*）だ。前足に四本の指、後ろ足に三本の指がある。

メッセルでは四種のウマの化石が見つかっているが、エウロヒップスは最もよく知られている種で、四〇点を超す骨格が発見されている。これは世界中で見つかった初期のウマの化石のなかで最も多い。メッセルで発見されたウマのなかで最も小さく、肩までの高さはわずか三五センチしかない。いくつかの標本が体の輪郭を残した状態で発見されている。体の輪郭がシルエットのように骨格を囲んでいるのだ。なかには、外耳が保存され、比較的短い尾の先端にふさふさの毛が付いている標本もある。驚くべき標本はこれだけではない。一九八七年には、保存状態のよいちっぽけな胎児を宿した妊娠中のエウロヒップスが記載された。驚くのは、メッセルでは妊娠した雌のエウロヒップスがこれまでに八体発見されているほか、エックフェルトではそれよりやや大きい種であるプロパレオテリウム・ヴォイグティ（*Propalaeotherium voigti*）の妊娠した雌が見つかっていることだ。

通常一頭の子を産む現生のウマと同じく、妊娠した雌ウマの化石もそれぞれ胎児を一頭だけ宿している。化石の胎児の保存状態はさまざまで、すべての骨がそのまま残っているものもあれば、ごちゃごちゃに乱れているものもあり、発達の進んだ乳歯をもつ胎児もいくつかある。どの雌も妊娠後期にある。胎児は生まれていたら体長一五～二〇センチほどだっただろう。あなたのおなかにすっぽり入る大きさだ。興味深いのは、妊娠した雌のなかに乳歯を残している個体があることである。これは、それらの雌が妊娠したときにまだ成熟しきっていなかったことを意味する。

エウロヒップスの雌はまた、現代の雌ウマのように幅広い骨盤管をもつ一方で、雄の骨盤管は狭い。したがって、胎児を宿していない場合、この特徴を性別の区別に利用することができる。当然ながら、エウロヒップスの妊娠期間を推定することは難しい。現代のウマでは一一カ月が標準だが、現生の哺乳類の妊娠期間は体の大きさに影響され、体の大きい哺乳類ほど妊娠期間が長い。エウロヒップスの体が小さいことを考えると、その妊娠期間は少なくとも二〇〇日（六カ月半）はあったと推定される。こうした特徴も非常に興味深いが、これらの妊娠した雌ウマで何より驚くべき発見は軟組織に関係したものだ。

エックフェルトで発見されたプロパレオテリウムは、そうした驚くべき発見を詳細に伝えてくれた初めての標本だった。驚くべきことに、この妊娠した雌ウマが宿した胎児がまだ胎盤の一部に覆われている。これは哺乳類の化石で初めての報告だった。しかし、すべての妊娠した雌ウマの化石のなかでも、断トツで驚くのは二〇〇〇年にドイツのゼンケンベルク研究所がメッセルで発掘した標本だ。雌ウマの骨盤領域の内側には、骨と骨がほぼ完全につながった小さな胎児の骨格が残っていた。頭骨はつぶれていたものの、それ以外の骨は完全に残っている。それだけでなく、軟組織の保存状態がずば抜けてよかったのだ。

保存された軟組織がどのようなものかを解釈するため、標本は強力な走査型電子顕微鏡で調べられたほか、高解像度のX線顕微鏡でも観察され、繁殖にまつわる性質について空前の発見がもたらされた。胎児は子宮と胎盤のある領域の内側に位置したままで、広間膜に付着している。広間膜は

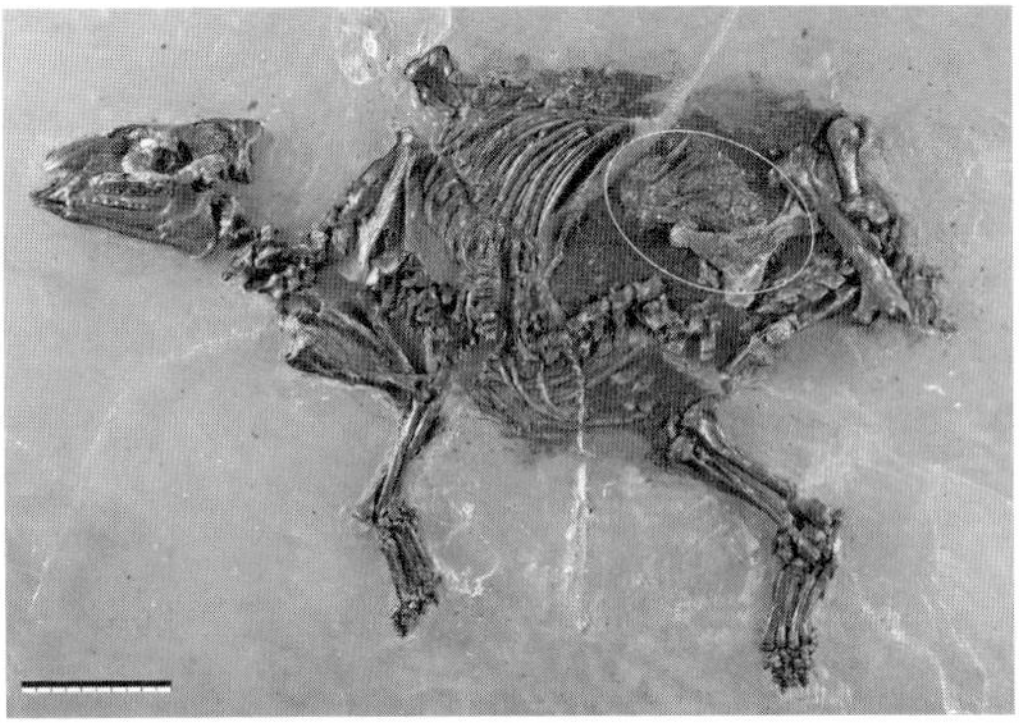

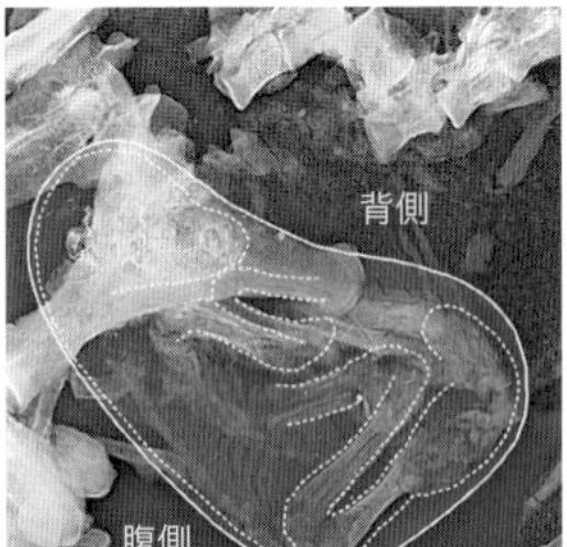

図1.18. 妊娠したエウロヒップス・メッセレンシス。胎内に宿した1頭の胎児が残っている（左）。ほぼ完全な姿をとどめた胎児のX線による拡大画像と、胎児の元の位置の復元図（右）。

（画像出典：Franzen, J. L., et al. 2015. “Description of a Well Preserved Fetus of the European Eocene Equoid *Eurohippus messelensis*.” *PLOS One* 10, e0137985）

子宮を腰椎と骨盤につなぎ、成長中の胎児を支える構造だ。子宮と胎盤の範囲と、その表面にひだが存在するという特徴は現生の雌ウマと同じであり、この化石は胎盤のある哺乳類の子宮を残した最古の記録となった。雌ウマが死んだとき、胎児はほぼ臨月だったが、現生のウマが出産するときのように胎児は背中を上に向けた状態ではなく、下に向けた状態であることから、化石の雌ウマは出産中に命を落としたのではなく、何らかのほかの理由で死亡したと考えられる。

メッセルでエウロヒップスの化石が複数産出しているという点から、このウマは小さな集団か、ひょっとしたら群れで暮らしていたとも考えられる。このことから、子育てに関する情報も得られるかもしれない。体の大きさや骨格の特徴は現生のウマとは明らかに異なるものの、この妊娠した小さなウマのたぐいまれな化石は、繁殖に関する解剖学的な特徴とそれに関連する行動が四八〇〇万年前からほとんど変わらなかったことを示している。

図1.19. 森の中の愛（⬅次ページ）

エウロヒップス・メッセレンシスの群れが、メッセル湖のほとりの森の下生えを歩く。そばでは、群れを支配する雄ウマが雌の上に乗る。

BOB NICHOLLS 2020

2

子育てと集団

腐敗しつつあるネズミの死骸が林床で強烈なにおいを放ち、まわりの空気に化学物質を充満させて、シデムシを引きつける。体長数センチのこの虫は動物界の葬儀屋だ。「死にたて」の死骸にいち早くやって来て、自分たちのものにする。雄と雌がコンビを組んでライバルをかわし、ネズミを運んで地下の巣穴に埋め、毛皮をはぎ取り、特殊な分泌物を使って保存する。雌はネズミの死骸の近くに卵を産む。昆虫の子育てでは珍しいことに、雄は近くにいて雌を助け、地下に埋めた食料と子を守る。シデムシの両親はネズミを保育所として使うほか、食料としても利用して幼虫を育てる。林床から腐肉を片づけるシデムシは死骸の目利きでもあり、ほかの哺乳類や鳥、さらにヘビといったさまざまな小型の脊椎動物の死骸をリサイクルする。こうした小さな動物は死後に新たな生命をはぐくむのだ。

これはおそらく、子の世話と聞いて思い浮かべる事例ではないだろう。すごく気持ち悪いと言う人もいるかもしれない(私は違うが)。ふわふわのかわいいひなを大切に育てる雌鶏など、動物が子の世話をしている場面として思い浮かべるものとは違う。この事例は、子が生存する可能性を最大限に高めるためにきわめて複雑で風変わりな行動を発達させた昆虫がいることを示している。

子の世話の範囲は動物によって大きく異なる。年を追うごとに新たな事例が記録されていて、最近では、世界最大のカエル(ゴライアスガエル)が成長中の子を守るために岩石を使って巣をつくることが発見された。一方で、多くの無脊椎動物は卵を産んで去っていくだけだ。このように子の世話をまったくしない種もいるのだが、霊長類のようなより複雑な動物は何年もかけて子育てする。

子の世話の仕方はさまざまだが、よくあるのは巣づくり、給餌、捕食者からの子の防御といったものだ。しかし、前述のシデムシのように、一風変わった極端な子育て法を発達させた種もいる。マウスブルーダーの魚(口内保育する魚)を例にとってみよう。この種の魚は子を口の中で育てて保護するために、かなりの期間にわたって絶食する。卵からかえった小さな稚魚は自由に泳げるのだが、生後の数週間は親の口の中を隠れ場所にして過ごす。このように親は子のためにかなりの犠牲を払うことが多い。子の世話のために長期にわたって不自由を強いられるため、親には大きな負担がかかることもあるし、時には命にかかわる影響が及ぶこともある。

多くの動物は集団の中で暮らしている。巨大なコロニーをつくるペンギンや、結びつきの強い群れをつくるゾウのように、年間を通して集団の中で仲間といっしょに過ごす種もいるが、特定の時期（繁殖期など）にだけ一時的に集まって集団をつくる種もいる。シデムシの一部の種は食料とする死骸を仲間といっしょに埋めて共有し、集団の中で子を育て、それが終わったら離れ離れになる。集団生活には、捕食者から身を守り、交尾相手や食料を見つけやすくするなど、多くの利点が考えられる。一方で、競争が激しくなったり、病気にかかりやすくなったりするといった問題もある。集団は生態系全体についてたくさんの情報を与えてくれる。さまざまな種がどのように作用し合い、競争し、子育てし、子を守っているのか、複雑な社会構造をどのように形成しているのかなど、数々の情報を伝えてくれるのだ。

現生の動物がどのように子の世話や集団生活をしているかを理解することが、先史時代の動物の生態を解釈するうえでの取っかかりとなる。現代の動物と同じように、多くの先史時代の動物も子の世話をしたことは確かだろうが、具体的にどのように世話をしていたかを知るのは不可能であるように思える。

化石記録におけるこの難しさを説明するため、小さな稚魚を口の中に入れたマウスブルーダーの化石や、動物の死骸の中にいるシデムシの化石を発見したとしよう。これがどんな状況かを確実に解釈できると思うだろうか？　できるかもしれないが、それには慎重に化石を調べ、現生の類似の種と比較するのに加え、可能なら複数の事例に当たらなければならない。

とはいえ、先史時代の集団を理解するのは想像するほど難しくないこともある、とも言える。古生物学者は大量の化石が産出する場所を利用することができる。こうした場所の多くは「ラーゲルシュテッテン」と呼ばれている。これはドイツの高級ビールの名前ではなく、桁外れに詳細な情報を伝える化石産地を示す言葉だ。大量の化石が産出することで知られている場所、ふつうは化石として保存されない生物の軟組織を細部まで残した場所、またはこれら両方の特徴をもった場所のことを指す。メッセル・ピット(第1章参照)や、バージェス頁岩《けつがん》(本章で後述)がその例だ。こうした場所は過去の生態系を理解する絶好の機会を与えてくれる。幅広い種類の化石を保存していることが多く、動物どうしがどのようにかかわり合っていたかを推定しやすいからだ。ある特定の地層で数百種あるいは数千種の動植物が見つかれば、それらを利用して当時の環境がどんなものだったかを解釈することができる。古生物学者は化石にもとづいて、どの動物が群れで暮らしていたか、頂点捕食者だったかなどを推定することができる。ただ、このように化石が豊富な場所であっても(たいていは)手がかりが残っているだけで、直接的な証拠はあまりないのが現実だ。

このような行動を正しく解釈するためには、たとえば、親とその卵や子がいっしょに保存されていたり、多数の動物がまったく同じ岩石の中で何らかのやり取りをしている状態で発見されたりするなど、直接的な証拠が必要だろう。そんな化石が本当に存在するとしたら、どうだろうか？　この章では、遠い昔の子の世話や動物どうしのやり取りについてささやかな洞察を与えてくれる驚くべき化石をいくつか選び、それぞれについて詳しく解説する。時間の層の奥深くに埋もれていた場面を掘り起こしてみたら、なじみ深い行動が目の前に現れた。

卵を抱く恐竜

モンゴルのゴビ砂漠は数々の恐竜化石が発見される場所としてよく知られている。一九二三年、アメリカ自然史博物館のチームが率いる遠征隊が「炎の崖」と呼ばれる有名な化石産地で複数の新種を発見した。そのなかの一つが、長い首に短い頭骨、歯のないくちばしという奇妙な見かけをした獣脚類だ。この恐竜は翌年、同博物館の館長で探検に参加していた古生物学者のヘンリー・フェアフィールド・オズボーンによって記載された。奇妙なことに、その不完全な骨格は恐竜の卵が集まった巣に横たわった状態で発見された。オズボーンは、その卵が小型の角竜であるプロトケラトプス・アンドリューシ（*Protoceratops andrewsi*）のものであると考えた。この種の骨格や卵が同じ区域でよく見つかっていたからだ。不完全な骨格は獣脚類の新種としてオヴィラプトル・フィロケラトプス（*Oviraptor philoceratops*）と名づけられた。これは「角竜の卵を好む卵泥棒」という意味だ。

どうやら、このオヴィラプトルは別種の恐竜の巣を襲って卵をむさぼっているときに落命したようだ。だとしたら世界初の大発見となる。しかし、この推定は間違っていた。オヴィラプトルは卵泥棒などではなかったのだ。少なくともこの個体は違う。皮肉きわまりないことに、化石が記載されてから七〇年後の一九九四年、卵そのものが再検証され、新たな標本と比較された結果、卵はほかならぬオヴィラプトルのものだということが明らかになった。プロトケラトプスの卵ではなかったのだ。

オヴィラプトルが卵泥棒と疑われた話をよく知っている読者もいるだろう。大人になった私にとって、これはいわゆる恐竜の豆知識としてあちこちで伝えられる有名な話の一つであり、本やドキュメンタリー番組で取り上げられ、あちこちの博物館で展示の説明文に書かれてきたうえ、いまでもときどき取り上げられる。おもしろいことに、オズボーン自身もオヴィラプトル・フィロケラトプスという学名はこの恐竜の食性を正しく表していない可能性があると考えていた。彼は正しかった！

こうして事実誤認が判明し、オヴィラプトルの汚名が返上されて、その化石は親が巣に座っている場面を記録していることがわかり、卵を抱いて守っていた可能性も浮上してきた。この説を裏づけたのが、一九九三年のアメリカ自然史博物館とモンゴル科学アカデミーによるゴビ砂漠への合同遠征で発見された見事な化石だ。この遠征は「ウハートルゴド」と呼ばれる新たな化石の宝庫の発見につながった。この場所で、エミューほどの大きさのオヴィラプトルに似た恐竜が巣に座っている骨格が発見された。この恐竜はオヴィラプトルに近縁で、同じ科に属するのだが、その後新種の標本であることがわかり、新たな属に分類されて、キチパチ・オスモルスカエ（*Citipati osmolskae*）と名づけられた。

骨格は巣の中心に座り、両方の後肢を深く折り曲げて、足と下半分の後肢は互いにほぼ並行になっている。死んだそのときの位置のまま化石として保存された。前肢はほぼ確実に羽毛で覆われ、巣の周囲を包み込んでいて、いくつかの卵に覆いかぶさっている。少なくとも一五個の卵が保存されている。卵は長さ一六センチ、幅六・五センチで、二個ずつ円を描くように配置されている。この卵の配置から、親が卵を動かしたか、卵が特定の配置になるような体勢で雌が産卵したとも考えられる。一部のオヴィラプトロサウルス類の恐竜は、ワニのように、機能する卵管を二本備えていることがわかっている。このことから、二個の卵を同時に産んだために、卵が二個並んでいるとも考えられる。

このキチパチは現代の鳥が抱卵しているときのように、卵を抱いて温め続け、保護していた。「ビッグ・ママ」というニックネームを与えられてはいるものの、雌と特定できる手がかりは何もなく、「ビッグ・パパ」である可能性も十分ある。ある研究は雄であると論じ、これらの恐竜は鳥に見られるように雄が子の世話をしていたと指摘した。抱卵行動は現生の鳥のあいだでも種によって異なり、雄と雌のどちらかが子の面倒を見る種もあるものの、たいていは両親が交代で卵を抱く。オヴィラプトロサウルス類も同様の行動をとり、もう片方の親が近くにいた可能性も考えられる。

巣にいるキチパチの標本はもう一点発見されている。これで、巣といっしょに残ったオヴィラプトロサウルス類の標本は合計で八点となった。五点がゴビ砂漠、三点が中国南部で発見され、すべてがおよそ七〇〇〇万〜七五〇〇万年前のものだ。最新の標本では少な

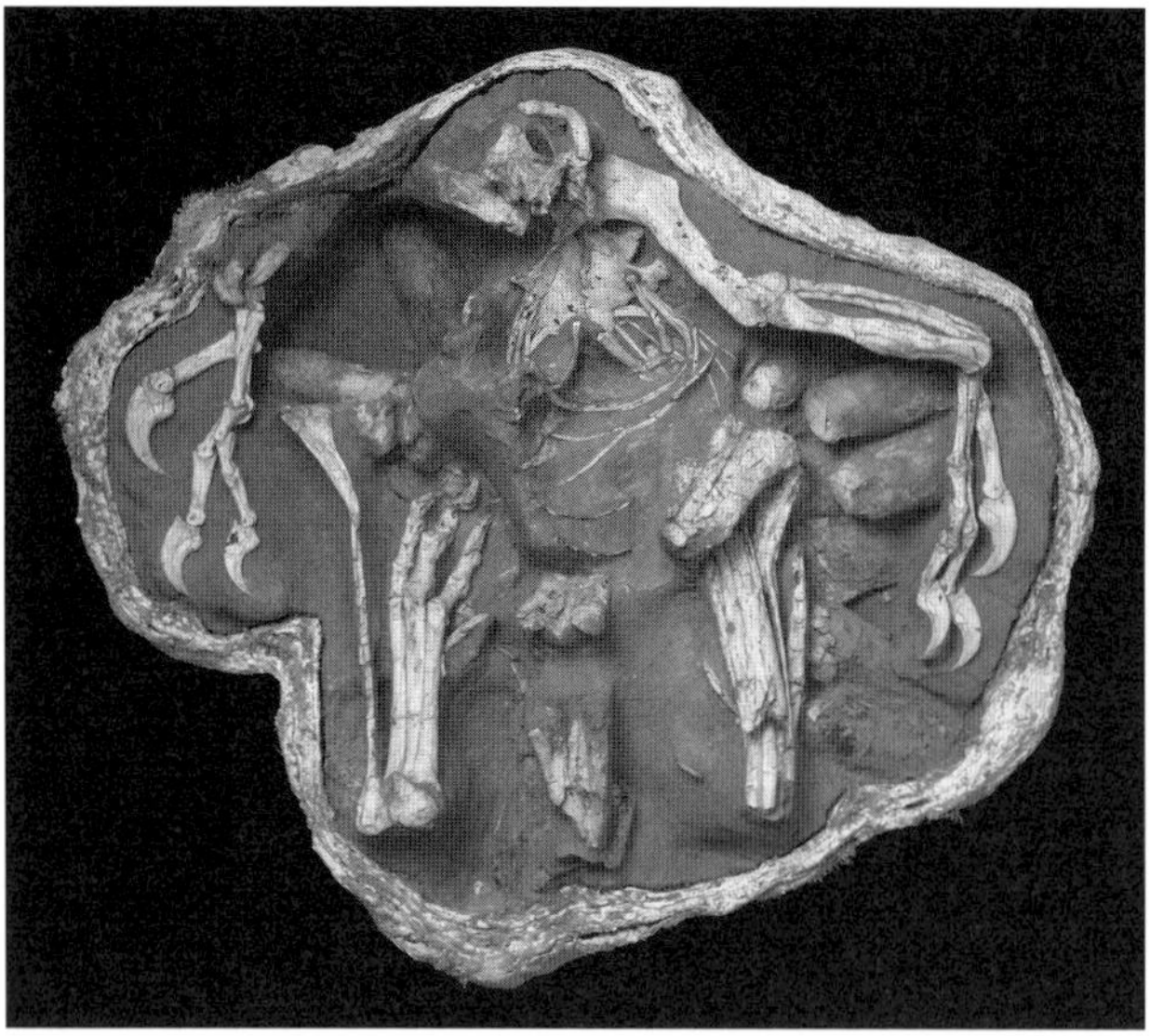

図2.1. オヴィラプトロサウルス類のキチパチ・オスモルスカエ（愛称「ビッグ・ママ」）が巣で卵を抱く。

（写真提供：Mick Ellison, American Museum of Natural History）

くとも二四個の卵が保存され、そのうち七個に胚が残っている。それぞれの恐竜は同じ姿勢で命を落としている。激しい砂嵐や大規模な砂の崩壊で一気に埋まったのだろう。非常に希少な化石だ。

オヴィラプトルの解釈が卵を盗む悪党から子の世話をする親へと変わったことは、驚くべきストーリーを伝える一助となり、先史時代の行動にまつわる疑問を解き明かすうえで新たな標本の発見が重要であることをはっきりと示している。これらの恐竜が鳥のように子の世話をしていたことは、現代の鳥の行動との関連を裏づけ、こうした抱卵行動がはるか昔に進化したことを示している。

図2.2. 砂嵐に立ち向かう（⬅次ページ）

キチパチ・オスモルスカエの雄が巣の上に注意深く座り、その向こうに雌が残る。遠くから巨大な砂嵐が近づいている。

BOB NICHOLLS 2020

最古の子育て——古生代の節足動物と子

カンブリア紀の始まりは、地球の生命史のなかでも大きな変化の一つが起きたことを示している。「カンブリア爆発」と呼ばれるその出来事は、鉱物化した骨格を備えたそれまでより複雑な動物が突然出現したこと（といっても、これは地質学的に見て突然という意味で、数百万年かけて出現したということ）を示し、書籍や一般向けの読み物、多数のドキュメンタリー番組で取り上げられてきた。これには十分な理由がある。多種多様な動物が出現した（現在知られている多くの動物の分類学上の「門」と基本的なボディプランが出現し、なかには古生物学者もよくわからない形態もあった）ことで、生態系がより複雑になったのだ。海は生命に満ちあふれた。脚をもつ最初の動物、さらには複眼をもつ動物も出現した。それぞれ大きさや形、生態、ライフスタイルが大きく異なったほか、やがてまったく新しい繁殖法を進化させた動物もいた。それは大変革と実験の時代だった。

「泥岩の濡れた表面でまだ生きているかのようだった」一九八四年七月一日、中国南部の雲南省で発見した化石をチームとともに調べているとき、古生物学者の侯先光は野帳（フィールドノート）にそう書いた。その地域では以前にも化石の産出が報告されていたが、その遠征の目的はそこで産出した化石の重要性を明らかにすることだった。そこは「澄江《ちょうこう》の化石産地」として知られ、動物の硬組織だけでなく、くねらせた軟らかい体全体が目を見張るほど詳細に保存されているという特別な場所だ。これらの動物はカンブリア紀初めに近いおよそ五億二〇〇〇万年前のもので、当時の生命の驚くべき姿を伝えてくれる。

侯が最初に研究した化石のなかに節足動物の死骸がある。節足動物は澄江ではとりわけ産出数が多く、形態の種類が多い。なかでも圧倒的に多いのが、貝虫に似たクンミンゲラ・ドゥヴィレイ（*Kunmingella douvillei*）だ。絶滅した節足動物のグループに分類され、最も近いのが甲殻類だ。たいていは全長が〇・五センチほどと小さく、二つに分かれた「チョウのような」殻が特徴である。これは体の大部分と一〇対の付属肢を覆って保護する構造だ。何千点にものぼる化石が見つかっているが、そのなかで、六点の標本が関連する卵とともに見つかっており、この小さな節足動物の繁殖法を解き明かす手がかりを与えてくれている。この種は明らかに有性生殖を行なっていただけでなく、卵の世話をして、子の生存確率を高めていた。

直径一五〇～一八〇マイクロメートルの卵が五〇～八〇個、クンミンゲラの雌の脚に付着しているのが発見されている。その小ささを説明してみると、ボールペンの先に六個ほどの卵がすっぽり収まる大きさだ。複数の標本で卵が脚に付着しているということは、この状態が偶然でないことを示している。この種は卵を保管する独特の手法を発達させていた。この行動は捕食圧に促されて発達した可能性がある。というのも、クンミンゲラはカンブリア紀の節足動物のなかでも最小の部類に入るし、糞石（糞の化石、コプロライト）から得られた証拠から、より大きな動物の獲物になっていたことがわかっているからだ。

そのため、捕食者に囲まれたまったく新しい世界でこうした種が生き延びていくためには、子ができるだけ最高の生涯の始まりを迎えられる方法を見つけなければならなかった。現生の甲殻類の場合、大部分の種では、受精卵は孵化するまで雌の体に付着している。クンミンゲラの化石が大量に発見されていることを考えれば、この種が何かしら適切な行動をとっていたことは明らかであり、おそらく卵の保管と世話の方法が効果を発揮していたものと思われる。

これらの標本は細粒の泥岩に保存されていて、一気に泥に埋まって窒息したものと考えられる。このことは、クンミンゲラが落命したまさにその場所で発見されたことを示唆している。つまり、化石は移動しておらず、乱されることもなかったために良好な保存状態を保ったということだ。これと同じ状況で保存されたと考えられる驚くべき節足動物が、もう一つ澄江で発見されている。複雑な子の世話の行動を理解するうえで見事な知見を与えてくれる化石だ。

それはフキシャンフィア・プロテンサ（*Fuxianhuia protensa*）と呼ばれる小エビのような節足動物で、非常に若い個体から年老いた成体まで、さまざまな大きさと成長段階の標本があることで知られ、個体発生的な成長（年齢とともに動物に見られる変化）の違いの概略を伝えてくれる。それぞれの個体発生段階の標本どうしには体の構造に類似点はあるものの、小さな個体は年齢の高い個体より体節（背板）の数が少ない点が特徴的だ。これは年をとるにつれ、脱皮を通じて体節が追加されていくことを示している。この現象は増節変態と呼ばれ、ヤスデなどの現生の節足動物に見られる。このため、体節の数を数えることで、標本の大きさや形のほか、年齢を推定することができる。

フキシャンフィアの非常に優れた標本の一つでは、大きな（八センチの）性的に成熟した成体が、四匹の非常に小さな（一センチ前後の）若い個体とともに発見された。体節の数から、若い個体はすべて同じ大きさと年齢だと特定された。こうした集団の状態と、標本がいっしょに同時に埋もれたという事実を考えると、これらの証拠は四匹の若い個体は同じ時期に生まれ、成体は親で、成長中の子の世話をしていたことを示唆している。子を世話する期間を長くするというこの手法により、子が生存して子孫を残す可能性を高めることができる。

クンミンゲラとフキシャンフィア以外にも、こうした証拠を示すカンブリア紀の節足動物がいる。一九〇九年九月、カナディアン・ロッキーの絶景のなかを探査しているとき、古生物学者のチャールズ・ドゥーリトル・ウォルコットがバージェス頁岩を発見した。この有名な化石産地はカンブリア紀の格別に優れた化石を初めて産出し、スティーヴン・ジェイ・グールドが一九八九年の著書『ワンダフル・ライフ』で取り上げたことで知られるようになった。細部まで残した化石の保存状態とその多様性はそれまでになかったものだ。カンブリア紀の生命に関する知識の大半はバージェス頁岩の化石の研究から得られた。年代は澄江よりもやや新しく、およそ五億八〇〇万年前だ。ウォルコットは六万五〇〇〇点前後という膨大な数の標本を集め、複数の新種を命名した。その一つが、一九一二年に命名されたワプティア・フィールデンシス（*Waptia fieldensis*）だ。化石が採取された場所の近くにそびえるワプタ山とフィールド山という二つの山にちなんで名づけられた。ワプティアは長い尾をもち、現代の小エビに驚くほどよく似ていて、全長は最大で八センチほどで、数千点の化石が見つかっている。一世紀以上も前に初めて記載されたにもかかわらず、この節足動物の繁殖にまつわる習性が明らかになったのは二〇一五年になってからだった。

一八四五点のワプティアの標本を調べた大がかりな研究の結果、五点の標本が体内に卵を宿していることがわかった。卵は体の片側に最大で一二個見つかり、頭部付近の甲殻の下に収まっている。このことから一匹の雌につき最大二四個の卵を宿していたと考えられる。それぞれの卵は直径が平均で二ミリと比較的大きいが、何より目を見張るのは卵の中に成長中の微小な胚が含まれていることだ。これは、

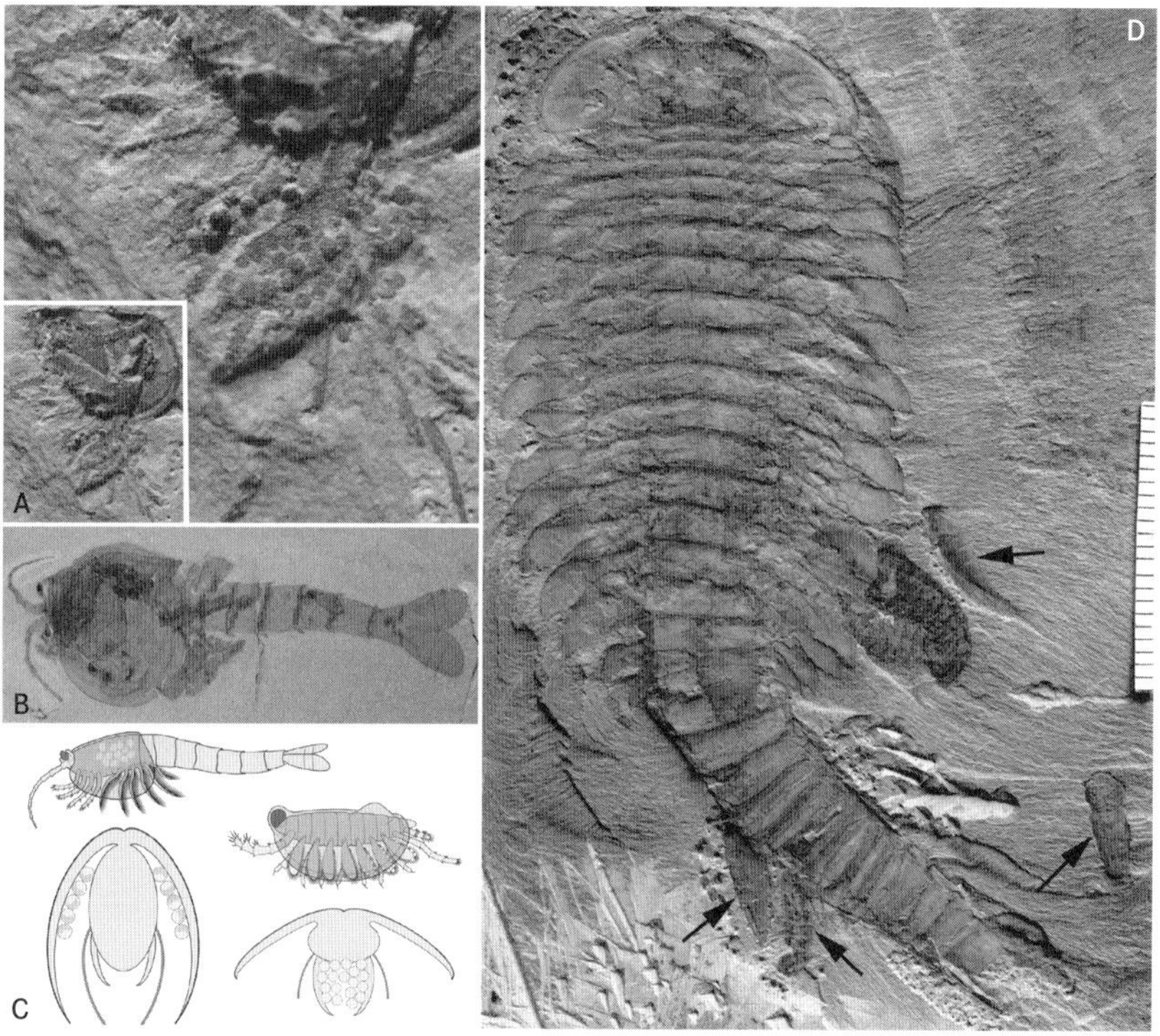

図2.3. 初期の節足動物が見せる子の世話。(A)脚に卵を付けたクンミンゲラ。右は拡大写真。(B)甲殻の下に複数の卵を宿すワプティア。(C)クンミンゲラとワプティアが卵を保管していた場所を示す復元図。(D)フキシャンフィアの成体のそばにいる小さな子(矢印で示した)。

(提供：[A] Jian Han; [B-C] Jean-Bernard Caron, Royal Ontario Museum, イラスト：Danielle Dufault, Royal Ontario Museum; [D] Dongjing Fu)

母親とその卵と胚の関係を直接示す最古の証拠である。

　ワプティアとクンミンゲラは大きさや構造が大きく異なるだけでなく、一回に宿す卵の数と卵の大きさもかなり違ううえ、卵が母親にどのように付着するか、そして卵がどのように世話されるかも異なる。フキシャンフィアの化石は子の世話の期間が長くなったことを示す最古の証拠をもたらした。このように子の世話の仕方が三者三様であることは、五億年以上前に複雑な行動が複数の種のあいだですでに進化していたことをはっきりと示している。

図2.4. 太古の子育て

フキシャンフィア・プロテンサの成体が複数の子の世話をする。子たちは海底の隠れ場所で母親のそばにいる。

BOB NICHOLLS 2020

翼竜の巣

先史時代の生物のなかでも、翼竜は最も奇抜で畏怖を感じさせる生物の一つだ。飛翔能力を発達させた最初の脊椎動物であり、鳥やコウモリに先駆けて空を飛ぶようになった。三畳紀中期に当たるおよそ二億二〇〇〇万年前に翼竜が出現する前は、昆虫が長きにわたって空を支配していた。二世紀以上に及ぶ詳細な研究にもかかわらず、この空飛ぶ爬虫類の幼い時期の姿は謎に包まれたままだったが、最近その状況に変化が訪れた。翼竜について、これまでで最も重要な発見の一つがあったのだ。

それまで、爬虫類である翼竜は卵を産んでいたに違いないと考えられていた。おそらく巣に産卵していただろう、と。しかし、直接的な証拠は見つかっていなかった。そうしたら、バスを待っているときのように、一つの証拠を待ち望んでいたら、三つも一気に現れたのだ。

二〇〇四年、翼竜の小さな胚を含んだ保存状態のよい卵が三個記載され、翼竜が確かに産卵していたことが裏づけられた。三個のうち二個は中国遼寧省の金剛山地域に分布する白亜紀の岩石から採取された。そのうち一個は保存状態が非常によく、現代の大部分の爬虫類と同じく、革のような軟らかい殻をもっていることがわかった。その数年後、驚くべき知らせがもう一つ舞い込んだ。今度は意外にも地方の農民が卵を採取したというニュースだ。その卵が見つかったのは遼寧省に分布するジュラ紀の岩石だった。この発見で、翼竜の産卵能力にまつわるあらゆる疑念が払拭された。その卵はまだ母親につながったままだったのだ。

「ミセスT」という愛称をつけられたこの化石は、チャールズ・ダーウィンにちなんで名づけられたダルウィノプテルス（*Darwinopterus*）という翼竜のほぼ完全な標本だった。この化石はカウンターパート（化石を含んだ石板を二つに割ったときの片割れで、化石の反対側が記録されている）とともに保存されていて、一方の石板はもう一方よりも状態がよい。ミセスTの楕円形の卵は脚と脚のあいだに位置している。これは尾の根元近くにある骨盤と関連づけられる位置だ（卵は長さが三センチ弱で、重さは六グラムと推定されている）。この位置から、卵は死骸が腐敗する過程で体内にガスがたまったために押し出されたのだと考えられる。その後、状態が悪いほうの石板を調べたところ、母親の体内に二個目の卵が発見され、翼竜も大部分の現生の爬虫類と同じように、機能する卵管を二本備えていることが明らかになった。ミセスTは卵を産む直前に命を落としたと考えるのが妥当だろう。

　この翼竜の化石ではまた、雄と雌のあいだにある性的な相違を初めて確認できた。具体的には、この母親は頭部の冠羽がなく、大きな骨盤をもっているが、ダルウィノプテルスのほかの複数の標本ではこれとは逆の特徴が見られた。後者は以前から雄であると推定されていたが、卵と母親がいっしょに発見された結果ようやく、その推定の正しさが裏づけられ、これらの標本間の違いは性的二形であることが確認された。

　こうした中国での発見は非常に刺激的で、翼竜の行動に関する知識にあった多くの空白を埋める一助となった。しかし、なかでも多くの情報をもたらしたのは、中国北西部に位置する新疆ウイグル自治区の天山山脈付近で発見された一億二〇〇〇万年前の標本だ。二〇〇六年以降、天山山脈のすぐ南に位置するトルファン＝ハミ盆地で大規模なフィールドワークが実施されてきた。ここは大量の翼竜の死骸が

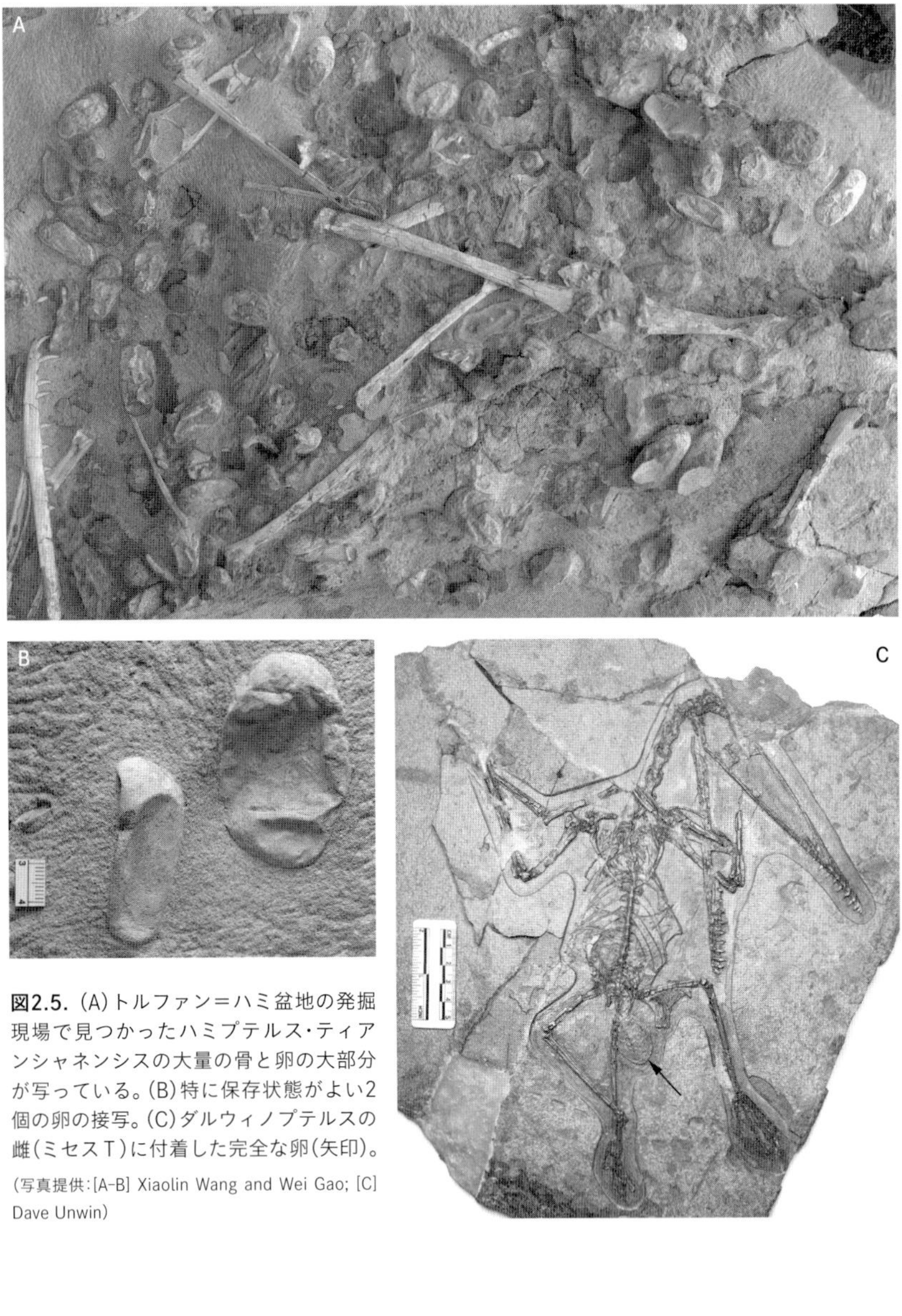

図2.5. (A)トルファン＝ハミ盆地の発掘現場で見つかったハミプテルス・ティアンシャネンシスの大量の骨と卵の大部分が写っている。(B)特に保存状態がよい2個の卵の接写。(C)ダルウィノプテルスの雌(ミセスT)に付着した完全な卵(矢印)。

(写真提供:[A–B] Xiaolin Wang and Wei Gao; [C] Dave Unwin)

集まった場所で、翼竜の雄と雌の数千点の骨と、数百点の卵を含み、いくつかの卵には三次元の胚が残っている。ダルウィノプテルスと同様、雄と雌は大きさや形、頭部の冠羽の大きさや見た目が異なり、雄は雌よりはるかに大きくて目立つ冠羽をもっている。

ボーンベッド（多数の骨化石が密集した層、骨層）からは少なくとも四〇頭の個体が特定されたが、実際には百頭単位の個体が存在するとも考えられている。これらの骨格は新種であることが判明し、ハミプテルス・ティアンシャネンシス（*Hamipterus tianshanensis*）と命名された。翼開長は最大で三・五メートル。これは現生の鳥のなかで翼開長が最も長いワタリアホウドリに匹敵する。

ここでは何と三〇〇個を超すハミプテルスの卵が発見された。卵はやや変形し、押しつぶされてはいるものの、三次元の状態で保存され、きわめて細かい部分まで残っている。卵には多数の小さなひびも入っていて、卵は革のように軟らかかったとはいえ、きわめて薄くて割れやすい鉱物化した殻が存在していたことを示唆している。中身が損なわれていない卵は合計で四二個あり、そのうち一六個にはさまざまな成長段階の胚の骨が確認できる。

雄と雌の成体、若い個体、生まれたばかりの子を含めたこれだけ多くの個体に加え、大量の卵が見つかっていることは、営巣地が近くにあったことを示している。また、この種は群居性で、大きな集団の中で暮らし、コロニーに営巣していたことも示唆している。営巣地はひょっとしたら湖や川のほとりだったかもしれない。多くの爬虫類と同じように、ハミプテルスも卵を砂の中に埋めて乾燥を防いでいたようだ。雄と雌の標本が複数まとまって見つかっていることから、雄と雌が巣の近くにとどまり、助け合いながら子を育て、捕食者から守っていたとも考えられる。

営巣地は猛烈な嵐に襲われたのだろう。卵は巣から押し流されて近くの湖に流れ込み、多数の翼竜の

図2.6. 吹きさらしのコロニー（⬅次ページ）

翼竜のハミプテルス・ティアンシャネンシスの群れと卵を激しい嵐が襲い、営巣地が大混乱に陥る。卵の一部は砂浜を転がり落ちて湖に流されていった。

BOB NICHOLLS 2020

骨格とともに埋もれてしまったようだ。そもそも翼竜の化石自体がまれにしか発見されず、骨と骨の関係を示した骨格がほとんどなく、卵もめったに見つからないことを考えると、大量の死骸が集積したこの場所は、翼竜という驚くべき動物の生態を知るうえで、いままでにない知見を与えてくれるすばらしい大発見である。

巨大ザメの保育所

絶滅した頂点捕食者の名前を一つ挙げるよう化石ファンに尋ねたら、「メガロドン」がほぼ筆頭に来るだろう。大きな歯をもつ巨大生物で、これまでに存在したサメのなかで最大の種であり、全長は一六メートル前後、映画『ジョーズ』に登場するホホジロザメの二倍を超す大きさであることを考えたら意外ではない。そう、このサメはそれほど大きかったのだ。その巨大な体が大衆の目を引きつける。人々というのは「最大」や「究極」の捕食者を知りたがるもので、最近では科学者からも一般の人々からもメガロドンに熱い視線が注がれている。

大きさばかりが注目されているため、メガロドンの生態のほかの側面がしばしば見過ごされているのは無理もない。何しろ、一本の歯が人間の手の大きさぐらいあり、クジラを食べていた証拠も見つかっているのだ。歯は世界各地で大量に見つかっていて、メガロドンについてわかっている情報のほぼすべてが歯から得られたものだ。だから、はっきりした採食以外の行動に関してはほとんど情報が得られないだろうと思うかもしれない。しかし、中米パナマでもたらされた驚くべき発見が、メガロドンがどのように子を守っていたかを知る手がかりを与えてくれた。

ここで科学者として、「メガロドン」という名前が、学名であるオトドゥス・メガロドン（*Otodus megalodon*）の種小名に由来することに触れておかなければならない。だから本当は「オトドゥス」や

「O・メガロドン」と書くべきところだが、そうするとあまり魅力的には感じない。また、一般の人々がメガロドンへの関心を高めるにつれ、メガロドンがまだ生きていると思う人も出てきた。しかし、メガロドンは三六〇万年前に絶滅している。これは地質学的にはかなり最近で、初期人類は生きているメガロドンを目撃していたとも十分に考えられるし、少なくとも海岸に打ち上げられた死骸は目にしただろう。

北米と南米をつなぐ細長い陸地であるパナマ地峡には、ガトゥン層と呼ばれる海洋生物化石を産出する地層があり、そこからはさまざまなサメの化石が大量に見つかっている。中新世に当たる一〇〇〇万年前、この一帯には温暖な浅海の生態系が広がり、水深二五メートルほどの海が太平洋とカリブ海をつないでいた。太平洋とカリブ海は現在は地峡で隔てられている。

ガトゥン層ではサメの化石が頻繁に見つかるのだが、メガロドンの歯はそれほど多くない。二〇〇七年から二〇〇九年にかけてのフィールドワークで、パナマ北部のラス・ロマスとイスラ・パヤルディという二つの化石産地からメガロドンの歯が二八点採取された。その歯は、メガロドンの専門家でもある古生物学者カタリナ・ピミエント率いるフロリダ自然史博物館のチームによって研究された。さらに二二点の歯が別のフィールドワークで採取されたが、研究に適した状態だったのはそのうち一二点だけだった。驚くのは、歯のほとんどが「小さい」か「極小」の部類に入り、歯冠の高さが二センチに満たないものもあり、大きな歯は少なかったことだ。

メガロドンの顎では、歯の大きさにばらつきがあるため、歯の小ささは顎における位置によるものとも考えられた。この仮説を検証するため、研究チームはアメリカのフロリダ州とノースカロライナ州で発見されたさまざまなライフステージ（幼魚と成魚）にあるメガロドンの歯の化石群を、ガトゥン層で発見された歯と比較した。その結果、ガトゥン層で発見された歯のほとんどは幼魚や稚魚のものであることがわかった。体長は二〜一〇・五メートルであると推定され、最も小さな個体は胚であると考えられた。年齢が上の幼魚のなかにはかなり大型（六〜一〇メートル）の個体もいたが、それでもまだメガロドンの成魚に獲物として狙われていただろう。胚、稚魚、幼魚の小さな歯が異常なほど大量に存在していることは、ガトゥン層が太古のメガロドンの保育所だったという証拠を裏づけている。

多くの現代のサメでは、幼魚や稚魚は保育所のある場所でよく見られ、複数の種といっしょに暮らしていることもしばしばだ。こうした保育所は、とりわけ捕食者（主としてより大型のサメの成魚）に狙われやすい若いサメにとって欠かせない生息域で、身を守ったり食料が豊富に得られたりする場所となり、子の生存率を高めている。

ガトゥン層で発見された太古の保育所では、さまざまな硬骨魚類やほかのサメがいたことも知られており、若いメガロドンの食料源となっていた。巨大な成魚やほかの大型ザメの脅威にさらされるなか、メガロドンの幼魚は成魚の大きさになってからようやく大型の海生哺乳類を狩るようになったと考えられる（ちなみにガトゥン層では海生哺乳類の化石はまれだ）。同様に、現生の若いホホジロザメは主に魚（ほかのサメも含む）を食べ、成魚になると哺乳類を食べる生活に変わる。直接の近縁種ではないが、ホホジロザメはメガロドンの生態学的な類似種の好例と考えることができる。両者には歯や椎骨、推定される体の形と食性に類似点があるからだ。ホホジロザメもまた保育所を利用する。

保育所では幼魚の歯とともにメガロドンの大きな歯がいくつか発見されていて、成魚は体長が一〇・五メートルを超えていたと推定される。成魚が幼魚とともに発見されるのは意外ではない。サメの歯は生涯を通じて絶えず生え替わるため、メガロドンの雌が保育所で卵か子を産んだとき、歯の一部が抜け

図2.7. ガトゥン層から採取されたオトドゥス・メガロドンの歯の一部。幼魚から大型の成魚までの歯がある。

（以下の文献の画像を一部修正して掲載：Pimiento, C., et al. 2010. “Ancient Nursery Area for the Extinct Giant Shark Megalodon from the Miocene of Panama.” *PLOS One* 5, e10552）

て失われたとしてもおかしくない。また、保育所は避難場所になりうるが、大きな個体がそこに入ってこられないという保障はなく、したがって幼魚が大きな成魚に食べられることもあっただろう。

ピミエントのチームが発見を発表してから約一〇年後の二〇二〇年、別の研究チームがスペイン北東部のタラゴナ県で新しく見つかった化石産地で、メガロドンの保育所とみられるものが発見されたと報告した。同チームはメガロドンの歯を含んだほかの有名な化石産地と地層のいくつかを再検証し、稚魚と幼魚の範囲に収まる個体の割合が高いという特徴にもとづいて、新たに三カ所が保育所に当たることを示した（ガトゥン層とタラゴナ県を除く）。そのうち二カ所がアメリカ（メリーランド州とフロリダ州）で、もう一カ所がパナマ国内だ。計五カ所の年代は四七〇万～一五五〇万年前の範囲にある。

これらの発見から、メガロドンは何百万年にもわたって地理的に広い範囲で保育所を日常的に使っていたことが明らかになった。保育所は種を存続させるうえで重要な役割を果たしていたということだ。メガロドンの保育所の存在は、何よりも壮観なこのスーパー捕食者の行動について、これまでとはまったく異なる視点を提供してくれた。

図2.8. 巨大ザメが入れない場所で

大きな成魚が水深の深い海域で泳ぐなか、オトドゥス・メガロドンのたくさんの幼魚が浅瀬の保育所に避難する。

BOB NICHOLLS 2020

ベビーシッター

子をもつ親なら、どこかしらの段階でベビーシッターが必要になるだろう。そのときが来たら、自分の親やきょうだい、あるいはひょっとしたらあなたに借りがある友人などに連絡する人もいるかもしれない。しかし、このようにベビーシッターに頼るのはヒトだけではない。たくさんの動物も同じことをする。オーストラリアムシクイ、ミーアキャット、ライオン、クジラといったグループの個体が、自分の子ではない子の養育を助けるのだ。

自分の子の世話を一時的に他者に任せるのは気が進まないこともあるが、そうすることで食料獲得や社交、休息に必要な時間を得られる。子育てを容易にするうえで重要な要素だ。実際には、子守りは「利他行動」と呼ばれる献身的な協力行動の典型的な形態の一つだ。それはある個体が自分を犠牲にして他者を助けることを選ぶ行動であり、明確な報酬を求めないことも多い（とはいえ、ティーンエイジャーにとってはたいていお金がベビーシッターを引き受ける原動力になるのだが）。

化石から利他行動の信頼できる証拠を見つけるのは難しい。化石で同じ種の大きな個体と小さな個体を関連づけられたとしても、それはたまたま近くに埋もれただけかもしれないし、利他行動とは違う種類の行動を示しているのかもしれない。したがって、証拠となる要素がいくつか存在しなければならず、ある程度の確証をもって解釈できるぐらい良好な状態で化石が保存されている必要もある。そうした驚くべき化石の骨を豊富に含んだボーンベッドが中国遼寧省で発見された。それはおよそ一億二五〇〇万年前の白亜紀の岩石層で、太古の火山性の土石流（ラハール）に巻き込まれて生き埋めになった複数の恐竜を含んでいる。しかも、その保存状態は格別によい。

その恐竜とはプシッタコサウルス（*Psittacosaurus*）という、ラブラドールほどの大きさの原始的な二足歩行の角竜だ。数百から数千点の化石が記録されていて、アジアでは非常によく発見される恐竜の一つである。そうした化石のなかに、尾に羽毛のような剛毛があり、皮膚にはっきりした模様を残した標本がある。この化石の詳しい研究により、科学者たち（本書のイラストを描いたアーティストのボブ・ニコルズを含むチーム）は恐竜の復元図をこれまでになく生き生きと正確に描くことができた。復元図によると、体の上部は暗い色、下部は明るい色をしている。この種の配色は「カウンターシェーディング」と呼ばれ、現代の動物によく見られるカムフラージュの一つで、個体の立体的な形を隠すためのものだ。このことから、プシッタコサウルスは森のように隠れる場所が多い環境にすんでいたと考えられる。これは、プシッタコサウルスの骨格と同じ岩石層で見つかった植物の種類とも整合性がとれている。

プシッタコサウルスの骨を大量に含んだボーンベッドは二〇〇四年に正式に記載され、公式に発表されると、古生物学界は大騒ぎになった。幅がたった六〇センチの岩塊に、似たような大きさ（頭骨の大きさは三～五センチ）の関節がつながった若い個体が三四頭も含まれていたのだ。若い個体たちは、はるかに大きくて明らかに年上の同種の一頭の個体に密集しているような状態で発見された。それぞれの個体は立体的に保存され、頭部をやや上方に上げて生き生きと立っている姿勢で埋もれていた。それぞれの個体が似通っていることを考慮し、その位置関係から、研究者はこれが親子であると推定した。したがって、これは孵化後の子の世話を示した証拠となる。大発見だ。

一部の古生物学者はこの化石に疑問を呈し、化石の信憑性と推定された行動のどちらにも異論を唱えている。ある研究チームが調査をしたところ、若い個体を三〇頭しか特定できず、そのうち六頭は頭骨しか特定できなかった。それらの頭骨はほかの個体と似たような大きさと保存状態ではあるが、母岩に完全に覆われているわけではなかった。残念ながら、個人の化石取引にはダークな側面があり、標本の違法な採取や売却が行なわれることがあるほか、標本の改変も多い。この化石に対する異議によると、コレクターがもともとの岩塊に頭骨を加えて化石の「セールスポイント」を高め、価格をつり上げたのだという。それが本当かどうかはわからないが、研究チームは確実にいっしょにいた若い個体を二四頭だけとし、それらは本物だと結論づけた。大きい個体にも疑惑の目が向けられたものの、頭骨と骨格の一部は確実に母岩に埋もれ、若い個体の一部と絡まり合っている。

行動面に関して言うと、この大きいプシッタコサウルスの個体を同じ地域から産出したほかの大きな骨格と比較したところ、この個体はおそらくまだ成体にはなっていなかったことがわかった。たとえば、頭骨の長さは一一・六センチしかなく、現時点で最も大きいプシッタコサウルスの頭骨（最大二〇センチ）の半分程度だ。一方で、最も小さな頭骨は三センチに満たない。さらに、プシッタコサウルスの化石は大量に産出しているから、骨の微細構造を利用した年齢測定法の研究はたくさんある。それらのデータと比較した研究で、この大きい個体は死んだときおよそ四〜五歳だったことが示された。同じ研究ではまた、プシッタコサウルスが性的に成熟するのは早くても八歳か九歳だったことも明らかになった。したがって、この大きな個体はまだ若すぎて生殖できなかった。つまり、この化石は親の子守りの事例ではなく、成熟間近の若い個体、ひょっとしたら年長のきょうだいが一時的に子の面倒を見ていた事例ということになる。子たちはおそらく異なる時期に生まれた個体が混ざり合っていた。

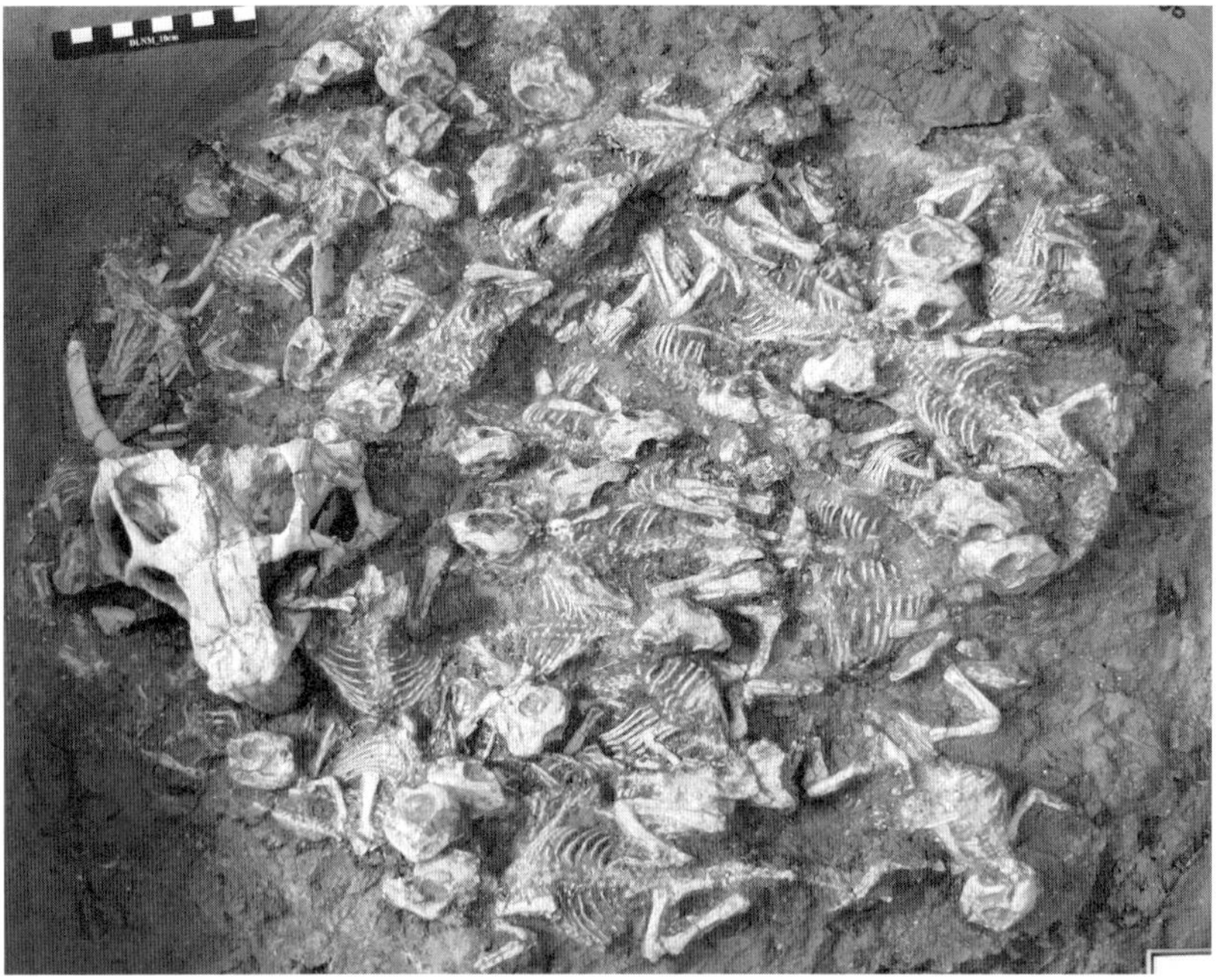

図2.9. 成熟間近のプシッタコサウルスの「ベビーシッター」(左側の大きな頭骨)が、多数のプシッタコサウルスの赤ちゃんの完全骨格とともに保存されている。

(写真提供:Brandon Hedrick)

この発見は、プシッタコサウルスによる孵化後の協力行動を示唆している。親が自分の子の世話を他者に任せ、そのあいだに自分の時間を過ごしていた。鳥のなかにはこのように協力して子育てを助ける種はたくさんいるが、現代において絶好の類例となるのは哺乳類のミーアキャットだ。大規模なコロニーにすみ、巣穴で子の面倒を見るミーアキャットのベビーシッターは、捕食者（ライオン、ハイエナ、ワシなど）や悪天候の危険から子を確実に守らなければならない。それは決して簡単な仕事ではない。二四時間にわたるその仕事中に、平均的なベビーシッターは、採食を続けるミーアキャットと比較すると、体重の一・三％を失っている。興味深いことに、繁殖するペアは子の面倒を見ない。もちろん、ミーアキャット（哺乳類）とプシッタコサウルス（爬虫類）の特徴を比較するのはかなりの飛躍ではあるのだが、そうすることで、協力による子育ての労力やエネルギーの負担がどれほどのものかがわかる。

さまざまな年齢の若いプシッタコサウルスが集積した場所はほかにも報告され、その社会性を裏づける証拠となっている。ベビーシッターの化石は恐竜においてそれまで知られていなかった珍しい行動を記録しているだけではない。ここやほかの場所で見つかったプシッタコサウルスの集団化石は、この種が複雑な社会的行動をとっていたことも記録し、家族生活の全体像をより詳しく伝えてくれる。

図2.10. 大きい仲間のそばにいる

雨が降りしきる密林で、先頭を歩くプシッタコサウルスのベビーシッターに子たちが注意深くついていく。

BOB NICHOLLS 2020

恐竜がはまった死の罠

一九九三年に映画『ジュラシック・パーク』が公開されると、群れで狩りをする恐ろしいヴェロキラプトル（*Velociraptor*）は、世界中の観客の目を釘づけにした。だが、古生物学者にとってその年は、人気を独り占めしたヴェロキラプトルよりはるかに大きな近縁種、ユタラプトル（*Utahraptor*）に関する発表があった年だ。全長七メートルと推定されるこのドロマエオサウルス科の恐竜（ラプトル）は『ジュラシック・パーク』で誇張されたヴェロキラプトルよりも大きく、実物のヴェロキラプトル（実際にはシチメンチョウぐらいの大きさ）よりはるかに大きい。

一点の頭骨、分離した複数の骨、複数のかぎ爪のほかには標本がほとんどなく、完全な化石がなかったために、ユタラプトルに関する理解はほとんど進んでいなかった。しかし近年、ユタラプトルの骨が密集した九トンの砂岩の岩塊が発見され、恐竜に関する発見としては史上最大級であることが明らかになりつつある。この化石はユタラプトルの全体像を解明しただけでなく、この恐竜が同種のほかの個体とどのようにかかわり合っていたかも解き明かした。

「ヴェロキラプトルは本当に群れで狩りをしたのか？」と、ほぼすべての古生物学者が何度も質問されてきた。『ジュラシック・パーク』でそのような場面が描かれてからというもの、この社会的な行動は大衆のイマジネーションの中に常に存在している。しかし、ドロマエオサウルス科の恐竜が群れで狩りをするなど、社会的な行動をとっていたという確かな証拠はほとんどないのが現実だ。

群れで狩りをするという行動は、北アメリカのドロマエオサウルスのなかでよく知られたデイノニクス（*Deinonychus*『ジュラシック・パーク』の「ラプトル」のモデルとなった恐竜）の数点の標本が、一頭の大型植物食恐竜テノントサウルス（*Tenontosaurus*）とともに発見されたことに由来する。デイノニクスが仲間と協力してはるかに大きい獲物を仕留めていたという説は、この発見から生まれたものだ。当然ながら、この発見には違った解釈も登場した。具体的には、デイノニクスのそれぞれの個体が単に死骸をあさっていたとの説や、それぞれの個体が水に押し流されていっしょに埋まっただけとの説だ。しかし、デイノニクスとテノントサウルスがいっしょに発見される例がほかにも出てくると、両者に何らかの関係があったという見方が有力になった。

社会的な行動を示す直接の証拠が見つかったのは二〇〇七年。中国山東省で二本指の連続した足跡化石が複数発見された。ドロマエオサウルスは第三指と第四指で立ち、第二指は鎌状の「死のかぎ爪」を備えていることで知られ、地面から浮かせて引っ込めている。一つの標本では、六つの足跡が同じ方向に向けて狭い間隔で平行に残っているのが発見された。そのうち最大の足跡は長さ二八・五センチだった。これは大型のドロマエオサウルスの小さな集団が並んで歩いていたことを示し、何らかの群れか家族の行動を示唆している。

ユタラプトルについての新発見に移ろう。二〇〇一年、地質学の学生だったマット・スタイクスが、ユタ州東部の町モアブに近いアーチーズ国立公園の北側で、人間の腕の骨のようなものが大きな岩塊から突き出ているのを発見した。その場所は「スタイクスの採石場」として知られるようになる。発見の知らせを受けた古生物学者たちは現場を検証し、骨は恐竜の足の一部であると判断した。ほかにも骨があることに気づくと、彼らはこの発見が非常に特別なものになりそうだと認識した。だが、その現場は広大な尾根（いまでは「ユタラプトル尾根」と呼ばれている）の頂上付近にあった。岩石の中に恐竜の宝庫が眠っていると大喜びする前に、チームはどのようにその場所からもろい骨を壊すことなく巨大な岩塊を発掘して持ち出すかという難題を解決しなければならなかった。

発掘調査を率いたのはユタ地質調査所の古生物学者たちだった。そのなかには、ユタ州の古生物学者で、一九九三年に「ユタラプトル」という名前をつけた科学者チームの一人であるジム・カークランドもいた。一〇年を超す発掘調査の末にようやく、重さ九トンの岩塊の取り出しが完了し、ユタ州のサンクスギビング・ポイントにある古代生命博物館まで輸送された。それが二〇一四年のことだ。その後、岩塊はソルトレイクシティにあるユタ地質調査所の研究センターに移された。この一億二五〇〇万年前の白亜紀の岩塊が完全にクリーニングされ、その全貌が語られるまでにはまだ何年もかかるが、これまでの注意深いクリーニング作業ですでに、この岩塊には多数の恐竜の死骸が集積していることが明らかになっている。

死骸が密集したこの岩塊に含まれているのは、複数のユタラプトルの頭骨と骨格、そして少なくとも二頭のテノントサウルスに似た植物食恐竜である。これだけでも明らかに大発見ではあるが、さらに目を見張るのは、ユタラプトルの死骸の年齢がさまざまであることだ。これまでに記録された骨から判断したところによると、この岩塊には大きな成体が一頭、成熟間近の個体が一頭、およそ二歳の個体が五頭、そして、一歳未満と推定される非常に若い個体が三頭含まれているというから驚きだ。これは古生物学者にとって、ユタラプトルの成長段階を研究するための豊富な資料となる。とりわけ、この恐竜がどれだけ速く成長したか、年齢とともにどのように変わっていったかといったことのほか、これらの個

図2.11. 荒野の向こうに見えるのは、ユタ州のアーチーズ国立公園付近にある化石の発掘現場「スタイクスの採石場」。拡大写真は、ユタラプトルの複数の骨格を含んだ重さ9トンの岩塊だ。ひとかたまりの状態で発掘され、取り出された。

(写真提供:Jim Kirkland)

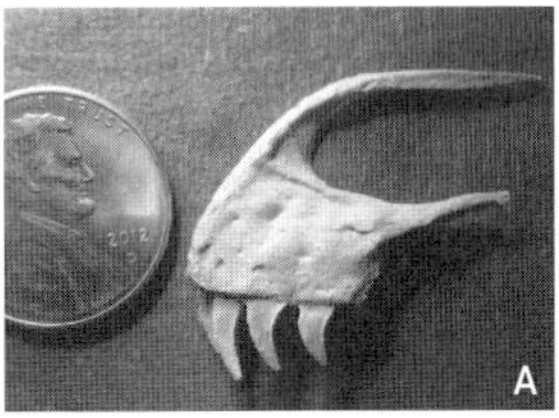

図2.12. (A)スタイクスの採石場で発見されたユタラプトルの赤ちゃんの前上顎骨(鼻づらの先端)。(B)ユタラプトルの成体の骨格。

(写真提供:[A] Scott Madsen; [B] Gaston Design Inc.)

体の関係やこれが家族集団であるかどうかを推定することもできる。しかも、まだこの段階では巨大な岩塊の表面を削っただけだ。そのさらに奥深くには、この数倍の数の標本が眠っているとみられている。

ユタラプトルの複数の個体が存在して一連の成長段階を示していること、そして特にニワトリほどの大きさの赤ちゃんが数頭存在することから、この集まりが一つの家族（少なくとも家族の一部）であることが強く示唆される。そして、発掘現場とほぼ無傷の骨を含んだ砂岩の岩塊の地質から、この集団が厄介な状況に巻き込まれて身の毛もよだつ最期を迎えたことがわかる。ユタラプトルたちは流砂にはまったのだ。

この見事な化石は「捕食者の罠」と呼ばれる状況を示しているようだ。どうやら、植物食恐竜のほうがまず流砂にはまって身動きがとれなくなり、手軽に獲物を捕まえられるとの期待に引き寄せられたユタラプトルも一頭、また一頭と流砂にのみ込まれていったのだろう。ユタラプトルの複数の個体は家族で、子の世話をして集団（または群れ）で暮らしていたと考えるのが最も妥当な見方ではあるが、別の解釈としては、一つの家族と複数の単独の個体の組み合わせであるとの見方もある。実際の状況がどんなものであったにしろ、これらの不運なラプトルは身動きがとれなくなって命を落とし、そのまま埋もれてしまったのだ。これは、複数の恐竜が流砂の犠牲になった状況を示す初めての証拠である。

この見事な化石は、ドロマエオサウルス科の恐竜の群れでの狩りや、集団の社会性、子の世話を示すこの上ない証拠になるかもしれない。しかし、高い技術と慎重な作業を要する化石のクリーニングはこの先何年も続き、資金調達もまだ必要な状況だ。標本全体が岩の墓場から完全に取り出されて初めて、この化石の全貌は明らかになる。

図2.13. 泥沼の警告

恐竜の腐敗臭に引き寄せられたユタラプトルの家族。しかし、腐肉をあさろうと飛びついた者は流砂にはまり、身動きがとれなくなった。

BOB NICHOLLS 2020

先史時代のポンペイ——時を超えた生態系

アメリカのイエローストーン国立公園は世界有数の美しさを誇る場所だ。面積八〇〇〇平方キロを超すこの景勝地の大部分はワイオミング州にあり、見事な間欠泉、息をのむ絶景、そして目を見張る多様な野生生物が見られることで知られ、毎年何百万もの人々が訪れる。しかし、イエローストーンのある場所にスーパーボルケーノ（噴出量が一〇〇〇立方キロメートルを超す超巨大火山）が存在することはあまり知られていない。噴火の後に火山が陥没し、専門用語で「カルデラ」と呼ばれる巨大な凹地になっている。大規模な噴火は六〇〇万年以上前に起きて以降、現在まで起きていない。

ひとたび火を噴けば、スーパーボルケーノは陸の地形を変え、野生生物を壊滅状態に追い込んで、あたり一面を荒廃させる。そうした巨大噴火がどのような結果を引き起こすのか、時計の針を少し巻き戻し、一二〇〇万年前までさかのぼってみよう。この稀有な出来事で、人気の水場の中にすんでいたり、その近くに集まっていたりした何百匹もの動物が、スーパーボルケーノの壊滅的な噴火でまき散らされた厚さ数メートルの火山灰に埋もれて命を落とした。

その場所はネブラスカ州に位置し、世界的に知られるようになって、いまではアメリカの国立自然ランドマークに指定され、「アッシュフォール・フォッシル・ベッズ（降灰化石層）」という名称で呼ばれている。火山噴火は一六〇〇キロほど離れた現在のアイダホ州南西部にあるブリュノ＝ジャービッジ・

カルデラで起こった。このカルデラは「イエローストーン・ホットスポット」として知られる場所の一部だ。ここは数百万年前から火山活動が活発なホットスポットで、北アメリカプレートの移動に伴って現在はイエローストーン・カルデラの下にある。噴火で舞い上がった恐ろしい火山灰の雲は東に流れてグレートプレーンズを超えたところで降灰を始めた。かつてサバンナのような生態系を形成して繁栄していた大量の動物たちはいっせいに命を落とし、死んだときと同じ姿勢で現代まで保存された。「先史時代のポンペイ」とでも呼べそうな場所だ。

壊滅的な自然災害が起きたことを示す正真正銘の手がかりが初めて発見されたのは一九七一年。古生物学者のマイク・ヴーリーズが妻で地質学者のジェーンと農地を歩いていたとき、サイの赤ちゃんの頭骨化石が、無傷で火山灰の地層に埋もれているのを発見した。これは人生を一変させる発見となった。彼は大発見の可能性に気づき、さらに化石が見つかるかもしれないと考えた。それは正しかった。大規模な発掘調査を始めるまでには六年かかったが、それだけ待つ価値はあった。サイの頭骨は完全な骨格と関節でつながっていることが判明し、ほかにも多くの完全骨格がいっしょに見つかった。初期のサイ、ラクダ、ウマ（群れや家族全体）など、多種多様な動物が火山灰を吸い込んだために非業の死を遂げていたのだ。この出来事をほかの人々も見学し、学習し、理解できるように、三次元の骨格の多くは発見されたまさにその場所に残され、それらを覆う建物が建てられた。発掘作業はいまでも続き、新たな発見がもたらされている。

火山灰にはガラスの微小な粒子が含まれている。これを吸い込んだら肺がどうなるか想像してみてほしい。数日間だけではなく、数週間にわたってだ。火山灰を吸い込んだこれらの先史時代の動物たちは極度に体調を崩し、一頭、また一頭と息絶え始めた。実際、ウマやラクダ、サイの肺の損傷はあまりに

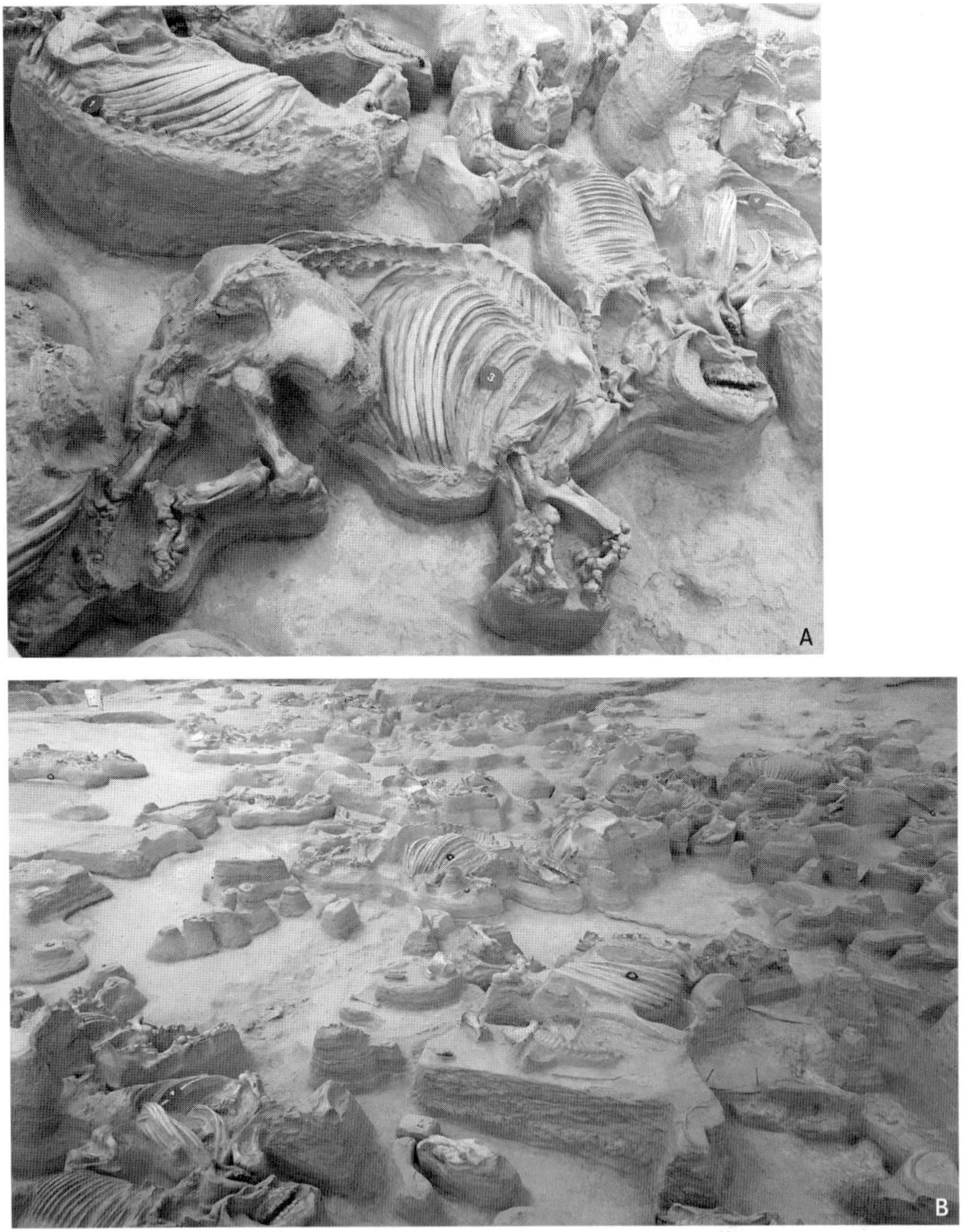

図2.14. (A)死んだままの状態で複数発見されたサイ科のテレオケラス・メジャーの完全骨格。火山灰をかぶって窒息し、そのまま埋もれた。(B)発掘現場の広がりとさまざまな骨格を示す。

(写真提供:Lee Hall)

もひどく、骨格に異常な骨の形成が見られるほどだ。これはマリー病（肥大性骨症）と呼ばれる呼吸器系の病気によって肺が機能不全に陥ったことを示している。

カメや鳥、ジャコウジカといった小型の動物は厚さ三メートルの火山灰層の底辺付近に埋まっている。これは、これらの動物が最初に降灰の犠牲になったことを示している。生き埋めになった動物もいたかもしれない。肺が小さいために少しの時間でも火山灰に対処することができず、降灰に見舞われてまもなく窒息したのだ。複数種のウマやラクダの祖先など、中型の動物は少なくとも数週間は生き残っていたが、有毒なガスを吸い続けるうちにゆっくりと苦しみながら死を迎えた。こうした動物の骨のなかに腐肉をあさられた形跡を残すものがあることから、イヌ科のボロファグスなどの肉食動物が活発に死骸をあさっていたことが示唆される。そうした肉食動物の骨もわずかながら見つかっている。

最後に息絶えたのは生態系で最大の動物だったサイだ。現代のサイは単独行動をとるのがふつうで、ときどき小さな集団を形成することもある程度だが、ここでは一〇〇点を超すサイ科の一種テレオケラス・メジャー（*Teleoceras major*）のほぼ無傷の骨格がひとまとまりになって発見されている。テレオケラスは現代のサイのような見かけで、樽状の胴体に比較的短い脚をもち、一部の時間を水中で過ごしていた。その頭骨は非常に大きく、特に雄の頭骨は大きい。そして鼻の部分には小さな角が一本ある。発見された多数の骨格の大部分は、若い子から年長の成獣までの雌と子であり、年長の雄は少ない。母親のなかには若い子たちに寄り添った状態で埋まっていたものもいる。最後の食事（草）がまだ口の中に残った状態で息絶えた個体、火山灰に最後の足跡を残した個体もいる。驚くべきことに、ある妊娠した雌は産道にまだ生まれていない子を残したまま発見され、出産中に息を引き取ったとも考えられる。この標本を含め、若い子が数頭見つかっていることも考え合わせると、バイソンなどの現生の哺乳類と似たように、一年の決まった時期にだけ繁殖していたことが示唆される。

サイの年齢、性別、数にもとづいて考えると、この先史時代の群れに社会構造が存在していたのは明らかだ。つまり、サイは仲間とともに生きて死んでいった。ただし、サイたちが年間を通していっしょに暮らしていたかどうかまではわからない。若い成獣の雄がおらず、年長の雄が雌よりはるかに少ないことから、この群れは一夫多妻制の繁殖形態をとり、優位にある数頭の雄が複数の雌と交尾していた可能性は十分にある。

このたぐいまれなストーリーを振り返ろう。大量死を引き起こしたスーパーボルケーノの壊滅的な噴火が、世界屈指の化石の宝庫を現代まで良好に保存することとなった。降灰によって、かつて繁栄した生態系の希少な一場面を垣間見ることができる。動物たちはいつもの水場を離れようとしなかったために、最後には窒息して命を落とし、永遠に地面に埋もれてしまうことになった。そして、そのたくさんの亡骸は何百万年もたってから、たまたま発見されたのだ。

図2.15. 待ち受ける運命も知らず

サイ科のテレオケラス・メジャー、ラクダ、ウマ、カメといった動物たちの集団が、大きな池のまわりでいつもどおりの暮らしを送る。そばではイヌ科のボロファグスが獲物に目を光らせる。遠くでは巨大な噴煙が上がり、迫りくる死を予感させる。

巨大二枚貝に閉じ込められた魚

南太平洋とインド洋の温暖な海には、貝類を含む軟体動物のなかでも地球最大のオオシャコガイがすんでいる。重さは二〇〇キロを超え、全長は何と一メートルほどにもなる巨大二枚貝だ。生物多様性が豊かなサンゴ礁にすみ、その大きな殻はさまざまな生き物の隠れ場所として使われ、捕食者から身を守るのに役立つほか、魚にとって絶好の保育所にもなっている。この種の共生関係は「片利共生」、あるいはより具体的に「すみ込み共生」と呼ばれ、一つの種がもう一つの種に害を及ぼしたり不便を強いたりすることなく一方的にすべての恩恵を受けている相互関係である。

二枚貝の多くの種はさまざまな魚の宿主となっている。片利共生は動物界で広く見られるから、先史時代の生態系でも同様の関係があったと考える理由は十分にある。しかし、こうした相互関係の決定的な証拠を見つけるうえでは多くの問題が起きうる。異なる種の化石がいっしょに見つかることはよくあるが、それがたまたま近くにいただけの関係なのか、具体的な相互関係があった可能性があるのかを判断するには慎重な解釈が欠かせない。

絶滅したイノセラムス科の二枚貝はとりわけよく見つかる貝で、世界中に分布していた。そのなかには、これまでに発見されたなかで最大の二枚貝であるプラティセラムス・プラティヌス（*Platyceramus platinus*）がある。全長が三メートル近くにもなる二枚貝だ。完全な状態で保存されていることも多いが、通常は平らで非常に薄いため、たやすく破損してばらばらになってしまうこともしばしばであり、収集が難しい。

一九二九年、アメリカ・カンザス州の「スモーキー・ヒル・チョーク」と呼ばれる白亜紀のチョーク（石灰岩の一種）層で八五〇〇万年前のプラティセラムス・プラティヌスが発見され、その内部に新種の魚が三匹含まれていることがわかった。この状態がふつうでないことがわかったのは一九六〇年代になってからだ。このチョーク層では特定の種の魚の化石がイノセラムス科の貝殻の中でよく見つかることに古生物学者が気づき、その理由を考察した。二枚貝と魚がいっしょに保存されている化石を探すようになればなるほど、見つかる標本が増え、それがいくつかの新種の魚の発見につながった。化石探しの独創的な方法である。

驚くべきことに、スモーキー・ヒル・チョークで発見された一〇〇点を超すイノセラムスに魚が含まれていることがわかり、合計で一二〇〇匹の魚がこの二枚貝の中から見つかった。同様の化石がコロラド州でも記録されている。同じような状態の例が多数見つかっていることは、これらの化石が偶然の出来事ではなく、異なる種どうしの相互関係が実際にあったことを示す強い証拠である。

アミア、イットウダイ、ギンメダイ、ウナギの仲間の小型の種など、最大で九種の魚がプラティセラムス・プラティヌスなどの二枚貝の巨大な貝殻の中から発見された。大部分の貝殻には同じ種の個体が多数含まれていたが、複数の種を含んだ貝殻もあり、魚は二枚貝とだけでなく、魚どうしにも相互関係があったことが示唆される。驚くのは貝殻の中にいる個体の多さだ。ある貝殻には何と一〇四匹の小魚が含まれていた。魚はどれも似たような全長で、同じ種に属しており、典型的な群れの特徴を示している。

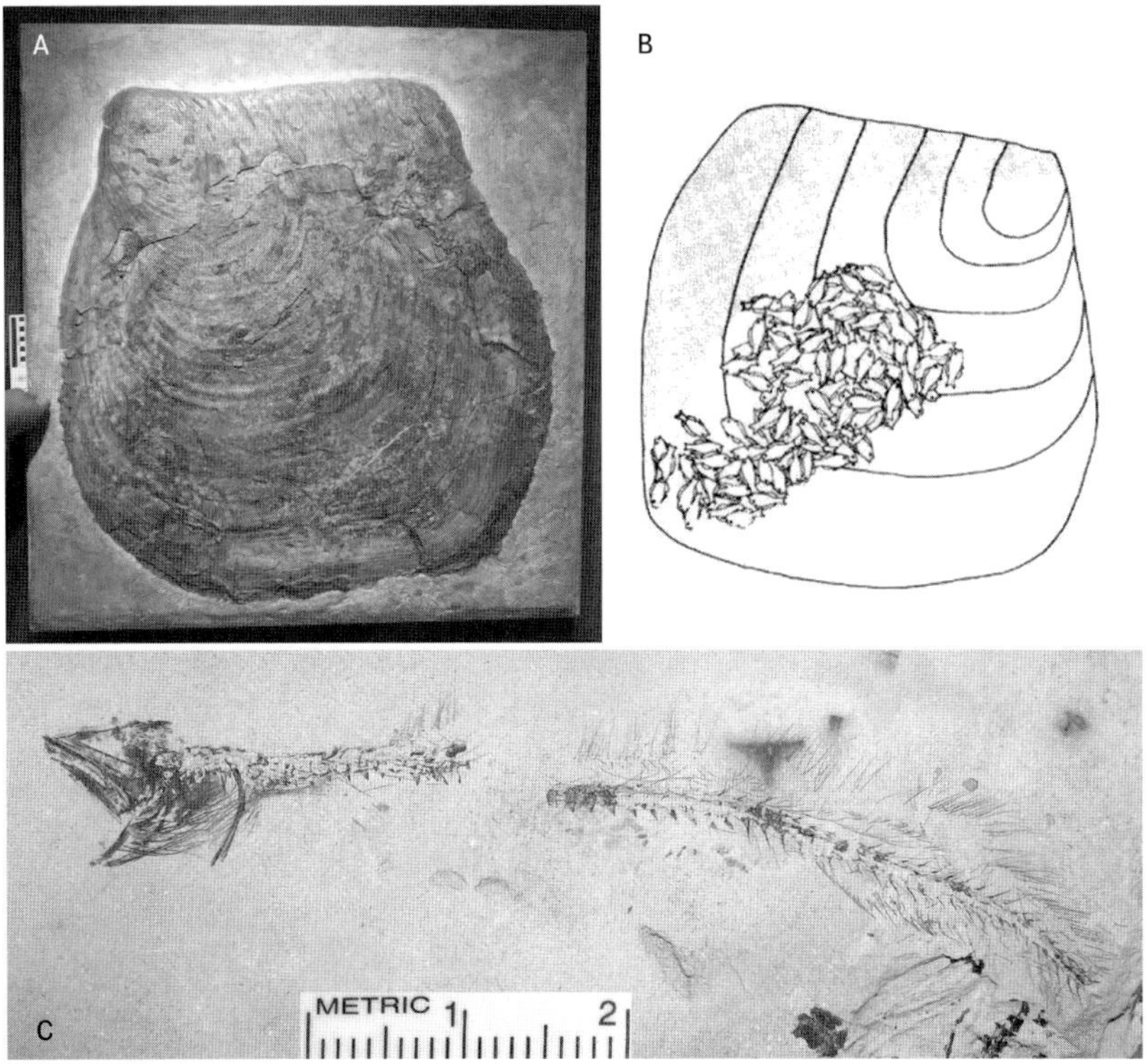

図2.16. (A)巨大なプラティセラムス・プラティヌスの完全な標本。(B)プラティセラムス・プラティヌスの貝殻の中から見つかった複数の魚を示すイラスト。(C)保存状態のよいウナギの仲間のウレンケリス・アブディトゥス(*Urenchelys abditus*)。巨大二枚貝の中から見つかった魚の一例。

([A] 著者撮影; [B] 以下の文献の図を少し修正:Stewart, J. D. 1990. "Niobrara Formation Symbiotic Fish in Inoceramid Bivalves." In *Society of Vertebrate Paleontology Niobrara Chalk Excursion Guidebook*, ed. S. Christopher Bennett, 31-41. Lawrence, KS: Museum of Natural History and the Kansas Geological Survey; [C] 提供:Mike Everhart)

これらの関係はプラティセラムス・プラティヌスとさまざまな魚の片利共生関係を示している。貝殻のなかにはえらが存在した証拠を残し、魚との相互関係があった時点で生きていたことを示しているものもあるが、えらの証拠がない貝殻もある。魚は生きた貝殻と死んで口を開けた貝殻の両方にすんでいた可能性がある。天敵から身を隠す場所としてのほか、おそらくほかの理由（ひょっとしたら交尾と採食）でも貝殻を利用していたのだろう。それではなぜ、これほどたくさんの魚が貝殻の中で化石化した状態で発見されたのだろうか？

魚にとってこの関係に利点があるのは明らかだが、この関係は命にかかわる結果ももたらした。イノセラムス科の二枚貝が魚をおびき寄せて食べていたわけではない。貝が死んだり、殻を開けている筋肉や靭帯が食べられたりするなどして殻が一気に閉じたら、殻の中にいた魚は一匹残らず閉じ込められてしまう。したがって、魚は生きたまま逃げ場のない状況に追い込まれてしまった可能性が高い。魚の多くは貝殻の中で最もふくらみのある場所で見つかっている。これは殻の内部で最後まで酸素が残っていた位置を示しているとも考えられる。そこに魚が集まったのだ。現代のサンゴ礁にすむ魚がオオシャコガイの殻の中にいるのと同様に、命を落とした個体もあるとはいえ、この関係は先史時代の生態系で広く見られるものだった。

図2.17. 避難場所と墓場（⬅次ページ）

アミア、イットウダイ、ギンメダイ、ウナギの仲間といった多様な魚が、プラティセラムス・プラティヌスの巨大な殻の中や周囲にすんでいる。

BOB NICHOLLS 2020

スノーマストドン――小動物の避難所

古生物学ではよくあることだが、多くの化石の大発見は偶然のものだ。時には意外な場所や状況で発見されることもある。たとえば、アメリカ・コロラド州のロッキー山脈に位置する風光明媚なスキーリゾート、スノーマス村の近くで進行していた貯水池の拡張工事が、世界中の高地にある氷河時代の化石産地のなかで最も重要な場所の発見につながった。

このジーグラー貯水池化石産地（別名スノーマストドン）は更新世に当たる五万五〇〇〇～一四万年前のものだ。当時、この場所は温暖な湖を囲む針葉樹の森だったが、徐々に寒冷で乾燥した気候に移行して湿地帯になった。そこは理想的な生息環境となって多数の太古の動物を引き寄せ、動物たちはこの地で生きて死んでいった。

二〇一〇年一〇月一四日、ブルドーザーのオペレーターであるジェシー・スティールが一生に一度の発見を成し遂げた。ブルドーザーで土を押し出す作業を繰り返していたとき突然、ブレードが二本の巨大な肋骨をひっくり返した。骨を調べていると、ほかにも何本かの骨が土の中に横たわっていることに気づいた。驚いたことに、彼はコロンビアマンモスの骨格をブルドーザーで押しのけてしまったのだ。この最初のちょっとした発見がデンヴァー自然科学博物館の古生物学者の興味を引き、大規模な発掘調査の許可が出た。冬がすぐそこに迫るなか、天候の条件が悪いうえに、二〇一一年七月一日までに工事を再開するという合意された締め切りもあったために、チームは時間と闘いながらできるだけ多くの化石を集めなければならなかった。このような大発見はなかなか訪れるものではないので、古生物学者たちはどんなチャンスもとらえて逃さないようにしなければならない。

発掘調査はほぼすぐに始まり、骨の化石があらゆる場所に散らばっているのが明らかになった。しかし、大雪が降り、地面が凍ってしまったために発掘を中断せざるをえず、六カ月ものあいだ、はやる気持ちを抑えなければならない苦悩の日々が続いた。発掘を待つ化石が大量にあると知りながらこのように我慢を強いられるのは、古生物学者にとって何よりももどかしい事態の一つだ。発掘調査を再開した時点で、作業を終わらせるまでに残された時間は七週間しかなかった。

科学者、ボランティア、建設作業員など、数百人もの人々が一つの巨大なチームを結成して力を合わせた調査は、コロラドの歴史のなかで最大規模の化石発掘調査となった。コロラドはジュラ紀の恐竜の発掘では世界有数の場所で、化石が豊富であることを考えると、これはかなりの偉業だ。全部で長さ六四〇〇メートル以上にわたって土が主に手作業で掘削され、三万点を超す骨のほか、保存状態のよい植物や無脊椎動物も採取された。ラクダやバイソンの絶滅種、かつてコロラドに生息していたオオナマケモノといった目を見張る大型動物のほか、シカやアメリカクロクマ、コヨーテ、ビッグホーンなど、現在も同じ地域に多く生息する動物の化石も見つかった。

発見された化石のなかで最大の動物はマストドンとマンモスだ。現代のゾウのいとこに当たる巨大動物である。その化石の大部分はアメリカマストドン（*Mammut americanum*）のもので、少なくとも三五頭が発掘された。それまでコロラド州全体で発見されたマストドンが三頭しかなかったことを考えると、これは重要な発見だ。マストドンよりもやや大型のコロンビアマンモス（*Mammuthus columbi*）

の部分骨格も少なくとも四頭分が発見された。このマンモスは更新世で最大級の陸上動物であり、一頭の死骸は多数の大小さまざまな肉食動物の数週間分の食料となっただろう。後に残った骨格はどうなったのか？　たくさんの小型動物が隠れ場所やすみかとして利用し、そこで生きて死んでいったのだろう。

巨大動物にどうしても目が向いてしまうのは確かだが、スノーマスで注目すべき発見はそれだけではない。多種多様な小型の動物も見つかっている。トガリネズミ、ビーバー、リス、シマリスなど、この地域にいまもすむ小型哺乳類のほか、さまざまな鳥類、爬虫類、両生類の化石も発掘調査で採取された。発見された小動物のなかで圧倒的に多いのが、トラフサンショウウオ科のタイガーサラマンダー（*Ambystoma tigrinum*）で、二万二〇〇〇点を超す骨が記録された。このサンショウウオはいまでも北アメリカに存在し、ペットとしてよく飼われている。コロラド州原産の唯一のサンショウウオだ。発掘調査は終わってしまったため、これで新発見はおしまいのように思えるが、化石というのは徐々に秘密を明かしてくれることが多いものだ。

新たに発掘された骨がクリーニングされると、その奥深くにさまざまな小動物の繊細かつ微小な亡骸が埋もれていることがわかった。これは思いがけない驚きだった。マストドンの化石をクリーニングしているときには、その牙の歯髄腔の内部から、非常に保存状態のよいタイガーサラマンダーの部分骨格が一体発見された。このサンショウウオはひょっとしたら捕食者や悪天候から身を守るための隠れ場所を求めて一時的に牙の中に潜り込んだのか、それとも牙を「すみか」として使って体を休めていたのだろうか？　サンショウウオの微小な骨が多数含まれたマストドンの牙はほかにも数点発見された。現代でも同じ種が生きているから、現生種の行動から先史時代の仲間がどんな行動をとっていたかを推定することができる。

タイガーサラマンダーは地下の巣穴や岩の下のほか、湖沼や小川の近くにある丸太の中にすんでいる。マストドンが水辺や水中で死んだことを考えると、その丸太のように大きな骨や牙はタイガーサラマンダーにとって理想的な環境であり、絶好の隠れ場所になっただろう。骨が数えきれないほどあったことを考えれば、先史時代のスノーマスの環境はタイガーサラマンダーに適していた。骨や牙の内部から同時代の小動物の死骸が数多く見つかることは、それらの動物も大きな骨格の中や周辺にすんでいたことを示す有力な証拠だ。

この珍しい独特な関係は生態系を示す確かな証拠であり、これらの動物どうし、そして動物と環境がどのようにかかわり合っていたかを示している。牙の中に隠れて灼熱の太陽の光をしのぐサンショウウオ、骨の上を駆け上ったり駆け下りたり、骨に出入りしたりするリス。そんな場面をたやすく想像できる。こうしたストーリーは妥当であるように思えるが、化石からは解釈できないとも思うだろう。しかし、スノーマスの化石のように生態を解釈できる事例もある。まさに、一つの動物群集がかつて繰り広げた一場面が幾千年もの時を超えてヒトという別の動物群集とかかわり合い、太古の昔に息絶えた巨大動物に新たな息吹が吹き込まれた。

図2.18. スノーマストドンの動物たち

かなり前に死んだ2頭のアメリカマストドンの骨格の内部や周辺にすむ、多種多様な小動物。描かれているのは、ツル、フィンチ、トカゲ、シマリスの家族、ハイイロリス、ネズミ、2匹のハタネズミ、ヘビ、タイガーサラマンダー、そして何百匹ものトビケラだ。

水に浮いた巨大な生態系――ジュラ紀のウミユリのコロニー

博物館の中を歩きながら展示に見入っているとき、はっと息をのむ展示物に出合うことがある。いつまでも記憶に残る展示物だ。古生物学者である私はすばらしい化石を見る機会に恵まれているのだが、これまで見たなかで何よりも壮観な化石の一つは、世界最大のウミユリの群生標本である。それはジュラ紀のウミユリのコロニーで、面積は一〇〇平方メートルを超える。

ウミユリやウミシダとして知られるウミユリ綱は水生の植物であると誤解されがちだが、じつはウニやヒトデなどと同じ棘皮動物の一種だ。こうした海生の濾過摂食者は四億五〇〇〇万年以上前に初めて化石記録として出現し、現在では六〇〇種前後が世界各地の浅海や深海に生息している。

二〇一七年三月、ドイツ南部での調査旅行の一環として、私は友人で研究仲間の古生物学者スヴェン・ザックスとハウフ先史時代博物館を訪れた。この博物館があるホルツマーデンという小さな町は、ジュラ紀前期の化石を産出することで世界的に知られている。博物館には、ハウフ家の人々が四世代にわたってこの地域で収集した最高の標本コレクションが収蔵されている。化石の収集、クリーニング、研究という遺産を受け継いでいるのは、現在の館長であるロルフ・ベルンハルト・ハウフだ。私は博物館を訪れたときにロルフに会った。館内を案内してくれたロルフが紹介してくれたのが、このウミユリの巨大な化石だった。一九〇八年に発見されたもので、クリーニングに一八年もかかったという。

　この巨大なコロニーは大小さまざまなウミユリが数百匹集まって形成されている。一つの個体は大きいもので全長が二〇メートルを超え、冠部の直径は一メートルもある。これらはすべてセイロクリヌス・スバングラリス（*Seirocrinus subangularis*）という種で、ロープのように長い茎部とカップ状の冠部をもち、羽毛のような無数の腕で水中に漂う微小な食物を捕まえていた。このウミユリは海底に付着するのではなく、長さ一二メートルの巨大な流木に付着している。ウミユリが付着しているのは主に流木の下側で、そこは無数のカキにも覆われていて、この流木は生き物をはぐくむ大きな基盤の役割を果たしていた。ウミユリは水中に逆さ吊りになった状態で、流木にくっついたまま、温暖な熱帯の海を自由に移動して、濾過摂食をしながら、生殖可能な成体の巨大なコロニーを築き上げた。

　どこかに付着すると、ウミユリは動けなくな

図2.19. ドイツ南部ホルツマーデンのハウフ先史時代博物館に展示されている、海を漂っていたウミユリ綱のセイロクリヌス・スバングラリスの巨大な標本。右はその拡大写真。

（著者撮影）

る。したがって、自由に浮遊できる幼体はまず巨大な流木に定着してから成熟して成体になり、コロニーを形成するという過程をたどらなければならない。流木に付着したウミユリの多くは成体だから、現生の近縁種の成長速度と比較すると、セイロクリヌスの巨大浮遊コロニー（メガラフト）は一〇年以上にわたって海に浮かんでいたことが示唆される。ひょっとしたら最長で二〇年存在していたかもしれない。これは現代の同等のメガラフトの寿命を超えている。

丸太は時間とともに腐食し、水を吸う。さらにウミユリやカキなどの付着した動物の総重量も加わって、重さを増した丸太はやがて沈んでいく。そしてウミユリとその他の動物は命を終え、酸素のない海底に埋もれて、完全な形で保存された。この化石のコロニーは、無脊椎動物の群集が元の状態のまま保存されたものとしては、これまで発見されたなかで最大級の化石記録だ。

こうした海を漂うコロニーが保存されるというのはなかなか起こりそうにない。だが、こう言うと意外かもしれないが、これは世界で唯一の発見というわけではない。実際には正反対で、このような優れたコロニーの標本は一〇〇点前後あることが知られ、大きさはさまざまだが（ハウフの標本ほど大きなものではないが）、ほぼすべての標本がホルツマーデンとその周辺地域で産出している。ほかのウミユリの種も丸太に付着した状態で発見されている。標本が世界各地で見つかっていることから、ウミユリは流木に付着することで太古の海を渡って遠くまで移動していたことがわかる。

同様の事例が、現代の流木に形成された生物群集でも見られる。海まで押し流された木は、二枚貝やイソギンチャクのほか、フジツボなどの甲殻類など、さまざまな動植物にとって重要な生息環境になることがあるのだ。こうした流木には魚やウミガメ、海鳥も引き寄せられ、そこに付着した生物を食べる。

現代の事例と同じように、太古の海を漂った巨大なメガラフトは、ウミユリにとって漂流できるすみかの役割を果たしていただけではない。これだけの規模になれば、多様な動物の生態系を形成する絶好の場所にもなっていただろう。直接的な関係があったかどうかはわかっていないが、ウミユリの化石が産出したのと同じ岩石に、イカのようなベレムナイトやアンモナイト、魚、海生爬虫類（魚竜など）といった大量の海生動物が保存されていた。ひょっとしたらこうした生き物は、現代の生物どうしの相互関係と同じような関係をメガラフトと築いていたのかもしれない。一億八〇〇〇万年前のコロニー化石は、珍しい太古の生物群集のひとこまを垣間見せてくれる。

図2.20. つかの間のオアシス（⬅次ページ）

ウミユリの仲間セイロクリヌス・スバングラリスのコロニーが海に浮かんで移動し、アンモナイト、ベレムナイト、魚など、さまざまな動物の生息環境となる。好奇心旺盛な2頭の魚竜（*Suevoleviathan*）がメガラフトを調べに近寄ってきた。

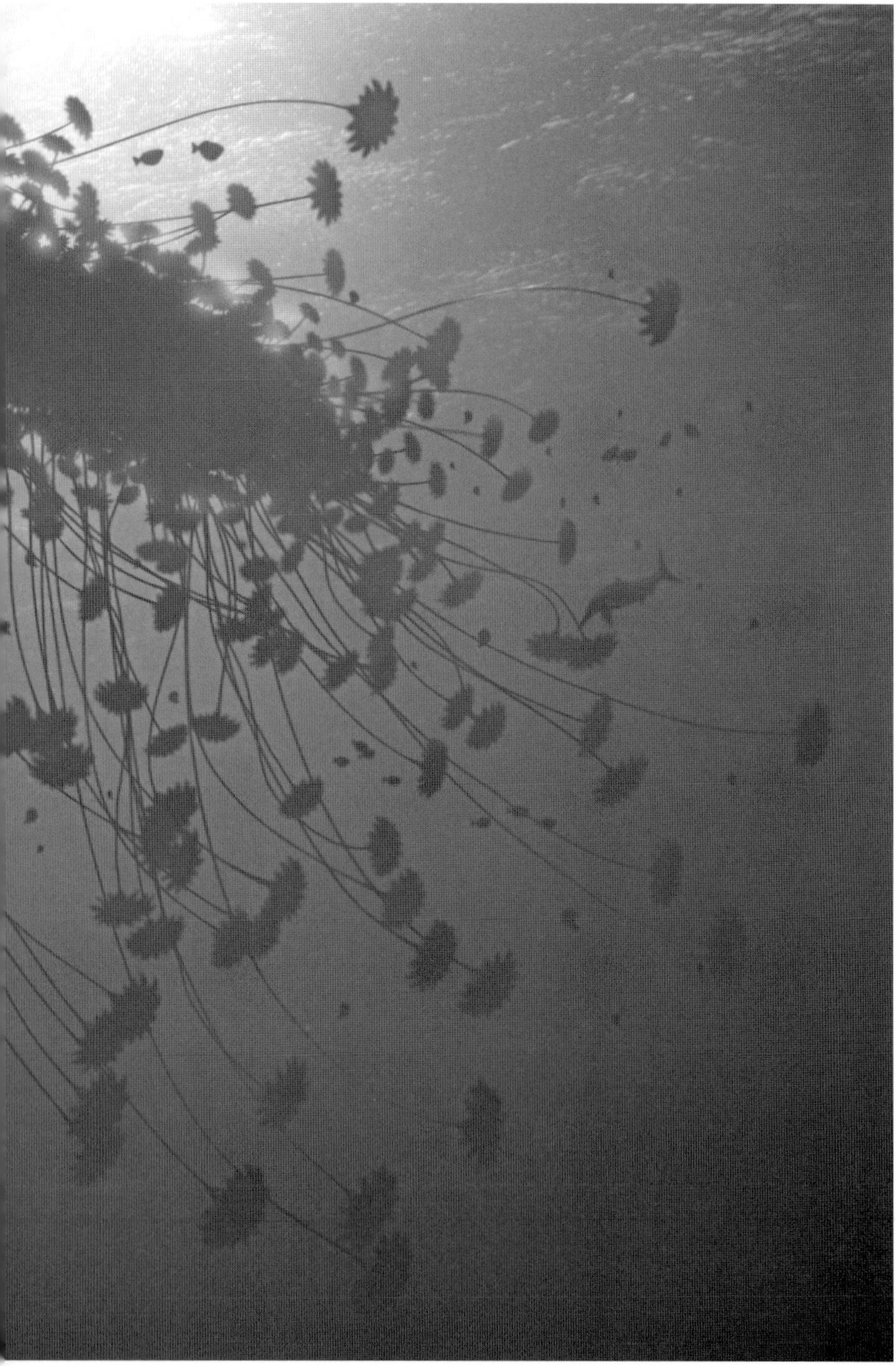

BOB NICHOLLS 2020

3 移動と巣づくり

自然界でも屈指の壮観な営みといえば、ヌーの大移動だ。一〇〇万頭を超すヌーに加え、何千頭ものほかの動物がケニアとタンザニアのあいだを一年かけて毎年移動する。その大迫力の光景は美しい。陸生哺乳類のものとしては地球上で最大規模の移動である。しかし、往復で一〇〇〇キロにもなる旅では、ワニがはびこる急流を越え、世界最大規模のライオンの個体群から逃れなければならない。それも、生まれたばかりの子の世話をしながらだ。捕食者や病気、飢え、喉の渇き、そして極度の疲労に襲われて、大移動の道半ばで息絶える個体は数十万頭にものぼる。

お気に入りの餌場を求めて遠くまで広範囲に移動し、その途中で新たな場所を探索するなかで、ヌーは交尾相手を見つけ、自分の遺伝子を次世代に受け渡し、競争相手より有利な立場に立つ。こうした恩恵が、避けられない死のリスクに勝るのだ。しかし、大陸横断の旅に出るヌーなどの動物にしろ、記録破りの遠い距離を渡る鳥にしろ、何千キロも遠くまで泳ぐクジラにしろ、どのような移動形態であっても、その行動の根幹には生存のためという目的がある。

移動を始めるきっかけになる要因は種によって異なる。天気の季節的な変化がきっかけとなる場合もあれば、食料を獲得する、交尾相手を探す、あるいは天敵から逃げる必要性に促される場合もあるだろう。あるいは単に、脚を伸ばしたいから移動することもある(脚がある動物の場合)。そうやって移動するとき、動物はたいてい移動した痕跡を残す。最もよくあるのが足跡だ。足跡の形や大きさを調べることで、足跡を残した動物の種類や、単独で移動していたのか、集団や群れで移動していたのか、どれぐらいの速さで移動していたのか、さらには、その動物が狩りをしていたか天敵に追われていたかを知ることができる。

同様に、動物の巣からもその生態についてたくさんの情報が得られる。一年を通してにしろ一時期だけにしろ、巣の中にすむという行動は多くの動物が生存の可能性を高めるために進化させた主要な適応だ。巣は地中に掘った穴、あるいは洞窟や樹木の中の適当な空間といった単純なものもあれば、地中深くまで広範囲に掘られた巣穴や、精巧につくられた巣もある。こうした巣は天敵や悪天候から身を守る場所となるほか、子育てや食料貯蔵の場所、そしてほっとひと息つける場所となる。

巣をいつどこにつくるか、理想の場所を求めて見知らぬ遠くの土地まで旅するのか、それとも単に生息域の近くで最善の木や岩の割れ目を見つけるのかを慎重に選択するという行為は、巣づくりをする動物にとって最も重要な決断の一つだ。しかし、手づくりの巣にすむ動物が必ずしもそれをつくったとは限らない。多くの種はほかの動物が巣づくりを終えるのを辛抱強く待ってから、そこに引っ越して間借りするか、もっとひどい例になると、もともとすんでいた動物を追い出して巣を自分のものにしてしまう。

巣は個体が生きているあいだずっと持ちこたえるようにつくってあるものもあれば、特定の目的のあいだだけ使えるようにつくる場合もある。たとえば、シロアリは巣づくりに熱心な生き物の代表例だ。シロアリのなかには部屋やトンネルがつながり合った巣を地下につくる種もいるし、地上からの高さが一〇メートルを超える大邸宅のような泥の塚を築く種もいる。こうした巣は完成までに何年もかかり、その内部には非常に大規模なコロニーがすむ。

一方、一時的な巣は一つの大きな目的を果たすためにつくられる傾向にある。妊娠したホッキョクグマの出産用の巣穴がその一例だ。冬のあいだ、雌は食料を探しにいくのではなく、イグルーのような雪洞を掘って一時的なすみかとする。風雨をしのぎ、天敵から身を隠せるその場所で、雌は安全に出産し、子育てをする。こうして危険な目に最も遭いやすい時期を乗り越えるのだ。すみかをつくるのに細心の注意と大きな労力が注がれることもあるが、多くの状況では、一時的に身を隠す場所は最低限のものであり、つくるのにほとんどあるいはまったく労力を必要としない。ネズミが雨宿りのために丸太や岩の下に隠れるだけという簡素な事例から、タコが天敵や獲物から身を隠すために運ぶ貝殻（あるいはココナッツの殻）といった風変わりなものまである。

こうした足跡や動物の巣の痕跡を研究することによって、個体がどのように暮らしているか、そして生息環境とどのようにかかわり合っているかをより詳しく知ることができる。足跡をたどれば、その先で動物を見つけることができるし、巣穴の中をのぞけば、そこに何が入っているのかがわかる。何より大事なのは、動物が足跡を残すのをリアルタイムで観察できることだ。したがって、足跡をつけた動物を特定するのは概してたやすい。しかし残念ながら、化石になるとそう簡単にはいかない。もちろん、巣穴に生きたクマがいるのを見つけるといった恐ろしい目に遭うことはないのだが。

動物は生涯のうちに無数の足跡や、いくつかの巣、その他の痕跡を残すが、骨格は一つしか残さない。節足動物は例外で、複数の脱皮殻を残すが、死骸はやはり一つしか残さない。この考え方を化石に当てはめると、多くの場合、死骸の化石よりも生痕化石のほうがよく見つかる理由がわかりやすくなる。たいていは痕跡を残した動物の種類までは特定できるのだが、正確にどの種が残したのかを特定するのはほぼ不可能だ。同じ個体が残した生痕と死骸がいっしょに保存されている状況は、ごくまれにしかない。

はるか昔に絶滅した動物がどのように移動し、巣をつくったかを明らかにすることで、何千年あるいは何百万年も前に起きた出来事を解き明かす重要な手がかりを得ることができる。しかし、そこには大きな壁がある。化石を研究する場合、太古の動物が移動したり巣をつくったりする姿を観察することができないのだ。このような行動を記録した十分に信頼できる証拠はあるのか？　現生種の研究や解釈をするときと同じ方法を適用できるのか？　こうした問いに対する答えは、理論上は「イエス」だが、実際のところ相当に難易度が高いこともある。

足跡や巣穴の化石は概して、先史時代の動物の行動を理解するうえで絶好の直接的な証拠となる。足跡などの生痕化石を研究する学問は「生痕学」と呼ばれている。足跡化石を例にとって説明しよう。足跡の形や種類を詳しく研究し、同じ年代の岩石や先史時代の生息環境で見つかる動物の足の解剖学的な特徴や大きさと比較することによって、足跡を残した動物の種類を推定することができる。足跡を残した種までを正確に割り出すのはほぼ不可能のように思えるのだが、そこに一歩近づくことはできる。

この話を信じてもらえるだろうか？　何百万年も前の巣穴の中にまだその主が入ったままだとか、先史時代の動物が移動した証拠があるといった話だ。ありそうにないと思うかもしれないが、こうした目を見張る化石が実際にあるのだ。この章では、先史時代の移動や巣づくりの行動を深く掘り下げてみよう。

移動する哺乳類——川で起きた悲劇

現生哺乳類の群れの行動や、動物が乗り越えなければならない障壁を理解することによって、先史時代の仲間について多くの情報を得ることができる。北アメリカでは多くの化石産地が詳しく調査され、広範囲に研究されていることから、世界屈指の見事な化石の密集層がいくつか見つかっている。そのなかでも特別なのが、一九七〇年にシカゴのフィールド博物館の発掘隊がワイオミング州南部で化石探しをしているときに成し遂げた発見だ。彼らは一〇〇平方メートル足らずの場所で、サイに似たブロントテリウム科の動物の死骸が少なくとも二五頭埋まっているのを発見し、太陽が照りつける夏を現場で三回過ごして発掘作業を終えた。

ブロントテリウム科は絶滅した哺乳類で、サイやウマ、バクに近い。大きな胴体はサイによく似た見かけで、なかには精巧な角をもつ種もいる。その化石は特に北アメリカと中央アジアで産出することがよく知られている。ワイオミング州で発見された骨格はすべて、ウマぐらいの大きさで角のない種類のブロントテリウムで、メタリヌス（*Metarhinus*）と呼ばれている。その歯の研究から、化石で発見された集団は非常に若い個体（一部は生後数カ月足らずの個体）から雌雄の成獣まで、さまざまな年齢の個体を含んでいることがわかった。

この単一種の集団（同じ種の動物だけを含んだ集団）はおそらく、ブロントテリウムの大群のごく一部を示しているだけだろう。骨はまったく同じ岩石層から互いの近くで発見されていることを考えると、すべての個体がいっしょに命を落としたことは明らかである。しかし、ブロントテリウムに何が起こったかは謎に包まれ、真相は骨が発見された岩石層に秘められたままだ。

そこで岩石層の地質を調べてみると、ブロントテリウムは一回の鉄砲水で氾濫原を覆った先史時代の堆積物に埋もれて保存されていることがわかった。多くの命を奪う大惨事が起きたのだ。興味深いことに、同じ岩石層からは大小のほかの哺乳類や脊椎動物は発見されなかった。このことは、それが一つの群れにいた多数の個体の命を一瞬にして奪った出来事であるとの説を裏づけている。

激しい雨が降った結果、川岸から水があふれ出して周囲の氾濫原を水浸しにした。ブロントテリウムの群れは危険な障害を乗り越えなければならないという困難に直面し、それが群れの一部の個体には厳しすぎたのだろう。哺乳類の群れは日常的に川を渡る。たいていは難なく渡れるのだが、状況の厳しさによっては、渡りきれない個体も出てくる。大きな群れが川（特に増水した川や急流）を渡るときによくあるのが、つまずいたり、ぬかるみにはまって身動きがとれなくなったり、ほかの個体に踏まれたりすることだ。あるいは、水中に吸い込まれたり、対岸の川岸の高さを見誤ったりすることもある。当然ながら、こうした状況では経験の浅い個体や弱い個体、年老いた個体が致命的なミスを犯しやすい。これは、ブロントテリウムの群れにいて化石になった不運なメンバーの数頭の年齢とも一致する。

川を渡った理由が何であったにしろ、群れの不運な個体は水にのみ込まれて命を落とし、その死骸は下流に押し流されて一カ所に集まった。したがって、おそらく個体のすべてではないにせよ多くが溺れ死んだ後に、永眠の地に流されてきたのだろう。これらの個体が仲間と引き離されて息絶えたのは四〇〇〇万年前のことだが、この状況には、現代のヌーが大移動のあいだにマラ川を渡ろうとして同じ運命に陥り、大量の死骸が残されるのと明らかな類似点がある。

この大量死の現場は、ブロントテリウムの大群の一部が先史時代の鉄砲水に遭って命を落とした劇的な瞬間をとらえている。動物が群れをつくる理由はいくつかあり、そのなかでも重要なのは身を守ることだ。数が多ければ安全だからである。社会的な行動は集団によって異なるが、現代の多くの哺乳類の群れと同じように、この先史時代の群れも年齢や性別が異なる仲間と群れを形成し、少なくとも一時期はいっしょにいて子の世話をしていたことがわかる。

この発見は先史時代の哺乳類の群れに社会性があったことを示す非常に有力な証拠の一つだ。社会性は遠い昔から続いてきた特徴で、現在も群れをつくる行動において重要な要素の一つとなっている。

図3.1. 激流の悲劇

ブロントテリウムの仲間であるメタリヌスの大群が氾濫した急流を渡ろうとしている。だが、一部の個体は命を落とすことになった。

BOB NICHOLLS 2020

リーダーに従え――最古の動物の移動

化石のなかでもひと目でわかる生き物の一つに三葉虫がある。絶滅した海生節足動物の興味深いグループで、多種多様な種があり、その化石はすべての大陸で見つかってきた。その豊かな記録は少なくとも五億二一〇〇万年前から残り、節足動物のなかでは最古級の部類に入る。しかし、三葉虫はおよそ二億五〇〇〇万年前のペルム紀末に起きた地球最大規模の大量絶滅によって姿を消した。恐竜が出現した頃にはすでに、三葉虫は化石になって恐竜の足元に横たわっていたのだ。

三葉虫は現代の海における甲殻類のように、太古の原始的な海でありふれた存在だった。これまでに発見された種の数は二万種を超える。しかし、大量の化石が産出し、広範囲に研究されてきたにもかかわらず、その行動を直接示す証拠はほとんど見つかっていない。だから、一列に並んだ三葉虫が発見されたのは非常に興味深い。

モロッコ南東部のザゴラという町の近くで、四億八〇〇〇万年前のオルドビス紀の岩石から、目がなく三本の棘《とげ》をもつ三葉虫アンピクス・プリスクス（*Ampyx priscus*）が直線状に並んだ化石が複数発見された。聖書に「盲人を手引きする盲人」との記述があるが、この化石は文字どおり目のない生き物が目のない仲間を導く証拠として最古のものだ。似たような年代の同じ種がつくった列がフランス南部でも発見されている。

一つの列をつくっているアンピクスの個体の数は三〜二二匹と幅があり、すべての個体が同じ方向を向いている。たいていはそれぞれが頭部を前に向けて一列になり、体や棘が互いに接触していることが多い。化石は概して完全な形で残っており、関節が外れている標本はなく、脱皮した抜け殻というより、実際の死骸を示している。このような特徴から、列をつくった三葉虫は死んだときのままの状態で保存されていると考えられる。これは、この集団が嵐などの最中に一気に埋まったことを示している。生き埋めになったのかもしれないが、死んだ直後に埋まった可能性もある。

この現象は三葉虫のほかの種でも見られ、モロッコや、ポーランド、ポルトガルなどで発見された数種の三葉虫の標本でも、同様にはっきりした列が報告されている。特に、ポーランド中部のシフィエントクシスキエ山地に分布する三億六五〇〇万年前のデボン紀の岩石からは、七八本の列が見つかっている。それぞれの列には、関節がつながった個体が最大で一九匹含まれている。これらすべての三葉虫がトリメロケファルス（*Trimerocephalus*）という目のない種に属し、アンピクスの標本と同じように一定の方向を向いて整列し、前後の個体に接触した形で、死んだときのまま保存されている。

列をつくった三葉虫は具体的にはどんな理由で命を落としたのか？　三葉虫は巣穴の中で列をつくっていたときに埋まったという説や、海水の流れによって集積したという説があるが、どちらの説も筋が通っていない。まず、列をなした三葉虫が巣穴やトンネルの内部で埋まったことを示す証拠や手がかりはない。また、保存状態がよいこと、個体どうしが接触していること、すべての個体が一定の方向を向いているという特徴があることから、海水の流れでばらばらに運ばれてきたという状況はありえない。だとすれば、いったい三葉虫に何があったのか？

現代のさまざまな節足動物も、移動するときに似たような列をつくる。その好例がイセエビだ。おそ

図3.2. (A)列になった状態で保存された三葉虫のアンピクス・プリスクス。モロッコのザゴラ付近で産出。(B)現生のイセエビが移動する列。バハマにて。

(写真提供：[A] Jean Vannier; [B] Błażej Błażejowski)

らく季節的な嵐をきっかけにしたり、繁殖地に移動したりするために、大量の個体が一列になって進む。前にいる個体の尾扇《びせん》と後ろの個体の頭部の付属肢（触角など）を接触させて、イセエビは長い列をつくり、昼夜を問わず数日かけてかなりの距離を移動する。こうした列をつくって移動することで、水の抵抗が減り、エネルギーを節約でき、捕食者に襲われる可能性が小さくなる。この季節的な移動の行動は三葉虫の列にぴったり当てはまる。おそらく三葉虫は環境のストレス（嵐など）や遠い産卵地への移動のために列をつくったのだろう。目のない三葉虫はリーダーの後についていくために、付属肢（アンピクスの長く突き出した見事な棘など）を前の個体に接触させる必要があっただろうが、おそらく化学物質によるコミュニケーションも利用して列にいる個体を見つけたり、列に加わったり、後についていったりしたのだろう。

　三葉虫以外にも同様の状態で発見された太古の節足動物はいる。こうした集団行動をはっきり示した最古の証拠は、中国雲南省の澄江に分布する五億二〇〇〇万年前のカンブリア紀の岩石から発見された。それは小エビに似た奇妙な節足動物であるシノファロス（*Synophalos*）だ。二〜二〇匹が同じ方向を向いて鎖のように連なった集団が多数発見されている。この列では、前の個体の尾扇がうしろの個体の甲殻に挿入された形でつながっている。シノファロスという名称は「海中で仲間と旅をする」という意味で、こうした状態にちなんでつけられた。当初、鎖のように連なったシノファロスは水中を一つの大きな集団で泳いでいたとの仮説が提唱された。このような事例はそれまで知られていなかった。しかしその後、シノファロスもイセエビや三葉虫と似たように、海底をいっしょに歩いていたとの説も登場した。いまは後者の説のほうが有力だ。アンピクスやトリメロケファルスと同様、シノファロスはおそらく集団で移動して死んでいったのだろう。

五億年以上前、動物は最初の脳と感覚器官を進化させた。こうした性質を生かし、これらの初期の節足動物は複雑な形の集団行動を発達させ、移動する集団を形成して、急速に変化する世界で生存と繁殖の可能性を高めていったのだ。

図3.3. 後を追う（⬅次ページ）

三葉虫のアンピクスが互いの後を追いながら、一列に並んで太古の海底を移動する。

BOB NICHOLLS 2020

ジュラ紀の入り江に座って

ビーチを歩くと、自分の行動が足跡として砂の上にすぐに記録される。これと同じように、恐竜もまた足跡を残したが、そのすべてが波に洗われて消えてしまったわけではない。足跡は恐竜に関連する生痕化石のなかで最もよくあるもので、世界中で見つかっている。

足跡を研究することで、恐竜の行動について多くのことがわかる。砂浜をジグザグに進んでいたのか、止まって方向を変えていたのか、あるいは、歩いていたのか走っていたのか。後をつけられていたのか、それとも群れの一員だったのか。この種のシナリオからは出来事が目に浮かぶような極上のストーリーが生まれるが、時には単純な行動から希少な足跡が残る場合もある。

一八五〇年代にアメリカのマサチューセッツ州で発見されたコーヒーテーブルほどの大きさの岩塊に、見事な獣脚類の一対の足跡が含まれ、そこに中足骨(かかと)の痕跡が残っていた。このジュラ紀前期の化石は「休息跡」で、恐竜が泥の上にしゃがんで休んだほんの一瞬の出来事をとらえている。当初、この痕跡は巨大な鳥がつけたと考えられていた。絶滅した獣脚類の恐竜は二足歩行であったし、その足跡が現生の鳥に非常によく似ていたことを考えれば意外ではない。

興味深いことに、痕跡の両側で岩石の表面が多数の小さな水玉模様に覆われている。当初、これは雨粒の跡だと解釈され(雨粒は実際に化石化することがある)、恐竜がジュラ紀の雨に打たれてビーチで座っているという陰鬱な場面が描かれた。しかしその後、水玉模様は雨粒ではなく、恐竜が座っている脇でジュラ紀の泥から湧き出たガスの泡であるとの解釈が有力となった。雨であるにしろ、ガスの泡であるにしろ、この化石は見事だ。しかも、こうした化石はほかにもある。

鳥のように休む姿勢を示した恐竜の生痕化石はこれまでに一〇点以上報告され、それぞれが横に並んだ一対の足跡と中足骨の痕跡を残している。休息の痕跡を示しているからといって、それが活動を停止した状態だったとは限らない。体をきれいにしたり、食料を食べたり、水を飲んだりするなどの行動をとっていた可能性もある。

なかでも並外れた標本が、ユタ州南西部のジョンソン農場にあるセントジョージ恐竜発見地という、似たような年代のトラックサイト（多数の歩行跡が残っている場所）で発見されている。ここには、さまざまな動物（主に獣脚類）がいる。

図3.4. ジュラ紀前期の獣脚類が休息した痕跡の化石。アメリカのマサチューセッツ州で発見された。完璧に保存された中足骨の跡と、リンゴぐらいの大きさの「お尻の跡」

（写真は以下の文献から複製：Hitchcock, E. 1858. *Ichnology of New England: A Report on the Sandstone of the Connecticut Valley, Especially Its Fossil Footmarks*. Boston: William White, 232）

およそ一億九八〇〇万年前にぬかるんだ浜辺を歩いた足跡が複数残っている（同じ足跡の表面には明らかな雨粒の痕跡も確認されている）。この場所を横切るようにはっきりと残っているのが、長さ二二・三メートルにわたって連続した足跡だ。一頭の獣脚類が歩いている途中でふと立ち止まり、しばらくのあいだ斜面に座った後、立ち上がって、左足を先に出して歩き去った跡が残っている。

　足跡化石がほかの行動を示した別種の痕跡とともに発見されることはめったにない。この場合、獣脚類がしゃがみ込み、心地よい場所を探して体をもぞもぞ動かし、鳥のような姿勢で休んだ跡だけでなく、臀部周辺の厚い皮膚（尻だこ）の痕跡、尾の跡、さらには手の痕跡も残っている。なかでも、手の痕跡はその構造と解剖学的な位置の詳細も示し、両側の手のひらが（拍手するときように）互いに向き合っていることを示している。『ジュラシック・パーク』に登場した獣脚類のように手のひらが下を向いているわけではないのだ。

『ジュラシック・パーク』と言えば、ユタ州の隣にあるアリゾナ州ではやや新しい年代の岩石からディロフォサウルス（*Dilophosaurus*）の化石が見つかっている。ユタ州の生痕化石を残した種までを特定するのは不可能ではあるが、足跡、手の跡、座ったときの位置の大きさから、これらの跡をつけたのは中型の獣脚類（全長およそ五～七メートル）であると推定される。この大きさはディロフォサウルスと一致し、痕跡を残した個体を再現するうえでの「代役」としてはこの恐竜がふさわしい。ちなみに、気になっている読者のために書いておくと、現場で毒は見つかっていない。映画で描かれているようにディロフォサウルスが（ついでに言えばどの恐竜も）毒を吐いていたという証拠はまったくないのだ。

　こうした化石は恐竜の一般的な足跡化石や生痕化石のイメージを超えて、座ったり休んだりするというよくある単純な行動からたくさんの情報を伝え、恐竜時代のひとこまをとらえている。

図3.5. 絶好の休息場所

1頭のディロフォサウルスがぬかるんだ浜辺で休んでいると、雨が降り始めた。アメリカ・ユタ州のセントジョージ恐竜発見地で見つかった獣脚類の休息跡にもとづいている。

BOB NICHOLLS 2020

死の行進——ジュラ紀のカブトガニが最後に残した歩行跡

ドーム状の硬い甲羅で体を守り、長くとがった尾、一〇本の脚、複数の目、青い血液をもった動物を思い浮かべてほしい。映画に出てくるエイリアンのようだが、この特徴をもつ動物がカブトガニだ。カブトガニ類はほぼ五億年前に初めて化石記録に現れてから全体的なボディプランがほとんど変わっていない古い動物だ。その名前はやや誤解を生みやすい。実際にはカニではなく、サソリやクモといったクモ形類のほうに近いからだ。

ドイツ南部バイエルン州の化石産地として名高いゾルンホーフェン村の近くにある複数の石灰岩の採石場からは、カブトガニを含め、ジュラ紀後期の化石が大量に発掘されてきた。ローマ時代にさかのぼる大規模な石灰岩採掘の過程で発見された化石だ。発見された多くの標本は保存状態が抜群によいことから、この地はこの時代の化石を見つけられる世界屈指の場所であり、あらゆる古生物学者が死ぬまでに訪れたい場所である。

ゾルンホーフェン一帯はジュラ紀後期にはいくつものラグーン（潟）が連なった生命豊かな列島だった。多くのラグーンには近くの温暖で浅い海から流れ込んだ濃い塩水が含まれ、海底近くの水は停滞して無酸素の状態となった。こうした海底近くの有毒な水域に不運にも沈んでいってしまったほとんどの動物は命を落とすことになった。

二〇〇二年、ゾルンホーフェンに近いヴィンタースホーフ村付近の採石場内で、珍しいカブトガニの化石が発見された。こんな場面を想像してみてほしい。採石場に入ったら、一億五〇〇〇万年前のカブトガニが石灰岩から突き出ているのを発見した。調べていくと、カブトガニの背後の石灰岩に連続した痕跡が残っているのに気づいた。詳しく観察し、ハンマーとたがねで注意深く岩石を割って、痕跡を追っていくと、それはカブトガニが残した跡であることがわかった。これが、世界一長い「死の歩行跡」の化石が発見された瞬間だ。最後の死の行進をした生物とその痕跡がいっしょに保存された化石である。

先史時代のカブトガニがどのようにしてこの困難な状況に追い込まれたのか明言することはできないが、有力な説はある。ゾルンホーフェンでは、豪雨や洪水のときに動物がラグーンの有毒な水域に押し流されることがよくあった。カブトガニのように、数種の頑健な動物は海底に到達したときにはまだ生きていたため、まっさらな軟らかい泥に跡を残したのだ。このカブトガニはメソリムルス・ワルチ(*Mesolimulus walchi*)という種で、カブトガニのなかでも特に頑健であり、長さ九・七メートルにもわたって跡(私がワイオミング研究センターに在籍中に同僚の古生物学者クリス・レイシーとともに研究し、正式に記載したもの)を残した。さらに目を見張るのは、この跡を残したのが全長わずか一二・七センチの若い個体だったことだ。現生のカブトガニの場合、若くて未熟な個体はおびえると水の上のほうへ泳いでいく。通常、成体はこうした行動をとらない。こうした行動をとったために、ジュラ紀の若いカブトガニは水に流されやすかったという可能性はある。もっと推測に近い仮説として、翼竜などの捕食者がラグーンの上空を飛んでいるときに、捕まえたカブトガニをうっかり落としてしまったという説もある。ゾルンホーフェンでは翼竜の多数の種の化石が発見されているからだ。この仮説は興味深く思えるかもしれないが、カブトガニに捕食された跡が残っていないことから、除外することができる。

歩行跡の起点は、表面が乱され、足や脚、尾の痕跡が複数残り、前体部の甲羅がつけた丸いくぼみがあることから特定できる。この場所は、カブトガニが嵐か何かでラグーンに投げ出されて沈んでいき、背面から着底し、体勢を立て直そうとしてもがいた地点だ。現生のカブトガニは仰向けになって泳ぐ。この行動は若い個体によく見られ、着底するときも仰向けになることが多い。仰向けになった状態で、カブトガニは体を横に揺すり、尾を使って元の体勢に戻る。このとき砂に丸いくぼみ（前体部の甲羅の跡）を残すことがある。歩行跡化石の起点で表面が乱れていることは、この行動から説明できるだろう。体勢を戻して歩く準備ができると、カブトガニは真っ暗なラグーンの海底を歩き始めた。命が尽きるまでの最後の動きは軟らかい泥に記録された。

歩行跡はまっすぐではない。起点から終点までのあいだに、まっすぐ進むこともあれば蛇行することもある。体自体の向きを変えるなど、急な動きをすることが多い。これはカブトガニの歩き方がどのように変化したかを示している。歩行跡のなかでも特筆すべき特徴の一つは、長くとがった尾の使い方だ。化石では、両側の足跡のあいだに位置した一本の直線として残っている。これは、カブトガニが方向を変える際に尾を持ち上げたときを除き、歩いているあいだに尾が軟らかい泥と接触していたことを示している。しかし、歩行跡の終点に近づくにつれ、尾の痕跡はだんだん短くなり、散発的になった。これは若いカブトガニが絶えず止まっては尾を持ち上げたことを示している。おそらく苦しくなって方向がわからなくなったのだろう。

この行動のほかに、歩行跡の特定の場所、とりわけ終点に近い場所で脚の跡が深くなっている。これはおそらく、カブトガニが泳いで海底を離れようと軟らかい泥を蹴った場所を示しているのだろう。しかし、泳ぎ去るだけのエネルギーは残っていなかった。歩行の行動の変化は、カブトガニが無酸素の有

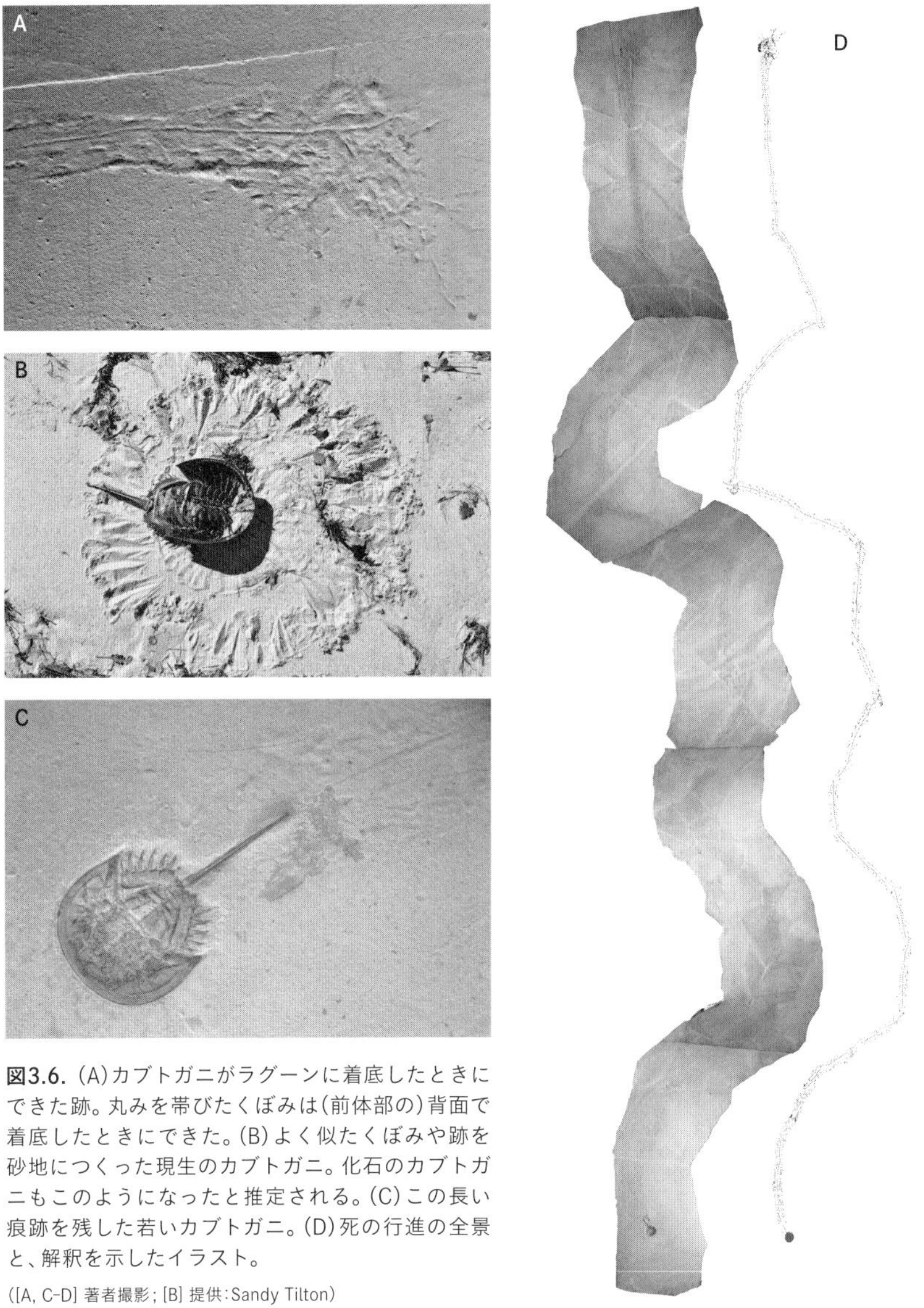

図3.6. (A)カブトガニがラグーンに着底したときにできた跡。丸みを帯びたくぼみは(前体部の)背面で着底したときにできた。(B)よく似たくぼみや跡を砂地につくった現生のカブトガニ。化石のカブトガニもこのようになったと推定される。(C)この長い痕跡を残した若いカブトガニ。(D)死の行進の全景と、解釈を示したイラスト。

([A, C-D] 著者撮影; [B] 提供:Sandy Tilton)

毒な水域で苦しみ始め、瀕死の体をゆっくり引きずって泥の上を進んでいたことを示している。そして最後には窒息して命が尽きた。

起点から終点までの歩行跡全体とともに、跡をつけた動物自身も保存されたこの化石は、太古の動物が命を終えるまでの最後のひとこまを伝える唯一無二の標本だ。一匹の若いカブトガニが死のラグーンの危険な水域でしばらくのあいだ持ちこたえる能力を見せたものの、結局は未熟さゆえに命を落としてしまったという信じられないほど希少な場面を伝えている。

図3.7. 最後の沈降

ラグーンに投げ出され、水中に激しく飛び込んだこの小さなカブトガニは、底面近くの有毒な水域へ一気に沈んでいった。

BOB NICHOLLS 2020

ガの大移動

ガとチョウは昆虫のなかでもとりわけ美しく、ひと目でそれとわかる。どちらもチョウ目（鱗翅《りんし》目）という大きなグループに含まれている。チョウ目は現生の種を一八万種も含み、毎年のように新種が見つかっていて、未知の種を含めれば五〇万種にのぼるとの推定もあるほど規模が大きい。

しかし、ガやチョウの化石となると話は別で、非常に数が少なく、先史時代の種はこれまでに数百種しか記載されていない。チョウ目の最古の化石は三畳紀後期に当たるおよそ二億五〇〇〇万年前のものだから、これほど長く地球上に存在していることを考えると、標本が少ないという事実は奇妙なことのように思える。これは種の数が少なかったことを示しているわけではなく、チョウ目の生態と、化石として保存されにくいという全般的な性質を反映している。

現生の種は数千匹あるいは数百万匹という非常に大規模な集団や群れを形成することがあり、好みの気象条件や、よりよい食料源、繁殖地などを求めて季節的に移動する。移動性の種は南極大陸を除くすべての大陸に存在し、なかには海や大陸を渡って何千キロもの長大な距離を移動する種もいる。ここでこんな疑問が湧き上がる。先史時代の種も移動していたのだろうか？　おそらく移動していただろう。しかし、化石記録が非常に少ないことを考えると、その答えはおそらく見つかりそうにない。それとも、見つかるだろうか？

デンマークにはフル層と呼ばれる岩石層がある。フル島という小さな島にちなんで名づけられた、五五〇〇万年前の始新世の地層だ。非鳥類型の恐竜が絶滅してからおよそ一〇〇〇万年後に当たる。この層からは保存状態が非常によい多様な動植物の化石が発見され、なかには思ってもみなかった標本がある。それはおよそ一七〇〇匹のガの集まりだ。二〇〇〇年にこの発見が最初に報告されると、既知のガの化石の数が二倍以上に増えた。

この大集団には少なくとも七種の完全な個体のほか、翅のない体、単独の翅が含まれている。大部分（一〇〇〇以上）は体長わずか一四ミリの種のもので、現生のチョウ目のグループである異脈類に属すると同定された。注目すべきは、この種の個体はフル層のいくつかの層位にしばしば大量に見つかることだ。非常に興味深いことに、ガを大量に含んだ岩石はもともと太古の北海の沖に堆積していた。これは、大量のガが沿岸部の生息地を離れて海にいたことを示す証拠である。

現代の数種のガやチョウは北海を渡って移動するから、風が穏やかで陸の気温が高いときには多数の個体が沖で見つかる可能性が高い。おそらく先史時代のガも似たような状況で移動を始めたのだろう。

海洋起源の岩石から大量のガの標本が発見されたことは、先史時代のガが群れをなして太古の北海を渡っていたことを示している。この解釈を裏づける証拠が二〇一七年にもたらされた。イランのザグロス山脈に分布するやや新しい岩石から似たような発見があったのだ。それは深海性の岩石から見つかったバッタの化石である。これはバッタも群れで海を渡る最中だったことを示している。ガが岩石層の異なる層位で大量に見つかったことは、ガの移動は特異な現象や局地的な現象ではなく、期間を空けて何度も起きていたことを示唆している。この独特の化石は、この現象が現代と同じように過去にもよくあったに違いないということを示している。

図3.8. 黄昏時の羽音（⬅次ページ）

ガの群れが毎年の移動の一環として太古の北海を渡っている。なかには突然の突風に吹き飛ばされて、深い海に沈んでしまった個体もいる。

巨大恐竜がつくった死の落とし穴

恐竜の豆知識を披露して誰かにいいところを見せたいとき、竜脚類の恐竜のことを持ち出せば間違いない。長い首と長い尾をもったこの巨大恐竜のグループは、体の高さが三〇メートル、体重は七〇トンにもなり、アフリカゾウで言うと七頭の成獣の重さに匹敵する。こんな生き物が、かつて地上に生きて歩いていたのだ。世界最大の恐竜で、地上を歩いた最大の動物だから、足跡もどの動物より大きいはずだと思うかもしれない。実際そのとおりだ。竜脚類の足跡は、フランスとスイスの国境に連なるジュラ山脈に広く露出した歩行跡から、西オーストラリア州に残る長さ一メートル以上の足跡まで、世界各地で発見されている。これほど多数の発見があれば、並外れた標本がときどき見つかってもおかしくない。

竜脚類は獲物を殺す残忍な恐竜とはふつう見られておらず、植物をむしゃむしゃ食べる巨大恐竜というイメージだ。こうした植物食恐竜は膨大な量の植物を食べて巨大な体を維持し、その巨体を主な防御手段としている。竜脚類は攻撃してきそうな捕食者から身を守れたに違いないが、おそらくその過程で多くの捕食者を死に追いやっただろう。たぶんいつか、竜脚類の犠牲になった個体の化石が見つかって私たちを驚かせるかもしれないが、いまのところそれは空想の産物にすぎない。しかし二〇一〇年、竜脚類のなかにじつは「殺し屋」がいたことを示す珍しい化石が発見された。ただし、それは意図せず殺してしまったという意味ではあるが。

ジュラ紀後期に当たるおよそ一億六〇〇〇万年前、全長二五メートル、体重二〇～三〇トンにもなる竜脚類の仲間マメンチサウルス（*Mamenchisaurus*）が、軟らかい泥が厚く堆積した太古の湿地帯をのしのし歩いていた。マメンチサウルスが泥にはまった足を引き抜くたびに、幅と深さが一～二メートルの穴が点々と残された。これらの穴は堆積物と水で満たされ、小さな動物にとって予期しない死の落とし穴となった。うっかり落ちたら二度と抜け出せない。

この解釈をもたらしたのは、中国の新疆ウイグル自治区にあるジュンガル盆地の五彩湾地域で発見された、抜群に保存状態のよい三カ所のボーンベッドだ。このボーンベッドは縦穴に骨化石が集積したもので、二〇〇一年に最初に発掘された。化石が見つかった岩石から、当時そこは温暖な湿地で、季節ごとに乾燥し、頻繁に火山灰に覆われていたことを示す証拠が得られた。穴を分析した結果、土壌と火山性の泥岩や砂岩が混合した軟らかい堆積物を含み、堆積した当時は水を含んだ泥で満たされていたこともわかった。

マメンチサウルスの足が泥に埋まった状態で発見されたわけではないものの、穴の形や大きさ、深さが一定であることは、大型恐竜がそれを残したことを示している。そしてこの一帯やこれと同じ岩石層で発見されている最大級の恐竜の一つは、マメンチサウルスなどの竜脚類だ。この主張を裏づけるように、この一帯では同様に保存されたさまざまな大きさの穴がよく見つかり、そのいくつかは足跡が明らかに直線状に連なった形で発見されている。しかし、すべての穴を調査しても、これまでに化石を含んでいることがわかったのは前述の三カ所だけだ。

水をたっぷり含んだ泥で満たされていたため、こうした深い穴は表面からは安定した地面であるように見えていた。しかし、そこにうっかり落ちてしまった小型の動物はなかなか抜け出せなかっただろう。

なぜそれがわかるかというと、穴の中に多数の動物の亡骸が含まれているからだ。そこには、小型獣脚類の関節がつながった骨格や関連する骨格が少なくとも一八頭分含まれていた。

そこで発見された獣脚類の骨格は三つの種類に分類でき、どれもそれまで知られていなかった。最も多いのは、腕が短い植物食のケラトサウルス類であるリムサウルス（*Limusaurus*）だ（すべての獣脚類が肉食というわけではない）。穴の一つには、年齢の異なるリムサウルスが少なくとも九頭含まれていたほか、小型哺乳類、一匹のカメや二頭の小型ワニ類を含む爬虫類の骨格がいくつかあった。穴の一つに埋もれていた最大の恐竜は、初期のティラノサウルス類で冠をもつグアンロン（*Guanlong*）で、二体の骨格が見つかった。はるかに大型のティラノサウルス・レックス（*Tyrannosaurus rex*）とは異なり、グアンロンは体高がわずか六六センチしかなく、足を伸ばしても穴の硬い底に届かなかった。穴の深さはグアンロンの体高の少なくとも二倍はあったのだ。

穴の中に保存されていた骨格の大半は、ケーキの層のように、互いに厚さ五〜二〇センチの岩石層に隔てられた状態で縦方向に積み重なっていた。これはそれぞれの恐竜が異なる時期に穴に落ち、底にいた恐竜が明らかに最初に埋まったことを示している。何頭かの恐竜は骨格が部分的にしか残っておらず、部位が分離している。これは、死骸が泥に浮いて部分的に外気にさらされ、何日あるいは何カ月かのあいだ腐敗したことを示している。完全骨格の中に折れた骨があることから、死骸が積み重なっていくにつれ、穴に落ちたほかの動物が泥の下に隠れた死骸を踏んで穴から脱出できていたことが示唆される。

恐竜の死の落とし穴は、特異な状況下で生じた予期しない運命をとらえている。竜脚類がぬかるんだ湿地をぶらぶら歩いていただけの出来事が、複数の小型獣脚類やほかの動物の死を招く結果となった。泥で満たされた巨獣の足跡に落ちて抜け出せなくなったのである。

図3.9. 巨大恐竜が歩いた跡で（⬅次ページ）

巨大なマメンチサウルスが残した深くぬかるんだ足跡から抜け出せず、何頭かのリムサウルスが助けを求めている。その声を聞きつけた小型肉食恐竜のグアンロンが、手ごろな獲物を得られると近づいてきた。しかしこの後、自分自身が助けを求める危険な状況に陥ることになる。

BOB NICHOLLS 2020

脱皮するのは成長するとき

節足動物が使い古した外骨格を脱ぎ捨てる場面を見たことがあるだろうか？　動かなくなったかつての自分を破って中から現れる姿は、自然の営みのなかでもとりわけ超現実的で、クモ、ムカデ、バッタ、ロブスターなど、あらゆる節足動物に見られる。

この外骨格を脱ぎ捨てる行動は脱皮と呼ばれ、節足動物が大きく強く成長するために欠かせない。損傷したり失ったりした付属肢でさえ、元どおり再生することができる。抜け殻から現れた体は最初は軟らかいが、しばらくすると硬くなる。節足動物は脱皮している最中とその直後が最も無防備で命を落としやすい。殻から抜け出せなくなったり、天敵に捕食されたりするからだ。大部分の節足動物は生涯にわたって脱皮するが、昆虫とクモ形類の大半は成体になると脱皮しなくなる。

節足動物は現生の動物のなかでもいち早く地球上に出現し、化石記録が非常に豊かであり、古いもので五億四〇〇〇万年近く前までさかのぼる。現生の一〇〇万種を超す種（見つかる種の数はいまも増えている）に脱皮が見られることを考えれば、初期の節足動物も脱皮していたに違いないと推定されてきた。だとすれば、節足動物の化石が本物の死骸なのか、脱皮した抜け殻なのかをどのように見分けるのか？

お察しのとおり、両者を見分けるのは非常に難しいことがある。一般的には、化石が損傷なく完全な状態で見つかった場合、それは抜け殻ではなく死骸である可能性が高い。関節（特に頭部と胸部の間の関節）が外れ、直線状にはっきりと破れた箇所がある場合、それは個体が古い外骨格から脱皮した跡を示している可能性がある。節足動物は生涯のうちに多数の脱皮殻を残すだろうが、死骸は一つしか残さないから、おそらく脱皮殻の化石のほうが多く見つけられると期待できる。にもかかわらず、死骸と脱皮殻を見分けるのは難しい。化石になる過程で損傷したりゆがんだりして、本来の姿が保存されないことがあるからだ。

両者の違いを見分ける最善の方法は、脱皮中の標本を発見することだ。これは「言うは易く行うは難し」ではあるのだが、現生の節足動物の死因の最大八～九割が脱皮であることを考えると、この行動が化石に記録されている可能性は高いように思える。

驚くべきことに、こうした希少な化石が実際に発見されている。節足動物が脱皮している行動が明確に記録された最古の化石はおよそ五億一八〇〇万年前のものである。これが発見されたのは二〇一九年と最近で、場所は中国南部の昆明にあるカンブリア紀前期の小石壩《シャオシバ》生物群だ。この初期の海生節足動物はアラカリス・ミラビリス（*Alacaris mirabilis*）と呼ばれる種で、脱皮中の姿が化石として保存されている。部分的に脱ぎ捨てられた外骨格が付着したままで、抜け出そうとしている個体の死骸がその下に横たわっている。

しかし、脱皮中の姿をとどめたカンブリア紀の生き物のなかで最初に発見されたのは、五億五〇〇〇万年前のマルレラ・スプレンデンス（*Marrella splendens*）という種の標本だった。カナダのブリティッシュ・コロンビア州に分布する有名なバージェス頁岩（第2章の「最古の子育て」を参照）から産出した全長二センチの微小な化石だ。マルレラの標本はバージェス頁岩から二万五〇〇〇点以上も見つかっている。不運なことに、このマルレラは脱皮の半ばで力尽きた。その触角と頭部の一部が、古い外骨格の頭部と胴体の境目から外に突き出ているものの、体のほかの部分は抜け出せずに中に残ったままになっている。興味深いことに、頭部から横に突き出た突起は内側に後ろ向きに折り畳まれている。これは、通常のマルレラの標本で見られる特徴とは逆だ。これは、脱皮中には突起が通常より軟らかいことを示している。

これまでに見つかった最古級の脱皮中の節足動物にも驚くのだが、何より目を見張る標本が、ドイツのゾルンホーフェンに分布するジュラ紀の石灰岩から見つかっている。場所は、前述したカブトガニの死の行進が発見された地域の近くだ。このカブトガニのように、ゾルンホーフェンのラグーンにいた大部分の動物は海底近くの有毒な水にやられて命を落としたが、ラグーンの一部は（海底であっても）生存可能で、少なくとも一時的には生命を維持することができた。

板状の石灰岩に記録されていたのは、節足動物の脱皮の一部始終だ。メコキルス・ロンギマナトゥス（*Mecochirus longimanatus*）というロブスターに似た甲殻類が残した化石である。この化石にはまず、着底した跡がはっきりと残っている。水中を沈んでいったこの生き物がラグーンの海底に落ちた場所だ。その後、尾扇をもったこの生き物は三〇センチほど海底を這い進んだ。脱皮しようとのたうち回っているあいだに、曲がった溝やうね、引っかき跡を堆積物に残した。その一部は横向きになったときについたものだ。ようやく脱皮を終えたメコキルスは、きれいに保存された殻を残して歩き去った。

脱皮を終えるまでにどのくらいの時間がかかったのかをはっきりと推定することはできない。現生の節足動物では数分で終わることが多いものの、脱皮の時間は種によって異なるからだ。しかし、ロブスターや小エビといった現生のエビ目の甲殻類と比較することはできる。こうした甲殻類は寝返りを打ち

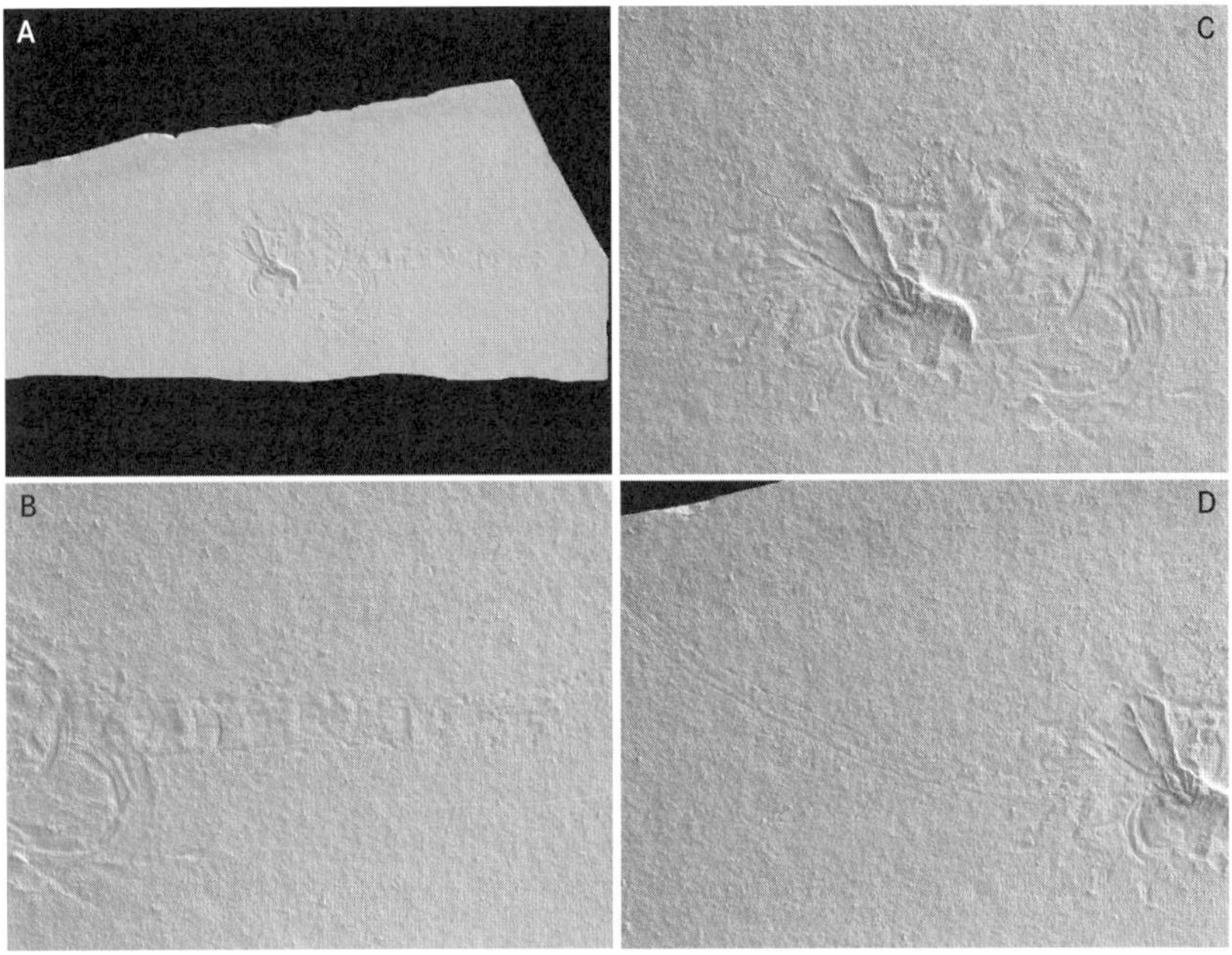

図3.10. (A)甲殻類のメコキルス・ロンギマナトゥスが残した跡と抜け殻の全体像。(B)生痕化石の起点。メコキルスが着底し、短い距離を歩いた。(C)尾と付属肢が、さまざまな跡をはっきりと残した。メコキルスはここで脱皮した(脱ぎ捨てた殻が残っている)。(D)脱皮したてのメコキルスが歩き去った跡。ドイツ・ランゲンアルトハイムのゾルンホーフェン石灰岩より。

(写真提供:Günter Schweigert and Lothar Vallon)

ながら古い殻を脱ぎ捨てていく。実際、メコキルスが残した跡は現生のウチワエビモドキの脱皮過程と似ている。特に、横向きになって殻を脱ぎやすくする点だ。現生のウチワエビモドキの場合、脱皮にはおよそ三〇分かかり、その後動けるようになるまでに一〇～二〇分かかる。このことから、一億五〇〇〇万年前のジュラ紀の近縁種が脱皮にどのくらいの時間をかけていたのかを推定できる。

カンブリア紀の節足動物が脱皮している姿が化石に記録されていることから、脱皮は節足動物の進化の初期段階で起きていたことが裏づけられた。実際に化石が見つかるまで、これは推定でしかなかった。脱皮の一部始終を記録したジュラ紀のメコキルスとその生痕化石は、太古の節足動物の生涯で欠かせない行動を見事に垣間見せてくれる。

図3.11. 脱皮して出発

使い古した外骨格を落ち着いて脱ぎ捨てられる場所を見つけた甲殻類のメコキルス・ロンギマナトゥス。殻も跡も残して歩き去り、新たな日々に向かう。

BOB NICHOLLS 2020

先史時代の奇妙なカップル

アフリカ南部では、三畳紀前期の岩石から多数の巣穴の化石が発見されている。なかでもカルー地域の半砂漠地帯では、何千点もの化石が産出している。年代は二億五〇〇〇万年前で、地球が最大規模の自然災害に見舞われたのと同じ頃だ。それは全生物のおよそ九割が死滅するという、ペルム紀末に起きた地球規模の壊滅的な大量絶滅である。この大量絶滅を引き起こした原因についてはいまも議論が続いている。だが、地球でこれまでに起きた最大規模の大量絶滅であるこの出来事で、大規模な火山噴火と小惑星の衝突が決定的な役割を果たしたことはまず間違いないだろう。

気候の大変動で、地球全体が砂漠のような灼熱の環境になった。過酷な環境に適応するため、陸生の脊椎動物のなかには酷暑を逃れようと巣穴を掘ったものもいた。こうした三畳紀前期の巣穴の多くはカルー地域で発見され、気候変動に直接対応するための行動であると考えられている。巣穴は絶好の避難場所であり、捕食者を避けるのにうってつけの場所であるほか、危険な気象条件から身を守りながら快適に暮らせる自分のすみかとなる。こうした巣穴の化石は数多く発見されてきたが、中身は空っぽであることが多い。

非常にまれな事例として、獣弓類という初期の哺乳類に近い動物の骨格が、関節の連結を保ったまま巣穴の中に埋もれているのが発見されたことがある。そうした標本のいくつかには、巣穴で身を寄せ合って休んでいる複数の個体が含まれている。中にいる個体が巣穴を掘ったのはほぼ間違いなく、巣穴に引っかき傷が残っていることもある。この巣穴にいた動物は季節的な休眠をしていたと考えられてきた。これは見事な仮説であり、巣穴の中の個体が「夏眠」という冬眠に似た無活動状態にあったことを示唆している。夏眠は一年のうち特に暑くて乾燥した時期に見られる行動で、当時の極端な気象条件に合致している。

一九七五年、南アフリカのクワズールー・ナタール州にあるオリヴィエシューク峠で一つの巣穴化石が採取された。その内部に隠れていたのは、めったにない独特な動物の組み合わせだ。発見された当初は頭骨の一部だけが露出していて、比較的ありふれたキツネほどの大きさの獣弓類トリナクソドン・リオリヌス（*Thrinaxodon liorhinus*）の化石であると暫定的に同定された。標本が二つに割られると、中からさらに骨が見つかった。何か変わったものが保存されているようには見えなかったことから、この標本はヨハネスブルクのウィットウォーターズランド大学の化石コレクションに収蔵された。そして最近になってから化石が再検証され、その謎が解き明かされた。

この巣穴化石はまだ保護用の石膏で覆われたままクリーニングされておらず、化石から余分な母岩が取り除かれていなかったうえ、骨がぎっしり詰まっていると考えられていたため、標本が損傷したり骨が分離したりしないような方法で調査するという決定がなされた。巣穴化石はフランスに輸送され、レーザー光を用いて調べられることになった。具体的には、シンクロトロンと呼ばれる加速器の中でスキャンされた。これは、電子を光速に近い速度まで加速させることで非常に詳細なX線画像を得る高性能な装置だ。この非破壊的な方法を用いれば、骨を乱すことなく、外からは見えない大量の情報を手に入れることができる。

このような装置が利用できるようになったこともあり、古生物学者が化石の研究や分析をする方法に大変革が起きた。岩石の内部を観察し、含まれている化石の保存状態や重要性を判断できるようになったのだ。

シンクロトロンによる発見には目を見張る。巣穴の中に入っていたのは、トリナクソドンの完全骨格と、それに寄り添うように横たわるサンショウウオに似た両生類ブローミステガ・プッテリッリ（*Broomistega putterilli*）の若い個体の完全骨格だ。しかも、ブローミステガの皮膚の模様まで残っていた。トリナクソドンはうつ伏せになり、頭部が左のほうへ不自然にねじれている。まるで巣穴の壁に押しつけられているかのようだ。一方、ブローミステガは仰向けになって腹部を見せ、トリナクソドンの上に横たわっている。似ても似つかない二匹の動物がかかわり合っているという困惑

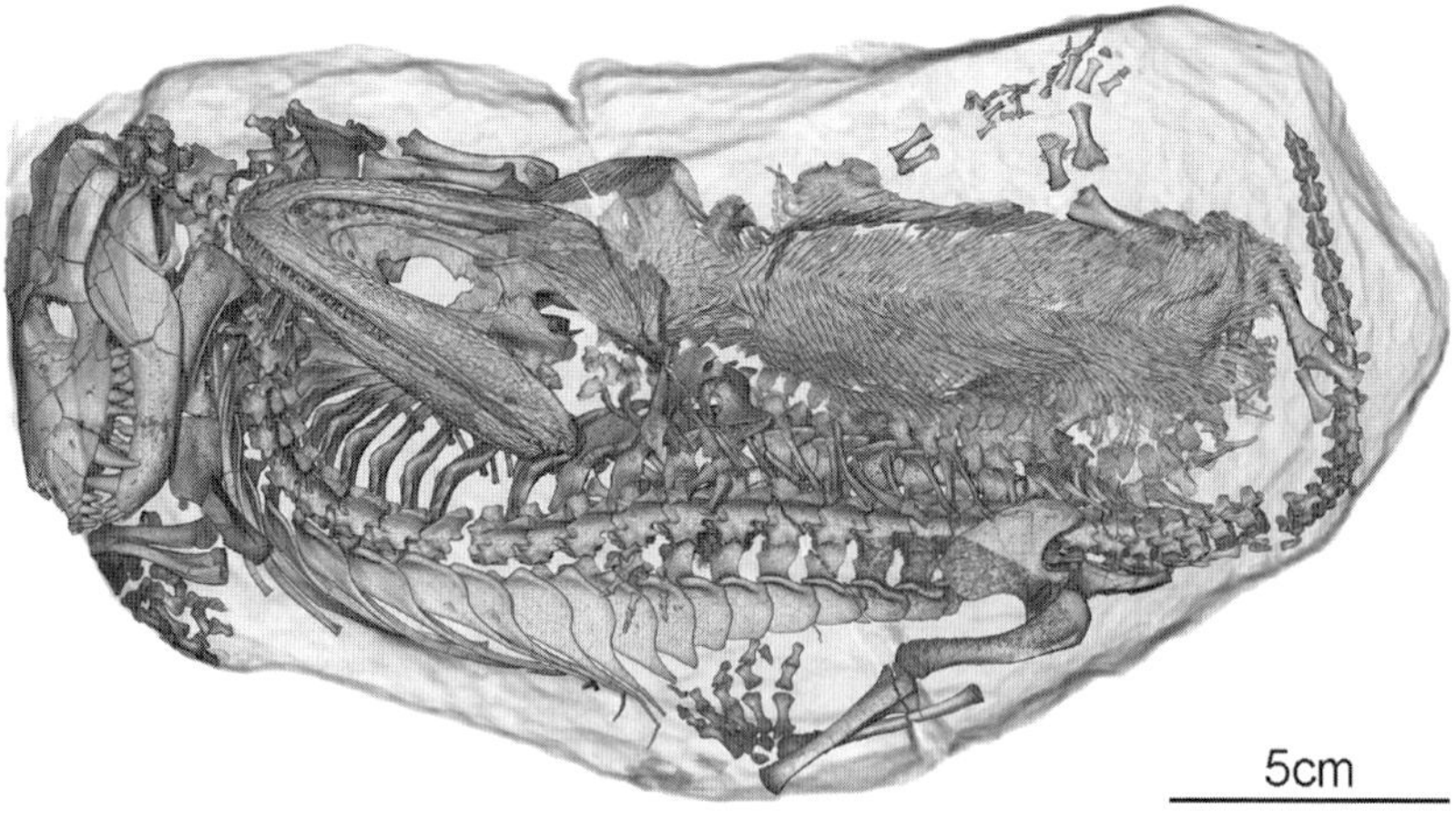

図3.12. 眠る時間——巣穴化石の3次元画像。内部には、夏眠中の獣弓類トリナクソドンに寄り添う、負傷した両生類ブローミステガが含まれている。

（画像出典：Fernandez, V., et al. 2013. “Synchrotron Reveals Early Triassic Odd Couple: Injured Amphibian and Aestivating Therapsid Share Burrow.” *PLOS One* 8, e64978）

するような状況であり、両者のあいだにどのようなやり取りがあったのか知りたくなる。

興味深いことに、ブローミステガは右側の肋骨が七本折れている。トリナクソドンがブローミステガを襲って巣穴に運び入れたとも思えるが、折れた肋骨に治癒の跡が見られることから、肋骨は両者が出合う前に折れていたことがわかる。実際、骨折は一回の打撃で（ひょっとしたら上から踏みつけられて）負った可能性が高い。死ぬ何週間も前の出来事だろう。このような負傷はきっと歩行能力に影響を及ぼし、とりわけ呼吸するときに激しい痛みをもたらしただろう。焼けつくような日差しの下で、負傷して歩くのに苦労しているブローミステガは格好の獲物となった。

骨格の解剖学的な特徴にもとづき、ブローミステガは半水生の生活に適応していたことがわかっているが、肋骨の構造から巣穴を掘ることはできなかったと思われる。対照的に、トリナクソドンの肋骨は巣穴掘りに適している。ほかの巣穴の中でもトリナクソドンが発見されていることを考え合わせると、巣穴にいた個体が巣穴を掘ったと考えられる。争った跡がないことから、トリナクソドンは眠っていた（夏眠中だった）か、侵入者の存在を許容して喜んで受け入れていたのだろう。この関係は第2章で述べた片利共生の一例であり、まったく異なる種どうしがかかわり合うときに生じる。一方の種（この場合はブローミステガ）が恩恵を受けるが、もう一方の種には危害を加えないし、恩恵ももたらさない。

逆に、トリナクソドンが巣穴の中ですでに死んでいて、ブローミステガがそこに引っ越してきてから、のちに息を引き取った可能性もある。しかし、桁外れによい保存状態と両者がいっしょに保存されていることから、この二匹はいっしょに息を引き取ったことが示唆される。したがって、ブローミステガは生存本能に従い、身を守る場所を求めて巣穴に潜り込み、そこで深い眠りについたのかもしれない。似たような行動は現生の両生類、特に若い個体で観察されている。両生類は避難場所を求めてほかの動物の巣穴に入ることがある。
負傷したブローミステガが巣穴に入ったとき、トリナクソドンは休眠状態にあったというのが最もありうる状況だ。この関係に至る筋書きが実際にどんなものであったにしろ、二匹は同じ不運に見舞われた。鉄砲水が起き、堆積物が巣穴を一気に満たして、二匹を永遠に保存することになったのだ。それは、まったく類縁関係のない動物どうしの珍しい共生関係を垣間見せてくれる。この偶然の発見がなければ、こんな関係があるなど考えもしなかっただろう。

図3.13. 必要に迫られて

負傷した両生類のブローミステガが、焼けつくような日差しから逃れる場所を探し、地面に穴を見つけた。その中ではトリナクソドンがすやすや眠っている。

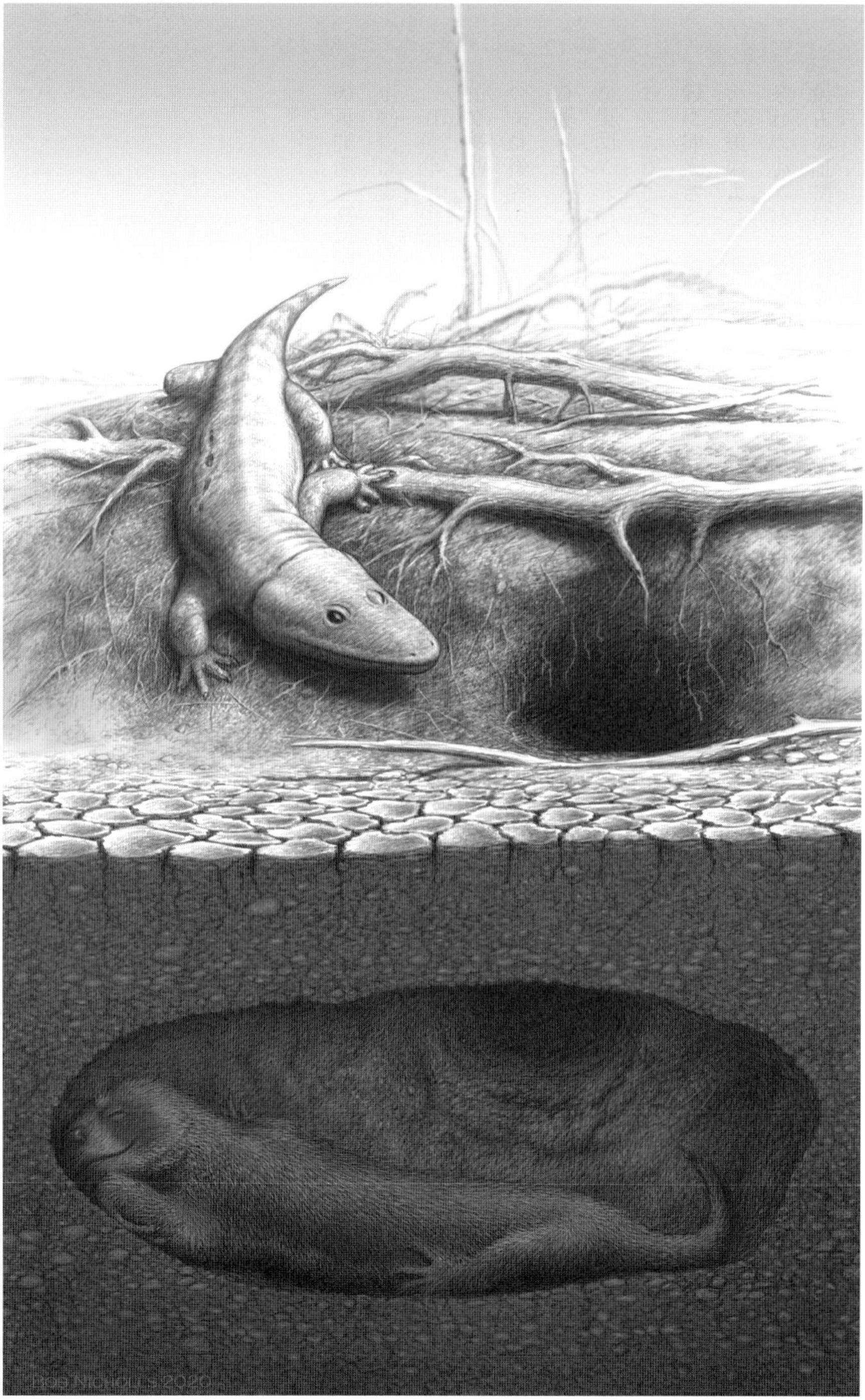

悪魔のコルク抜き

化石のなかにはあまりにも奇妙で、いかなるものとも異なり、古生物学者がその正体を解き明かそうと何十年も頭を悩ませるものがある。一九世紀後半、アメリカ・ネブラスカ州のスー郡のあちこちでカウボーイや牧場主が、奇妙ならせん状の砂岩が地面や崖から突き出ているのを発見し始めた。その多くは平均的な人間の身長よりも高く、高さ二メートルを超える。しかし、この奇妙な構造がどうやってできたのか、誰もわからなかった。地元の人々はそれを「悪魔のコルク抜き」と呼ぶようになった。

一つまた一つと、らせん状の砂岩は見つかり続けたが、科学者が注目するようになったのは一八九一年になってからだった。ネブラスカ大学の地質学者であるアーウィン・バーバー教授がまず、こうした構造を調べて解釈を試みた。バーバーはすぐにそれが化石であると気づき、俗称をラテン語に訳してデモネリクス（*Daemonelix*または*Daimonelix*）と名づけた。化石の命名ではユーモアのセンスを発揮したバーバーだが、らせん状の構造は淡水の海綿動物か植物の根の化石であると考え、化石の解釈では物議を醸した。

ほかの科学者はこの解釈に納得せず、この大きな構造は根の化石ではなく、巣穴の化石であると考えた。そのなかに齧歯類の骨の断片を含んでいるものがあったからで、その骨の主が巣穴を掘ったと彼らは推定した。これはバーバーが気づかなかった関係だ。さらに、パレオカスター（*Palaeocastor*）という絶滅した陸生のビーバーの同定可能な死骸が巣穴の中に保存されているのが初めて見つかるなど、より詳細な発見があり、この推定が正しいことが証明された。らせん状の構造は、これまでに認識されて記載された哺乳類の巣穴化石のなかで最も古いものだ。

巣穴とその主（パレオカスター）がいっしょに発見されたことによって、現生のウッドチャックほどの大きさしかないこの先史時代のビーバーが奇妙な生痕化石の作り手であるという説得力のある証拠が初めてもたらされた。この発見以降、らせん状の巣穴の中に埋もれていたビーバーの化石が数多く見つかってきた。しかし、謎はまだ残る。ビーバーはどのようにしてこの奇妙な構造を築いたのか？

最初の発見から一〇〇年近く後の一九七七年、五〇〇以上の巣穴の調査にもとづいた大規模な研究によって、その答えが判明した。巣穴の壁に沿って多数の溝が発見され、その大きさと形が、ビーバーの一生伸び続ける大きな切歯とぴったり一致したのだ。ビーバーは強力な切歯を駆使して入念に地面を掘り、らせん状の階段をつくって、完璧な形の巣穴を築き上げた。らせんは巣穴を長くするだけでなく、唯一の出入り口でもある。らせんの最下部には、斜め上（最大三〇度）にまっすぐ伸びた位置に部屋がつくられている。部屋の長さは最大で四・五メートルにもなる。

しかしなぜ、巣穴はこんな奇妙な形をしているのか？　らせん状にねじれた巣穴はより大きな捕食者からさらに身を守りやすくするためだった可能性がある。穴がまっすぐで単純な形をしていたら、捕食者が巣穴の中に侵入できるかもしれない。ほかには、らせん状の形は暑くて乾燥した当時の気候に対処するためだったとの説もある。らせん状の構造は優れた空調システムであり、巣穴の奥深くの温度を調整する一助となっただろう。これら二つの機能が合わさって、巣ごもりと子育てにとって理想的な環境が生まれたとも考えられる。この行動を裏づける証拠が最近、オーストラリア北西部で見つかった。そ

図3.14. (A)パレオカスターの見事な技。らせん状の深い巣穴(デモネリクス)の中に、それを掘った個体が埋もれている。(B)ひたむきに巣穴を掘った個体の接写。(C)アメリカ・ネブラスカ州のアゲート化石層国定記念物で19世紀後半に発見された「悪魔のコルク抜き」。

(写真提供:[A–B] Wikimedia Commons; [C] The University of Nebraska State Museum)

C

れは現生のヒャクメオオトカゲ（*Varanus panoptes*）が掘った巨大ならせん状の巣穴だ。このオオトカゲはらせん状の巣穴を巣ごもりにだけ利用している。

これらの巣穴の大半はおよそ二〇〇〇万～二三〇〇万年前のもので、ハリソン層と呼ばれる中新世の岩石の露頭から採取された。いまでは、ネブラスカ州西部と隣接するワイオミング州東部のバッドランズ（不毛地帯）で何千点もの標本が見つかっている。骨格を含んだ巣穴はおそらく、ビーバーが眠っていた巣穴が豪雨による洪水などによって砂や泥で埋まった跡を示しているのだろう。こうして巣穴にいたビーバーが細部まで良好に保存された。巣穴の化石はいまでも見つかっており、その一部はアゲート化石層国定記念物として保護されている。そこでは丘の中腹にらせん状の巣穴がいくつか残されている。

現代でも、らせん状ではないものの、似たような巣穴が見られる。それは、ネブラスカ州を含む北アメリカのグレートプレーンズ（大平原）に固有の齧歯類、プレーリードッグの巣穴だ。プレーリードッグはウサギほどの大きさで、リス科に分類され、地下に掘った迷路のように入り組んだトンネルで暮らしている。その集団は数百匹、さらには数千匹に及ぶ大規模なもので、「タウン」と呼ばれている。こうした身を守りやすい巣穴の中には多数の部屋があり、食物の貯蔵や子育てなど、さまざまな用途で使われ、なかにはトイレ専用の部屋まである。これと比べてみると、同じ場所で発見されたパレオカスターの多くの巣穴の間隔や数から、この先史時代のビーバーたちはいっしょにすみ、何らかの形で共同生活を送っていたと考えられる。おそらくプレーリードッグのタウンのようなものだろう。巣穴の中で成獣と子の両方の死骸が見つかっていることから、パレオカスターはらせん状の巣穴の部屋で子育てをしていたと考えられる。

図3.15. コルク抜きにすむ家族（⬅次ページ）

巣穴の奥深くでパレオカスターの母親が子の世話をする。雄は巣穴の入り口で見張りをしている。

BOB NICHOLLS 2020

巣穴にすんでいた恐竜

恐竜とその行動を考えたとき、巣穴を掘る姿はあまり思い浮かばない。ディプロドクスやティラノサウルスが地面に穴を掘っている姿は、想像したら楽しいかもしれないけれど、心に描きづらいものだ。恐竜の行動としては変に思えるかもしれない。しかし、恐竜の大きさや形、生息地などが種によって大きく異なることを考えると、巣穴を掘る恐竜という考えはそれほど意外ではない。一九九〇年代以降、古生物学者は巣穴を掘ってそこにすんでいた恐竜がいるかもしれないとにらんできた。だが、直接的な証拠はなかった。

二〇〇七年、ある大発見が世界に向けて発表された。アメリカ・モンタナ州南西部のリマ・ピークスの近くに分布する九五〇〇万年前の白亜紀の岩石から、大きな巣穴の化石が発見されたのだ。巣穴は土砂で埋まり、そこにすんでいた個体が保存されていた。埋もれていたのは乱された三体の骨格で、二足歩行をする小型植物食恐竜の新種とされた。「巣穴を掘って走る者」という意味のオリクトドロメウス・キュビクラリス（*Oryctodromeus cubicularis*）と命名されたこの恐竜は、その解剖学的な特徴から、おそらく短くて強力な前肢を使って巣穴を掘り、鼻づらを使って余分な土砂を取り除いたと推定される。関連する生痕（巣穴）と死骸（骨格）の化石を両方含んだ標本が見つかり、恐竜が巣穴を掘っていたことを示す決定的な証拠が初めてもたらされた。

砂岩の巣穴には傾斜したS字形のトンネルがあり、その末端に位置する広い部屋に骨が含まれていた。似たような方式の巣穴は、北米にすむアナホリゴファーガメ、アフリカにすむアードウルフ（ツチオオカミ）、多数の齧歯類など、現代の動物でも幅広く見られる。興味深いことに、巣穴のトンネルの幅は三〇〜三二センチ、高さは三〇〜三八センチで、全長は二メートル余りしかない。ただし、巣穴の部屋の一部が浸食されて失われているため、全長はもっと長かっただろう。オリクトドロメウスの三体の骨格のなかで最大のものは全長が二・一メートルと推定される成体で、巣穴はその個体にはかなり窮屈だっただろう。ただし、全長の三分の二は非常に長い尾だったから、部屋で方向転換できるぐらいの広さはあった。現生の種では、こうした窮屈な巣穴には天敵の襲撃を防ぐ効果があることが多い。アードウルフなどの動物は、自分の全長より短い巣穴を掘って、中にぴったり収まるようにしている。

オリクトドロメウスのほかの二体の骨格は成体の大きさの半分ほどであり、同じ種の幼体だ。どうやら成体は自分と二頭の子だけが入れる大きさの巣穴を掘ったようではあるが、巣穴の中にはるかに小さな動物（昆虫、ひょっとしたら小さな哺乳類など）の生痕が残っていることから、ほかの動物も巣穴を使っていた可能性がある。幼体の大きさを加味してこの状況を考えると、オリクトドロメウスは巣穴の中で長期にわたって子を世話していたことが示唆される。したがって、子の世話は巣穴を掘った理由の一つではあっただろう。子を確実に生き延びさせるためだった。同様に、現生の鳥類型恐竜（つまり鳥類）のなかには地下に巣穴を掘って子の世話をするものがいくつかいる。アメリカ大陸に生息するアナホリフクロウや、ニシツノメドリがその例だ。

巣穴が見つかった岩石層の地質から、そこは先史時代の氾濫原だったことがわかる。骨格が乱されていることから、三頭のオリクトドロメウスは巣穴の中にすんでいた恐竜の小家族ではなく、川や洪水によって押し流されてきたか、ひょっとしたら捕食者によって巣穴に引きずり込まれた可能性があるとの議論もある。しかし、狭い巣穴の奥深くに死骸が完全な形でいっしょに埋もれ、骨にかまれた跡や損傷がないことから、その可能性は除外することができる。オリクトドロメウスは泥や粘土の地面に巣穴を掘り、その後に起きた洪水のときに砂に埋もれたのだ。骨が乱されていることから、三頭は巣穴で命を終え（理由は不明）、腐敗した後に砂に埋もれたと考えられる。

それ以来、オリクトドロメウスの多数の骨格がアイダホ州東部で発見されてきて、オリクトドロメウスはアイダホ州で最も多い恐竜となった。リマ・ピークス一帯でも新たな標本が見つかった。そうした標本のいくつかは集団で発見され、異なる大きさや年齢の個体を含んでいる。この恐竜が社会的な行動をとっていたことを裏づける証拠だ。驚くべきことに、少なくとも二カ所の巣穴（アイダホ州の一カ所とモンタナ州の一カ所）は最初に見つかった巣穴と形や大きさが酷似し、オリクトドロメウスの骨を含んでいることがわかった。

オリクトドロメウスは巣穴を掘る行動が最初に知られた恐竜だ。これは、一部の恐竜が地下に巣穴を掘るだけでなく、巣穴の中で長期にわたって子を世話していたことを示す確かな証拠である。巣穴は捕食者や過酷な天候から中にいる個体を守った。このようにいっしょに保存されている巣穴と死骸は、化石に記録された恐竜の行動のなかでも極上の証拠の一つだ。

図3.16. 地下で休む家族

オリクトドロメウス・キュビクラリスの成体が自分で掘った巣穴の中で、2頭の子とともに休んでいる。地上にはこの恐竜の小さな群れがいる。

BOB NICHOLLS 2020

地下にすむ巨大ナマケモノ

動きが非常に遅く、のんびり木にぶらさがって居眠りするナマケモノは小型の哺乳類で、中南米の熱帯雨林にだけ生息する、興味深い樹上性草食動物のグループだ。現生種としては六種が知られ、体重は五キロを上回ることはめったにない。フタユビナマケモノ属（*Choloepus* 二種）とミユビナマケモノ属（*Bradypus* 四種）の二つの属に分けられるが、違いは足の指ではなく、手の指にある。ナマケモノは地球上で最も動きの遅い哺乳類であり、木登りは得意だが、歩くのは非常に不得意だ。しかし、絶滅した先史時代の類縁種はこれとはまったく逆で、体がとても大きく、地上にすみ、巣穴を掘っていた。

その動物は地上性ナマケモノと呼ばれ、多数の種といくつかの絶滅した科がアメリカ大陸全域に存在したことが、これまでの発見からわかっている。初期の発見のいくつかは、チャールズ・ダーウィンがビーグル号での有名な航海の最中に成したものだ。最後の種が絶滅したのは数千年前とかなり最近であり、残された証拠から、おそらく人間によって絶滅に追い込まれたと考えられる。現生の樹上性ナマケモノとは異なり、南米のメガテリウムなどの絶滅種のなかにはゾウほどの巨体をもっていたものもいた。しかし、見かけはクマみたいで毛むくじゃらであり、体重は四〜六トン、全長は最大六メートルもあった。

科学界でいち早く注目された地上性ナマケモノのなかに、興味深い歴史をもつ標本がある。それは北アメリカで最初に発見された地上性ナマケモノだ。ウェストヴァージニア州の洞窟の中で断片的な骨格が見つかった。それを研究したのが、誰あろうトーマス・ジェファーソンだ。アメリカ合衆国第三代大統領として知られるジェファーソンは当初、その骨は巨大なライオンのもので、まだ絶滅していないかもしれないと考え、一七九七年にアメリカ哲学協会の会員にこの発見を発表した。この種は一八二五年、ジェファーソンにちなんでメガロニクス・ジェファーソニー（*Megalonyx jeffersonii*）と命名された。

こうした巨大なナマケモノがいたと初めて認識されたとき、現生のナマケモノのように、木に逆さまにぶら下がって寝ていたと考える人もいた。だが、これはゾウが木に逆さまにぶら下がっているようなものだ！　ダーウィンもこの解釈をあざ笑っていた。こうしたナマケモノの多くは大きくて強力な前肢と、巨大な手、大きく湾曲した強力なかぎ爪を備え、穴掘りに適した体をしていた。明らかに、ぶら下がるための体ではない。

穴を掘る巨大なナマケモノがいたという説を裏づけるように、一九二〇年代と三〇年代には南アメリカで完璧な形の巣穴化石が発見された。その場所はいくつかの地上性ナマケモノが見つかった場所と同じ地域かつ同じ年代だ。この関係は偶然にしてはあまりにもぴったり合いすぎている。しかし、地上性ナマケモノ以外にこうした巣穴を掘ったと考えられる大型動物はいた。自動車ほどの大きさの巨大なアルマジロなどの動物も見つかっていたのだ。

これまでに一〇〇〇カ所をゆうに超える巨大な巣穴が発見されている。年代は数百万年前からおよそ一万年前で、まっすぐな巣穴もあれば、やや曲がった巣穴もある。主にブラジル（特にリオグランデ・ド・スル州）とアルゼンチン（特にブエノスアイレス周辺の地域）に位置している。人間一人が中を歩けるほど大きく開けた円筒形のトンネルとして残っている巣穴も多いが、大半の巣穴は一部あるいは全部が堆積物で埋まっている。大きさはさまざまで、これまでに見つかった最大の巣穴は高さ二メートル、幅四メートルで、最大一〇〇メートルもの長さがあるというから驚きだ！　なかにはほかのトンネルとつながって複雑な巣穴網を形成しているものもある。

これほど巨大な巣穴は地上性ナマケモノ以外に適合する動物はおらず、（少なくとも）大型の巣穴はこうした巨大動物によって掘られたという証拠を裏づけている。さらに、いくつかの巣穴の壁や天井はたいてい、掘った動物が残したかぎ爪の跡で覆われている。これらの溝はスケリドテリウム（*Scelidotherium*）やグロッソテリウム（*Glossotherium*）といった種の大きな第二指と第三指のかぎ爪とほぼ一致する。これらは中型から大型（重さ一〜一・五トン、後者の全長は最大三メートル）の地上性ナマケモノで、同じ地域で発見されている。レストドン（*Lestodon*）などのさらに大型で重いナマケモノはもっと大きな巣穴を掘ったとも考えられるし、もっと小さな巣穴の大半はおそらく巨大アルマジロが掘ったのだろう。

巣穴のなかには明らかになめらかな場所がある。これはナマケモノが自分の毛皮を壁にこすった跡だ。ふだんそこを通るときに同じ場所に毛皮が触れたのかもしれないし、かゆいときにそこで体をかいたのかもしれない。ゾウなどの現代の大型哺乳類はこうした行動をよく見せ、かゆい場所をかいたり、寄生虫を取り除いたりするときに木や岩に体をこすりつける。

多くの巣穴の大きさや長さが大規模であることを考えると、一部の巣穴はおそらく複数のナマケモノによって掘られたとみられている。ひょっとしたら複数の世代にわたって掘られたのかもしれない。こうした巣穴が地上性ナマケモノの化石といっしょに発見されることはめったにないが、少なくともアルゼンチンで見つかった一カ所の巣穴にはスケリドテリウムの子一頭と成獣一頭が含まれていた。

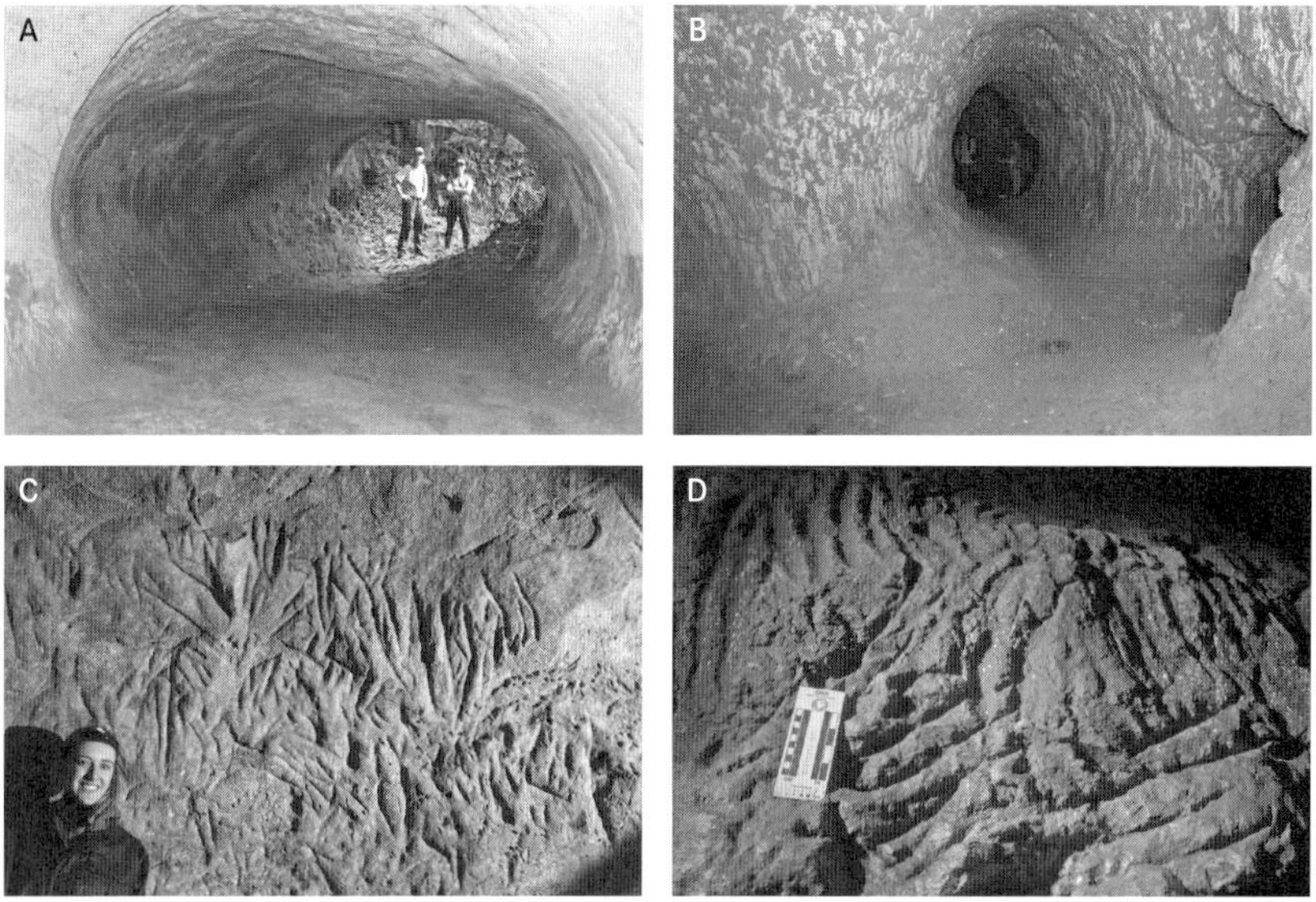

図3.17. (A–B)巨大な地上性ナマケモノが掘った巨大な地下トンネル(巣穴化石)の例。ブラジル南部で発見(Aはサンタカタリーナ州のチンベー・ド・スー、Bはロンドニア州に位置する)。(C)トンネルの壁に残ったさまざまな引っかき跡。地上性ナマケモノのかぎ爪と一致する。Aのトンネルで撮影。(D)サンタカタリーナ州のウルビシにあるトンネルに残った引っかき跡の接写。AとCの人間は大きさを示すスケール。

(写真提供:[A, C–D] Heinrich Frank; [B] Amilcar Adamy, Geological Survey of Brazil)

巣穴のほかにも、地上性ナマケモノに分類される多数の化石が、南北アメリカの自然の洞窟で発見されてきた。驚くべきことに、見つかっているのは骨格だけではない。地上性ナマケモノのミイラ化した皮膚とその黄色や赤茶色の毛皮が発見されているのだ。なかには、皮膚に小骨が埋もれている標本もある。おそらく捕食者から身を守る鎧のような役割を果たしたのだろう。地上性ナマケモノの糞も見つかっている。初めて糞が発見されたとき、見た目もにおいもあまりにも新鮮で、発見者は現生の動物の糞だと考えた。こうした糞の分析から、いくつかの種の食性が明らかになった。

ここで気になるのが、巨大な地上性ナマケモノも現代のナマケモノみたいに動きが非常にゆっくりだったのかどうかだ。ゆっくりだったとすれば、広範囲に及ぶ巣穴を掘るのにとんでもなく長い時間がかかってしまう。それはありえない。それに、現生の樹上性ナマケモノの場合、非常にゆっくりな動きは身を守る手段の一つだ。ナマケモノの主な天敵であるジャガーやオウギワシは視覚と動きに大きく頼って獲物を探す。非常にゆっくり動くことで、ナマケモノは天敵に感づかれないようにこっそり移動し、まわりの環境に溶け込むことができるのだ。地上性ナマケモノは周囲に溶け込む必要がなかった。多くの場合、その巨体と大きなかぎ爪が身を守る役に立っていただろう。巣穴を掘る能力があったこと、そして保存された足跡から、太古の地上性ナマケモノは現生のナマケモノより速く動いていたことがわかる。のろまで襲われやすい巨大な肉塊ではなかったようだ。

地上性ナマケモノが巨大な巣穴を掘ることに力を注いだのはなぜだろうか？　まず、捕食者の攻撃を避けるためだ。もちろん、一部の種は巨大な体で身を守ることができたが、既知の証拠から地上性ナマケモノはヒトの狩りの獲物となっていたことがわかっている。また、若い個体はサーベルタイガーなどの足の速い捕食者にとって格好の獲物だっただろう。だから巨大な巣穴は地上性ナマケモノにとって安全な場所だっただろうし、家族などの集団で生活できる場でもあったかもしれない。また、寒冷化あるいは乾燥化する環境といった好ましくない気象条件から身を守るためにもおそらく巣穴を使っていたと思われる。

力強い動きを見せた巨大なナマケモノは残念ながらもうこの地球にはいないが、その遺産は思いもよらない場所に生きている。それはアボカドの木だ。地上性ナマケモノはアボカドの木が出現した時期に存在していた。この史上最大級の動物はアボカドの実をまるごとのみ込み、その種を排出して、アボカドの木の拡散を助けていた。地上性ナマケモノなどのアボカドを食べる大型動物は絶滅するまで、知らず知らずのうちにアボカドが未来に存続する手助けをしていたのだ。今度アボカドを食べるときには、毛むくじゃらの巨大哺乳類に感謝してほしい。

図3.18. 生まれながらの穴掘り屋（⬅次ページ）

アボカドの木の下で、2頭のレストドンが土で遊んでいる。その土は近くで巣穴を掘ったときに出た土だ。1頭が穴を掘る練習をしている。レストドンの両親が巣穴の出口から姿を現した。左の個体は背中をかいている。その向こうでは、別の成獣が新しい巣穴を掘っているところだ。

BOB NICHOLLS 2020

4

戦う、かむ、食べる

水の中を一頭のホホジロザメがものすごい勢いで泳いでいる。まるで獲物を狙って追いかけているかのようだ。狩りの真っ最中にも思えるが、何かが足りない。アザラシの姿もなければ、魚の姿もない。獲物になりそうな生き物が見当たらないのだ。この頂点捕食者はいま、ハンターではなく、狩りの獲物になっている。ホホジロザメに迫ろうとしているのは、シャチの小さな群れだ。互いに協力しながら獲物を追い、ホホジロザメを追い詰めて命を奪った。シャチは肉をずたずたに切り裂くのではなく、カロリーに富んだ大きな肝臓だけが目当てだ。肝臓を取り出して食べると、その場を離れていった。

ホホジロザメとシャチが世界最大級の現生の頂点捕食者であることに間違いはない。しかし、両者が出合った場合、決まって勝つのはシャチであるようだ。ホホジロザメは食物連鎖の頂点に立つハンターだというイメージが私たちに深く根づいているから、圧倒的な強さを誇るこのサメに自然界の捕食者がいるという考えは、そのイメージに反してありえないように思える。だが、シャチがホホジロザメを狩って殺す行動がカメラで撮影された。研究の結果、シャチが近くにいる場合、ホホジロザメは捕食の習性を変え、お気に入りの狩り場を離れることがわかった。

野生動物のドキュメンタリー番組を見れば、そのテーマがちっぽけな昆虫であるにしろ最大級の哺乳類であるにしろ、たいていは息をのむ戦いや手に汗握る狩りといった、捕食者と獲物が繰り広げる典型的な場面がたっぷり出てくる。なぜだろうか？　交尾や巣づくり、子育てといった行動だけでは、獲物に牙をむき、かぎ爪で肉を切り裂き、相手に角を突き刺す行動ほど視聴者の目を釘づけにするドラマをつくれないからだ。捕食者の一団が獲物をばらし、血まみれの戦いを制した動物が勝ち誇ったように立っているのを見たり、動物が獲物を巧みに捕食する技術をどのように進化させてきたかを知ったりすることは、人々の興味を引きつけ、想像力をかき立てる。もちろん、動物界はこれよりはるかに複雑であるし、イギリスの詩人アルフレッド・テニソンが言うように自然界は「血まみれの歯とかぎ爪」ばかりでないことはわかっているのだが。

どの動物も死ぬし、多くは捕食者の餌食になる。これは厳然たる事実だ。あなたがこの一文を読んでいる短いあいだにも、世界中で無数の捕食者が獲物を仕留めている。しかし、攻撃や捕食をされる危険があるとき、襲われる側には選択肢がある。一歩も引かずに戦う覚悟を決めるか、死に物狂いに逃げようとするかだ。この「闘争・逃走反応」は負傷や死が迫っていると思われる状況で、その脅威を切り抜けて生き延びようとする動物の本能によって引き起こされる。攻撃者を驚かせたり怖がらせたりして追い払うか、さらには殺すかして乗り切った場合（シマウマの蹴りが攻撃してきたライオンの頭に幸運にも命中した場合など）、あるいは攻撃者より速く走って逃げ切った場合、その動物は生き延びて明日を迎えることができる。もちろん、こうした状況では運にも大きく左右されるのだが、ほんのわずかでも相手より有利であれば生存できる。逆境を克服できる強さや速さ、利口さを備えた者のほうが、交尾の相手を見つけ、次世代に自分の遺伝子を受け渡せる可能性が高い。

戦ったりかみついたりすることが、必ずしも食べることを意味するわけではない。捕食以外にも、動物が戦う理由はたくさんある。支配権、学習、交尾相手、なわばり、すみか、食料を目的に戦うこともあるのだ。こうしたリソースをめぐる争いは同種の個体どうしでよく見られ、どちらかが死ぬまで続くこともある。

アフリカにすむ世界最大級の陸生哺乳類、カバを例にとってみよう。カバがあくびしている姿を見たら、それは警告だから注意してほしい。昼寝が必要というしるしではなく、あなたが近づきすぎているという合図だ。水中では、ライバルの雄たちがなわばりや雌をめぐって激しい戦いを繰り広げているかもしれない。大きく開けた顎どうしを激突させ、力いっぱい押し合い、大きな犬歯と切歯で相手をかんで流血させる。戦いは何時間も続き、どちらかが命を落とすこともある。ちなみに、カバは一般的に純粋な草食動物であると考えられているが、実際にはそうではない。まれにではあるが、動物を食べている場面が観察されているし、共食いに走ることさえある。

かむという行為は戦いのときにだけ見られるわけではない。動物が歯やそれと同等の部位を使う理由はさまざまで、交尾のときにさえかむ動物はいる。イエネコの雄が交尾中に雌の首元をかんでいる場面を見たことはないだろうか。これは雄が雌をしっかりつかまえておくのと、自分のバランスを保つためだ。ライオンやトラといった大型ネコ科動物も同じ行動をする。なかには、交尾とかむ行為、食べる行為をほぼ同時にやってのける生き物もいる。たとえば、コガネグモは交尾(交接)を終えると、雌が雄を食べる。ただし、それは雄が「ペニス」を切り離して逃げなかった場合だけだ。まさに「危険な情事」である。

古生物学でいうと、大きな牙をむいた獣脚類が獲物の肉を切り裂いているという姿が、おそらく最も象徴的なイメージではないだろうか。実際、「闘争と捕食」という視点は、多くの人が過ぎ去った太古の動物に興味をもつきっかけとなる。「恐竜はどのように狩りをしたのか?」「かぎ爪は何に使われていたのか?」「誰が誰を食べていたのか?」 こうした問いは古生物学者にとってかなりの難問だ。

このような問いに答えようと、古生物学者はさまざまな科学的手法を用いて仮説を引き出す。そのときよく使われるのが、現生の類似生物との比較だ。誰が誰と戦い、何が何を食べるか、そうした相互関係が現代の動物界でどのように築かれているかを観察することにより、支配の階層、捕食・被食関係(捕食者と獲物の関係)、食物連鎖のほか、特定の動物が集団や生態系で担っているさまざまな役割を詳しく知ることができる。当然ながら、先史時代のこのような相互関係を理解することは現代の相互関係よりはるかに難しく、憶測程度のことしかできないようにも思える。

ティラノサウルスを例にとろう。その巨大な体、骨をも砕く顎の力、そして生息環境で最大の肉食動物だったという事実といった特徴から、捕食者であるティラノサウルスは食物連鎖の頂点にいたと考えられる。現代の頂点捕食者に匹敵する存在だ。同様に、現生の種における食物連鎖の仕組みを調べることで、先史時代のチョウがおそらく同時代のカエルに食べられ、そのカエルは太古の鳥に食べられただろうと推定できる。

最後の食事がそのまま保存された化石を発見することは、決して夢物語ではない。動物が最後に何かを食べた直後に死んだ場合、胃酸で消化されなければ、植物や骨、歯といった硬い部位が残るはずだ。したがって、食物の痕跡はそれを食べた動物と同じ化石化の過程をたどり、動物と同じように保存されることもある。

ありえないことのように思えるかもしれないが、戦うこと、かむこと、食べることにかかわる行動の相互関係は化石記録に数多く残っている。犯罪現場で犯人を見つけようとしている探偵のように、古生物学者は手に入る証拠という証拠をかき集め、筋の通った結論を導き出す。とはいえ、動物どうしが戦っている場面、一方がもう一方をかんでいる場面、どちらかを食べている場面の直接的な証拠が見つかれば、誰も反論できない明白な結論を導き出せる。この章で取り上げる先史時代の生き物の世界は、あなたが誰かに信じ込まされた残虐な空想世界ではない。世界屈指のすばらしい化石に刻まれた劇的な瞬間という、正真正銘の証拠にもとづいている。

マンモス対決

二頭のアフリカゾウの雄が広大なサバンナで対決しているのを見ていると、目が離せなくなる。体重が五トンを超える世界最大の陸上動物が激突している場面は、迫力という点で動物界でも指折りの戦いだ。自分が優位に立つためのこの戦いは、雄ゾウが毎年の発情期に入ると起こる。この時期、交尾に対する雄ゾウの欲求が暴走するのだ。これはシカの発情期にも似ている。テストステロンの濃度が一時的に急上昇し、通常より最大で六〇倍も大きくなると、雄ゾウはきわめて攻撃的になり、支配権やなわばり、雌と交尾する権利をめぐってほかの雄に戦いを挑む。

頭と頭をぶつけ合い、牙を絡ませ、力いっぱい押し合う。最後に勝つのは最も強いゾウだけだ。こうした戦いで命を落とすゾウもいる。現生のゾウのすべての種は支配権をめぐって似通った行動を示す。このことから、ゾウの先史時代の祖先も同じ行動か、似たような行動をとったと考えることもできそうだ。

一九六二年夏、アメリカ・ネブラスカ州の小さな都市クローフォード近郊の草がまばらに生えた荒野で、二人の作業員がダムの建設候補地を歩いて調査していた。このいつもの踏査がマンモスの大発見につながるなど、二人は知る由もなかった。一帯を見渡していたとき、二人は小さな峡谷の脇の斜面から大きな大腿骨が突き出ているのをたまたま見つけ、専門家に見てもらうことにした。

すると、二人が見つけたのはコロンビアマンモス（*Mammuthus columbi*）の脚の一部であることが判明した。コロンビアマンモスはマンモスのなかでも最大級の種で、肩高が最大で四メートルにもなる。これは明らかに胸躍る発見だ。一刻も早く調査に取りかからなければならない。その作業を任されたのは、ネブラスカ大学リンカーン校で古生物学を専攻し、まもなく卒業しようとしていた学部生のマイク・ヴーリーズだった。調査の結果、そこには完全な骨格が埋まっていることが明らかになった。ヴーリーズはキャンパス中を回って、マンモスを発掘してみないかと参加者を募り、大学生や高校の最上級生など、若者たちからなる発掘隊を結成した。

発掘隊は毎朝三時に作業を始め、日差しが強くなりすぎて耐えられなくなるまで作業に打ち込み、たった一カ月あまりで発掘を終えた。骨を次々に発掘していくと、最初の数日で骨格が完全にそろっていることがわかった。何より重要な頭骨のまわりの堆積物を取り除き始めた当初、現れてきたものを見て、発掘隊はがっかりした。牙の一つが変な方向を向いていたのだ。マンモスは頭から転んで牙を折ってしまったのだろうかと、チームは考えた。だとすれば期待外れだ。完璧に保存された骨格だろうと期待していたからである。だが、発掘作業を進めていくにつれて、真実がわかってきた。変な方向を向いた牙はその頭骨のものではなく、別のマンモスのものだったのだ。

複数のマンモスの死骸が関係を保った状態で見つかることはそれほど珍しくない。実際、世界のいくつかのマンモス発掘現場で複数の個体が発見されている。たいていは大規模なボーンベッドだ。しかし、ネブラスカ州のこの現場で見つかったマンモスはほかとは違う。二頭の牙が絡まった状態で骨格が保存されていたのだ。これは二頭の雄が戦って命を落とした場面なのだろうか？

骨格の大きさがだいたい同じであること、そして牙と歯の調査結果から（現生のゾウと同じく歯は個体の年齢の推定に使われる)、二頭は四〇歳前後の成獣であることが確認された。ゾウの若い雄はけんかごっこをよくするが、二〇代半ばから後半になると発情して凶暴になることが多い。見つかった二頭のマンモスは発情した状態で戦っていたという可能性はあるだろうか？　シベリアで発見された凍結マンモスから得られた証拠から、マンモスは特殊な側頭腺をもっていることがわかった。側頭腺は現生のゾウの頭部の両側にもあり、雄の発情が最高潮に達したときに化学物質を分泌する。したがって、二頭のマンモスも発情して戦っているときに牙が絡まった可能性が非常に高い。ひょっとしたら雌に気に入られるために戦っていたのかもしれない。

まっすぐな牙をもつ現生のゾウは戦っているとき、槍のように牙を使って相手を刺し、深い傷を負わせることができるが、曲がった牙をもつゾウは牙を使って押し合いや取っ組み合いをし、頭をぶつけて相手にダメージを与えることが多い。マンモスの牙は長くて曲がっているから、刺す攻撃には適していない。牙は主に取っ組み合いに使われ、戦いでねじったり押したりするときに欠かせない役割を果たす。二頭のマンモスは互いに牙を絡ませて、じかに接触した状態で保存されている。一頭は右の牙が完全に残っているが、左の牙は折れている。もう一頭は左の牙が完全に残っているが、右の牙は折れている。折れた牙の根元は縁がとがっておらず丸みを帯びている。これはつまり、牙は戦いのはるか前に折れていたということだ。このように珍しく両者の牙が損傷していたため、二頭は牙を直接ぶつけずに近づくことができた。牙が絡まってしまったのはこのためだ。恐ろしいことに、一本の牙の先端が相手の眼窩に刺さっている！

牙が絡まった二頭は押したり引いたりの戦いから、体力が激しく消耗した。最後のひとひねりで解き放たれると、一頭が滑り落ちた勢いでもう一頭も地面に倒れ、やがて二頭ともそこで命が尽きた。かなり変な体勢で倒れたために、牙は重なり合い、それぞれが相手の巨体に阻まれて動けなくなった（どちらのマンモスも体重が一〇トン以上あったと推定される）。どちらか一方が戦いの最中に落命していたが、その後、結果的に相手の下敷きになった可能性もあると考えることもできる。

現生のゾウどうしが牙を絡ませることはまれで、牙は戦いの最中にときどき折れることが知られている。しかし、ヘラジカなどのシカは発情期の戦いで、同じように身動きがとれなくなることがある。ごくまれではあるが、敗者が戦いの最中に命を落としてその体が離れなくなってしまった場合、勝者は敗者の死骸を振り払おうとして頭を引きちぎり、切断された頭部を気づかぬままに戦利品のように掲げていることがある。もしマンモスの一頭が戦いの最中に死んだ場合、勝者は疲れ果てているし、敗者の体は重すぎるため、離れる

図4.1. 戦っていたコロンビアマンモスが、身動きがとれない状態で死んだときのまま残る。どちらのマンモスの牙も一本が完全に残り、もう一本が折れて短くなっている。右のマンモスの左の牙が短くなっているのがはっきりわかる。左のマンモスの完全に残った左の牙の先端が、もう一方のマンモスの右目に刺さっていることに注目。

（写真提供：The University of Nebraska State Museum）

図4.2. 命懸けの戦い（⬅次ページ）

発情が最高潮に達した2頭のコロンビアマンモスが、戦いの最中に牙を絡ませる。こうなると離れられない。手前では、1頭のコヨーテが激しい戦いを間近で見ている。

BOB NICHOLLS 2020

ことができなかっただろう。このように身動きがとれなくなってしまうと、捕食者が寄ってくるだろうが、マンモスの骨には腐肉をあさられた痕跡がまったく残っていない。

二頭のマンモスの全体が姿を現し、トレイルサイド博物館（現在展示されている場所）への輸送のために保護用の石膏で念入りに包まれ、地山から切り離された後、もう一つ珍しい発見があった。頭骨がつぶれたコヨーテの化石が、一頭のマンモスの前脚の下敷きになっていたのだ。コヨーテはそこで何をしていたのだろうか？　二頭のマンモスの雄が戦うきわめて危険な現場に巻き込まれ、倒れてきたマンモスの下敷きになって身動きがとれなくなったのか？　それとも、ひょっとしたら死んでいたマンモスの腐肉をあさりに来たところに、生きていたマンモスが突然倒れてきて下敷きになったのだろうか？　いずれにしろ、おそらくコヨーテはこの巨獣どうしの戦いを目撃し、戦いに巻き込まれてしまったのだろう。

もしかしたらこの発見で何より驚くべきなのは、めったにない出来事を伝えていることかもしれない。二頭は明らかに決闘に挑み、奇妙なめぐり合わせで身動きがとれなくなって、かなり短い期間に（ひょっとしたら数年かけて）埋もれ、骨格がそのまま残って、たまたま発見されることとなった。この化石はいまでも世界屈指の劇的な出来事を記録し、最後の戦いで身動きがとれなくなって落命した先史時代の最大級の動物を、およそ一万二〇〇〇年前に対決したままの状態で現代に伝えている。

戦う恐竜

あらゆる古生物学者が最もよく聞かれる質問の一つに、恐竜Xと恐竜Yが戦ったらどちらが勝つか、というものがある。コンピューターゲームで好きなキャラクターを選ぶときのように、恐竜をランクづけしなければならないのだ。最高の武器、最大の歯、最大のかぎ爪、最長の尾をもっていた恐竜はどれか？　これは難しい質問だ。特に、その二つの恐竜が生きていた時期は何百万年も離れているから、両者が実際に出合うことはなかったと、古生物学者らしく指摘したい衝動にかられたときにはなおさらである。だから、この質問に対する答えの多くは仮定かつ憶測となる。とはいえ、この質問に興味をもつ人はたくさんいる。恐竜の多くは現代のどんな生き物より巨大だったり凶暴だったりするからだ。

歯がバナナぐらい大きいティラノサウルス・レックス、そして長さ一メートルの角をもつトリケラトプス（*Triceratops*）を考えてみよう。この二頭が対決したら動物界で圧巻の一戦となるに違いないことは、容易に想像がつく。巨獣どうしのこの戦いは空想の産物ではない。どちらの恐竜も生きていたおよそ六六〇〇万年前に、実際に起きていたことだ。残念ながら、トリケラトプスの化石に残ったかみ跡がティラノサウルス・レックスの歯と一致したという事例はあるのだが、ティラノサウルス・レックスとトリケラトプスが戦っている場面を記録した化石はまだ見つかっていない（ただし、正式な研究は行なわれていないが、モンタナ州で発見された化石にそうした場面が記録されている可能性はある）。

もちろん、現代の動物たちが日々戦いを繰り広げているように、恐竜どうしの対決もよくあっただろう。しかし、ある種の恐竜が別の種を捕食していたと確実に知ろうとしても、その主な根拠となるのは乏しい証拠か単なる憶測となる。とはいえ、時にはまったく信じられないような化石が見つかることもある。一九七一年にモンゴル南部に位置するゴビ砂漠の奥地での調査で発見された化石がまさにそれだ。ポーランドとモンゴルの古生物学者からなる合同調査隊が採取したいくつかの化石のなかに、これまでの恐竜の発見のなかでも屈指の知名度を誇る大発見があった。戦っている二頭の恐竜だ。

動物が化石になることがどれだけ珍しいかを考えると、命懸けで戦っている二頭の恐竜のほぼ完全な骨格を発見することは、古生物学の歴史のなかでもあらゆる条件が絶妙にそろわなければ実現しないほどありえない発見の一つだ。これはまた、活動中の行動をとらえた化石のなかでも最も有名かもしれない。死闘に挑んだ恐竜の一頭はプロトケラトプス・アンドリューシ（*Protoceratops andrewsi*）というイノシシほどの大きさの植物食恐竜だ。トリケラトプスと同じ角竜の仲間だが、プロトケラトプスは体が小さいうえ、えり飾りも比較的小さく、トリケラトプスの象徴である大きな角が頭部にない。戦っていたもう一頭は肉食恐竜のヴェロキラプトル・モンゴリエンシス（*Velociraptor mongoliensis*）だ。ヴェロキラプトルは説明がいらないぐらいその名を知られているが、ある程度の説明はしておきたい。『ジュラシック・パーク』で描かれている姿とは異なり、ヴェロキラプトルの体高はシチメンチョウほどしかなく、おそらく体重はプロトケラトプスの三分の一か四分の一ほどだっただろう。

この二頭は戦っている姿勢で向き合ったまま時が止まり、七五〇〇万年前から変わらない姿で保存されている。これは、二頭が最後まで戦った場面をとらえた決定的な証拠だ。

プロトケラトプスは体と頭を右に向けた状態で、しゃがむような姿勢をとっている。一方、ヴェロキラプトルは体の右側を下にして横たわり、頭を前に向けている。湾曲したかぎ爪が三本ついたヴェロキラプトルの左手はプロトケラトプスの顔の近くに位置している。ひょっとしたら顔をひっかいていたのかもしれない。しかし、右の前腕（肘から下）はプロトケラトプスの強靭なくちばしにとらえられている。失われた骨と肉、筋肉を付け足して推測すれば、ヴェロキラプトルの右脚の一部はプロトケラトプスの体の下敷きになってつぶれていたとも十分に考えられる。とはいえ目を見張るのは、ヴェロキラプトルが接近戦でどのようにかぎ爪を使っていたかがわかることだ。左足は宙に浮き、鎌のようなその恐ろしいかぎ爪は喉元深くに位置している。喉を切り裂いて、プロトケラトプスに致命傷を与えたのかもしれ

図4.3. 見事に保存された有名な「戦う恐竜」の化石。ヴェロキラプトルとプロトケラトプスが命懸けで戦っている場面だ。ヴェロキラプトルの左脚が高く上がり、悪名高い「死のかぎ爪」がプロトケラトプスの喉元に位置している。

（写真は以下の文献から許可を得て複製：Barsbold, R. 2016. “The Fighting Dinosaurs: The Position of Their Bodies Before and After Death.” *Palaeontological Journal* 50: 1412-17, 提供：Pleiades Publishing, Ltd.）

ない。ヴェロキラプトルが優勢だったように見えるが、右腕をとらえられ、右脚はひょっとしたら下敷きになっていたから、その状態ではとても逃げられなかっただろう。

どちらの恐竜も疲れ果て、重傷を負っていた。二頭は現代のゴビ砂漠と似た環境の砂漠にすんでいたから、もしかすると激しい雷雨で近くにそびえていた砂丘が崩れ、二頭とも戦いの最中に押し流されて埋もれたのだろうというのが、専門家の一致した見方だ。それはおそらく一瞬の出来事だっただろう。この説が最もありえるように思えるものの、二頭は激しい砂嵐で埋もれたという説や、戦いが原因で命を落とした後に移動する砂にゆっくり埋もれていったとの説もある。いずれにしろ、一つ合点がいかないのは、プロトケラトプスの両腕と左脚、尾の先端が失われている一方で、ヴェロキラプトルの骨格が完全にそろっていることだ。解釈の一つにこういうものがある。ヴェロキラプトルがプロトケラトプスを攻撃して殺したのだが、その途中で身動きがとれなくなり、やがて命が尽きて埋もれてしまった。その後、捕食性の恐竜、ひょっとしたらほかのヴェロキラプトルがプロトケラトプスの一部が露出しているのを見つけ、可能な範囲で腐肉をあさった、という解釈だ。このような捕食関係を示すさらなる証拠(腐肉あさりまたは集団での狩り)が、プロトケラトプスの別の標本で見つかっている。その骨にはさまざまな歯形が残っており、それと関連して見つかった歯がヴェロキラプトルのものと一致した。

この二頭が保存された理由が何であるにしろ、モンゴルの国宝の一つとも見なされるこの見事な発見は、恐竜が戦いで命を落とした場面をとらえた初めての化石だ。こうした捕食・被食関係の記録は驚きとしか言いようがない。七五〇〇万年前に戦っていた二頭の恐竜の最後の瞬間をいまに伝え、ヴェロキラプトルとプロトケラトプスが死闘を繰り広げた紛れもない証拠となった。

図4.4. 永遠の膠着状態

ヴェロキラプトルとプロトケラトプスが命を懸けて激戦を繰り広げる。勝者はいない。

BOB NICHOLLS 2020

ジュラ紀のドラマ――失敗した狩り

およそ一億五〇〇〇万年前、温暖な熱帯の海のはるか上空を、歯をもった小型の翼竜が獲物を探して飛んでいた。ランフォリンクス・ムエンステリ（*Rhamphorhynchus muensteri*）と呼ばれるこの翼竜は、たくさんあった浅いラグーン（潟）の一つを泳ぐ魚の群れに目をつけ、狩りに取りかかった。水中に飛び込み、魚を捕まえると、頭から先にのみ込んだ。まさにこの大事な瞬間、魚が喉元を通り過ぎようとしていたとき、海の深みからすばやい肉食の魚が現れて、翼竜を襲った。両者はもつれ合ったまま、ラグーンの有毒な底のほうへ沈んでいき、そこで永遠にいっしょに埋もれてしまった。

この解釈は仮説ではあるものの、ある見事な化石に対する妥当な説の一つだ。その化石とは、喉に小さな魚を残し、胃には半分消化された魚が詰まったまま保存された翼竜の完全骨格と、その翼竜を槍みたいな上顎でとらえた魚の化石である。その魚は全長八〇センチのアスピドリンクス・アクティロストリス（*Aspidorhynchus acutirostris*）で、くちばしのように長く伸びた口と鋭い歯、細長い体をもち、現代のガーという淡水魚に少し似ていて、見たことがないほど獰猛な見かけをしている。化石は二〇〇九年に発見され、ドイツ・バイエルン地方の町アイヒシュテット付近に分布するジュラ紀のゾルンホーフェン石灰岩から採取された。私は光栄にもこの標本を実際に調査することができたうえ、標本が発掘された数週間後に発掘現場の採石場を訪れて、化石を掘り出した跡に残った穴も見ることもできた。これは間違いなく、私が調査したなかで最も精緻な美しさをもった化石の一つだ。

翼竜と魚がもつれ合ったとき、アスピドリンクスの歯とがった口が翼竜の革のような左翼に引っかかり、翼を突き破った。翼は皮膚の膜でできていて、翼の先端から足首まで伸びている。翼を振りほどこうと、魚は激しく頭を動かし、翼竜を左右に揺さぶったのだろう。翼竜の左翼の指が明らかにゆがんでいることからそれがわかる（ランフォリンクスの骨格のほかの部分は無傷で、関節は元どおりつながっている）。それでも絡まったままで振りほどこうとしながら、魚はラグーンの深みへ潜っていき、うっかり有毒な水域に入ってしまい、窒息してしまったのかもしれない。たぶん翼竜はこの時点で溺れ死んでいただろう。もちろん、これは推測でしかないが、いずれにしろ両者は短時間のうちに真っ暗な深い水域へと沈んでいったからこのように保存されたのだ。そうでなければ、もっと大きな捕食者に食べられていたかもしれない。

この奇妙な組み合わせを見て、アスピドリンクスはランフォリンクスと同じ獲物を追いかけている最中にたまたま翼竜をとらえたのか、それとも最初から翼竜を狙っていたのか、という疑問が頭に浮かぶ。後者だった場合、アスピドリンクスは水中で捕まえたのか、それとも魚を狙って下りてきた翼竜をジャンプして捕まえたのか？　翼竜の食道に小さな魚が残っていることから、両者の絡み合いは翼竜が狩りを成功させた最中か直後に起きたと考えられる。自然界では、現生の動物を観察しているとき、幸運な写真家や映画製作者がときどき、この標本のように複数の捕食者がかかわる瞬間をとらえることがある。獲物を激しく追いかける捕食者を撮影しているとき、獲物をとらえた捕食者がさらに大きな捕食者に食べられるという場面だ。狩りの最中などに動物どうしがたまたまもつれ合ったときにも、カメラが奇妙な状況をとらえることがある。たとえば、カジキのとがった吻《ふん》がほかの動物の体に食い込んでしまった

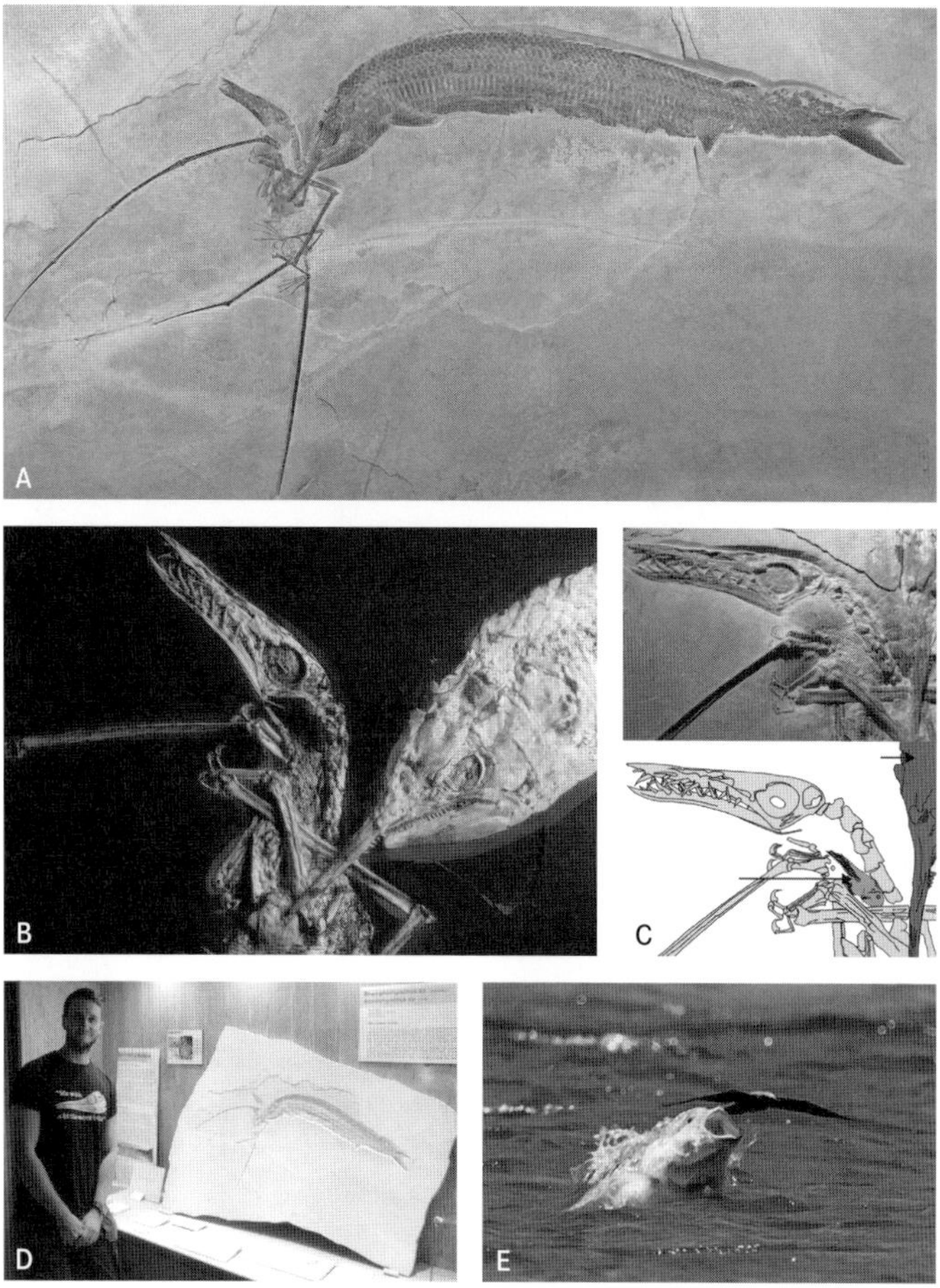

図4.5. (A)翼竜のランフォリンクス・ムエンステリが、捕食性の魚であるアスピドリンクス・アクティロストリスにとらえられた場面。(B)紫外線ライトを当てると、アスピドリンクスの上顎が、翼竜の翼のあった場所をとらえていることがわかる。(C)ランフォリンクスの頭骨の接写。スケッチは、食道に残った魚の微小な骨の断片を示している。上の矢印はアスピドリンクスの頭部、下の矢印は翼竜の食道に残った魚の断片を示す。(D)著者と「ジュラ紀のドラマ」。(E)現代のロウニンアジが鳥を待ち伏せして襲った場面。デヴィッド・アッテンボローの『ブルー・プラネットII』より。

(写真提供:[A, C] Helmut Tischlinger, イラスト:Dino Frey; [B] Mike Eklund and the Wyoming Dinosaur Center; [D] Levi Shinkle; [E] BBC Studios)

り、鳥がくちばしを魚にまっすぐ突き刺してしまったりするなどの状況だ。

これまでのところ、ランフォリンクスの死骸がアスピドリンクスの体内から発見されたことはないが、だからと言ってこの標本がたまたま起きた一回だけの出来事だというわけではない。アスピドリンクスは翼竜の大きさを見誤ったように思われる。この魚の口は翼竜を丸のみするには小さすぎるからだ。あるいは、単なる偶然だったということも考えられる。興味深いことに、ランフォリンクスの脊椎骨と指の骨が嘔吐物（吐き戻したもの）の化石に含まれているのが見つかった。この翼竜を食べた生物までは特定できないが、捕食性の魚が有力な「容疑者」だ。ひょっとしたらアスピドリンクスだろうか？

こうした状況がたった一度の単なる奇妙な出来事ではないことを裏づけるように、ほぼ同じような化石がほかにも四点知られている。どの化石でもアスピドリンクスの顎がランフォリンクスに絡まっている状態だから、この状況は偶然ではない。捕食性の魚であるアスピドリンクスは翼竜を狩っていたように見える。ひょっとしたら、翼竜が獲物を追って水中に潜った瞬間を見計らって襲ったのかもしれない。この襲撃の失敗はアスピドリンクスにとって致命的な判断ミスとなった。現代の魚のなかには鳥を捕食するものがいるし、水中から跳び上がって海鳥をつかまえる魚もいる。たとえば、ロウニンアジが海鳥を襲う場面は、デヴィッド・アッテンボローのドキュメンタリー番組『ブルー・プラネットII』で鮮烈にとらえられている。

ランフォリンクスとアスピドリンクスがいっしょに発見された見事な事例が五つあるという事実は、これがありふれた出来事だったことを強く示唆している。ジュラ紀に存在したこの捕食・被食の関係は非常に異なる二種の組み合わせであり、風変わりで予想外かもしれない。しかし、二〇〇九年に発見された比類のない希少な化石は、驚くべき食物連鎖の瞬間をとらえている。

図4.6. 最後の狩り（⬅次ページ）

水中に潜ったランフォリンクスが小さな魚をくわえた瞬間、腹をすかせたアスピドリンクスに襲われる。

BOB NICHOLLS 2020

太古の海にいた恐ろしい蠕虫

先史時代の捕食者と聞いてまず思い浮かぶのは、恐竜、サーベルタイガー、メガロドンといった動物だ。巨大な体をしているもの、恐ろしい歯などの武器を備えているもの、あるいは頂点捕食者の地位にあるものなど、多種多様な猛獣の化石が見つかっているから、それより小さな捕食者は簡単に忘れられ、そのストーリーは時の彼方に埋もれてしまう。

こうした象徴的な捕食者が注目されるとはいえ、これらの動物が出現するはるか前に生きた動物のなかにも、その世界で頂点捕食者の地位にあり、恐竜など中生代の動物が出現する頃にはすでに化石になっていたものがある。その最初期の事例がカンブリア紀の地層で発見されている。五億年以上前、さまざまな生命が爆発的に出現し、動物どうしが捕食し合うようになって、捕食者と獲物の複雑な関係が初めて形成された頃の話だ。

こうした関係について並外れて深い知見をもたらしてくれる標本の一つが、現生の鰓曳《えらひき》動物に似た蠕《ぜん》虫状《ちゅう》の捕食性生物であるオットイア（*Ottoia*）だ。その見事な化石は、カナダのブリティッシュ・コロンビア州に分布する有名なバージェス頁岩（第2章参照）から多数見つかっている。鰓曳動物は海底に巣穴を掘る肉食の蠕虫状生物で、男性器に似た形をしていることから「ペニスワーム」とも呼ばれ、現代では二〇種前後が知られている。オットイアははるか昔の生物であるにもかかわらず、軟らかい体の化石が非常に良好に保存され、体の形も、棘の生えた吻が出し入れ可能という特徴も、現代の鰓曳動物にだいたい似ている。

五億五〇〇万年前の棘が生えたペニスワームと聞いても怖くはないかもしれないが（ひょっとしたらその名前のイメージが原因かもしれない）、当時の生態系ではこの生物より小さな動物は多かった。オットイアは全長が最大一五センチ前後で、食物網において重量な役割を果たしていた。

オットイアは当時最強の捕食者というわけではなかったものの、活発に動き回って獲物を捕まえ、海底の泥に掘った巣穴にすんでいて、そこにすむ捕食者のなかでは屈指の大きさを誇っていた。おそらく待ち伏せ型の捕食者であり、化学物質を手がかりに攻撃を仕掛けたのだろう。その巣穴に近づきすぎた動物は一匹残らずオットイアに襲われた。オットイアの吻は鉤や棘が何列も並んだ恐ろしい見かけで、その先端にある口には鋭い咽頭歯を備えている。これで獲物をがっちり捕まえた。

オットイアはカンブリア紀の生態系で捕食・被食関係を直接示す証拠となった最初の生物だ。それは消化管の内容物が保存された標本から判断できる。オットイア研究の先駆けとなる論文が一九七七年に発表されて以来、その食性に関する証拠が次々に見つかり、二〇一二年にはそれまでの発見をまとめた大規模な研究結果が発表された。その研究では、二六三二点ものオットイアの標本に対して、消化管に内容物があるかどうかの分析が行なわれた。バージェス頁岩の標本が並外れているのは、内臓など、通常は保存されない動物の体の軟組織を観察できる点だ。そのため、オットイアの消化管が咽頭から肛門までたどれることが多い。

分析対象の標本のうち二〇〇〇点で消化管が確認され、何と五六一匹で最後の食事が保存されていた。これは分析した標本の二一％に当たる。研究の結果、オットイアは多種多様な同時代の生物を食べ、たいていは獲物を丸ごとのみ込んでいたことが明らかになった。殻をもった無脊椎動物（ヒオリテス、腕足動物）、さまざまな小型節足動物（三葉虫、アグノストゥス、ブラドリア類）、棘をもつ動物ウィワクシア、多毛類の生物などだ。なかには、一つの消化管の中に同種の個体が複数見つかった例や、異なる種の組み合わせが見つかった例もある。さらに、オットイアのある個体が別の個体の消化管の内容物とともに見つかり、共食いをしていたとも考えられる事例もあった。しかし、それが消化管の内部に保存されているのか、消化管の上に乗っているのかは断言できない。格別に優れた三点の標本では、オットイアがシドネイア（*Sidneyia*）という似たような大きさの節足動物の死骸といっしょに保存されている。標本の一つには、幼体と成体が混じった少なくとも五匹が含まれている。どうやらこ

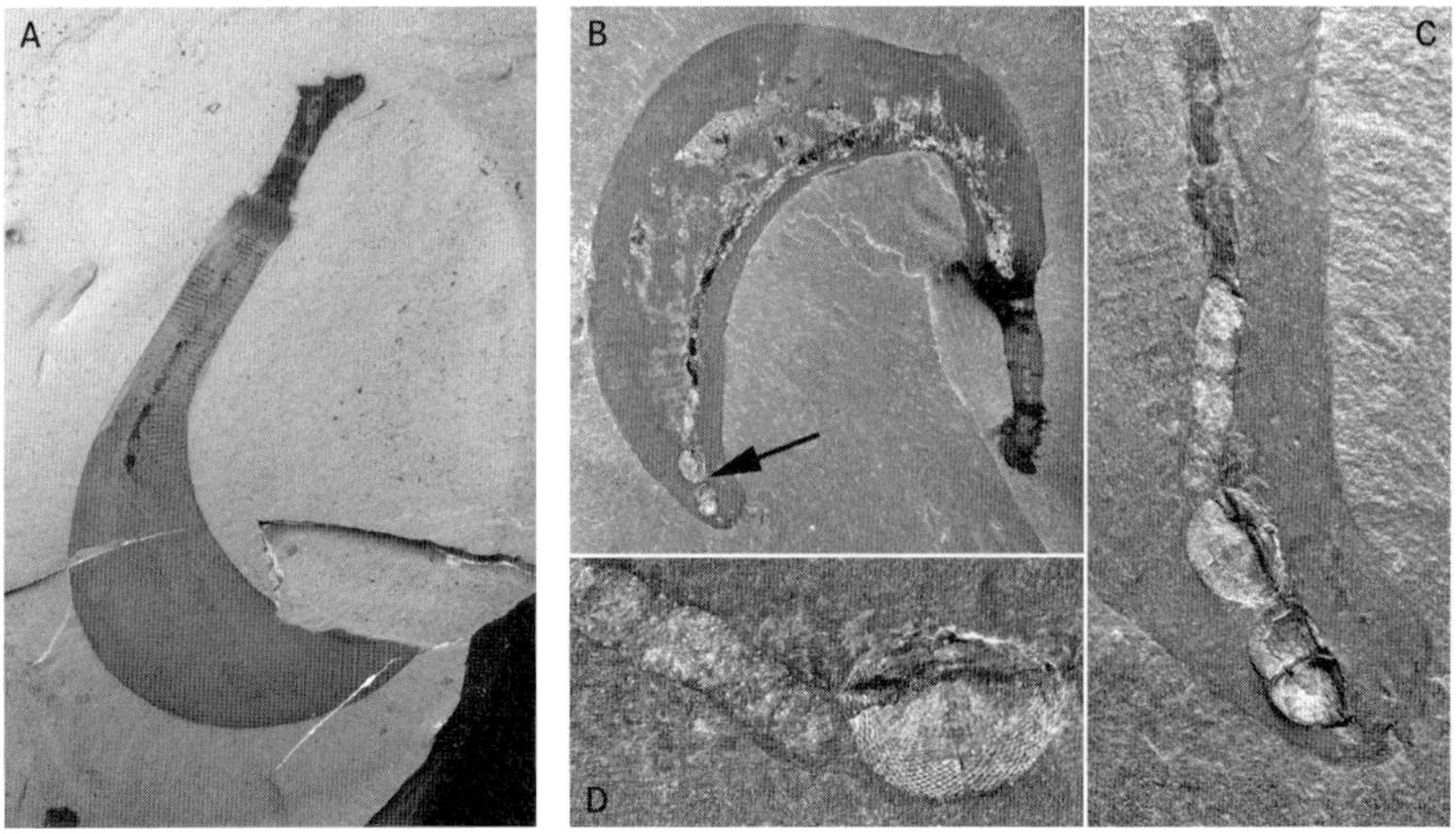

図4.7. (A)オットイアの完全な標本。吻が伸びた状態だ。(B)消化管の輪郭を完璧に残したオットイアの例。矢印は最後の食事を示す。(C-D)同じ標本の消化管に含まれている2匹の腕足動物。

(写真提供：[A] Wikimedia Commons, Martin R. Smith; [B-D] Jean Vannier)

れらは採餌の最中だったとみられ、オットイアが活発な清掃動物でもあったことを示している。

　こうした発見から、オットイアが数の多い捕食者だったことが示唆される。オットイアの好物はヒオリテスだったようで、消化管の内容物のなかでは最も多いものの、内容物として見つかった種の数（最大九種）から考えると、オットイアは広食性の動物であり、生きているかどうかにかかわらず、見つけた生物なら何でも食べていたのだろう。現生の鰓曳動物（エラヒキムシなど）が多様な動物を食べ、似たような食性であると考えられることが、この説の根拠だ。

　現代の生態系でも捕食者が及ぼす影響は非常に大きい。一つの種が別の種を捕食するという行動の相互関係がはるか昔に起源をもち、オットイアほど古い化石から確実に再現できると考えると、もう感嘆するしかない。

図4.8. 獲物を襲う太古の蠕虫

さまざまな小動物が待ち伏せされ、「巨大」な生き物から逃げようとしている。恐ろしい見かけのオットイアは、殻をもつヒオリテスを捕まえた。

BOB NICHOLLS 2020

貪欲な魚

一九五二年春、著名な化石ハンターであるジョージ・F・スターンバーグがアメリカ・カンザス州ゴーヴ郡で、ニューヨーク市のアメリカ自然史博物館から来た二人の古生物学者ボブ・シェーファーとウォルター・ソレンソンのために魚の化石を探す案内をしていた。化石を探していると、ソレンソンは平べったい大きな骨を発見した。何か大型の魚の尾の一部であるようだ。スターンバーグはすぐに、それが捕食性の大型魚であるシファクティヌス・アウダクス（*Xiphactinus audax*）のものだと確認して同定した。このごつごつした見かけの魚は現代のターポン（イセゴイ科の一種）に似て、ブルドッグのような口は上を向いているが、顎からは牙のように突き出た歯がずらりと並んでいる。泳ぎはすばやくて力強く、当時の頂点捕食者の一つだった。

アメリカ自然史博物館のチームがそこを離れて別の場所に移動する前に、三人は尾を覆っていたチョーク（石灰岩の一種）を削りとり、もう少し発掘を進めた。その化石が完全な骨格かどうかはわからず、ニューヨークへの輸送に必要な資金が足りなかったうえ、アメリカ自然史博物館はすでにカンザス州から産出した魚の化石を一つ手に入れていたため、二人は親切にもこの化石を譲り、地元に住んでいたスターンバーグに化石の発掘と保管を委ねることにした。

数週間後の六月一日、スターンバーグは現場に戻り、化石の発掘を始めた。標本が破損したり失われたりしないかと心配だった彼は、カンザスの暑い太陽の下、標本の隣でキャンプしながら、六月のうちに発掘作業を終えた。その苦労と忍耐は報われた。この化石はシファクティヌスのなかで最も状態のよい標本であることがわかったのだ。全長およそ四・三メートルの大型魚である。比較のために、現在までで最大の標本は約五・六メートルで、二〇〇八年に採取された。スターンバーグはアメリカ自然史博物館のシェーファーに連絡をとり、魚の標本の状態が抜群によいことを伝え、標本を彼に譲ろうとさえ申し出た。しかし、シェーファーはその親切な申し出を断った。大変な作業を全部やったのはスターンバーグだからだ。

発見当時、スターンバーグの発掘した標本は世界で最も完全な最高のシファクティヌスだった。しかし、それ以外にも古生物学者や一般の人々がちょっとした大騒ぎをする特徴があった。現場で魚の標本を完全に露出させた後、スターンバーグは骨の一部を覆っていたチョークを取り除き始めたところ、衝撃的な発見をしたのだ。

肋骨のあいだに保存されていたのは、別の魚の完全骨格で、頭はシファクティヌスとは反対の方向に向いている。これはまだ生まれていない子だろうか？　それはありえない。この二匹目の魚はかなり大きくて、全長一・八メートルを超え、まったく異なる種であるギリクス・アルクアトゥス（*Gillicus arcuatus*）だからだ。スターンバーグは極上の獲物をとらえた。シファクティヌスとその最後の食事。捕食者と獲物の関係を示した直接的な証拠である。この「魚の中の魚」はスターンバーグの「ありえない化石」と呼ばれ、知名度や写真の数という点で世界屈指の化石となった。この標本は現在、スターンバーグ自然史博物館の一番よい場所に展示されている。

シファクティヌスが獲物のギリクスを頭から丸のみしたことは明らかだが、あまりにも大きくて、す

図4.9. スターンバーグが発掘したシファクティヌス・アウダクスの「ありえない化石」。体内にギリクス・アルクアトゥスという魚が残り、「魚の中の魚」の化石として有名だ。

（写真提供：Mike Everhart）

図4.10. ジョージ・F・スターンバーグ（左）が、発見された完璧な化石を慎重にクリーニングする。1952年当時の写真。

（写真提供：The George Sternberg Photographs Collection, University Archives, Fort Hays State University）

んなりとのみ込めなかった。どうやら尾が咽頭部（あるいはその付近）に引っかかっているようで、消化活動が始まった形跡（骨が酸で腐食した跡）はない。そのため、おそらくシファクティヌスは獲物で喉を詰まらせただけでなく、獲物で喉が傷ついたのだろう。ギリクスは抜け出そうとのたうち回り、その鋭いひれの棘が食道か胃に穴を開け（あるいは生命維持に不可欠な器官を破裂させ）、シファクティヌスもろとも西部内陸海路の海底という墓場へ沈んでいったのかもしれない。こうした出来事がわずか数分のうちに起きたとも考えられる。

とらえた獲物を丸ごとのみ込む動物は多い。この手法をきわめた動物としておそらく最もよく知られているのはヘビだろう。これは咀嚼しないからだが、ヘビでさえ欲張って無理をすることがある。ヘビは大きすぎる獲物をのみ込むと、ときどき獲物が途中で詰まったり、内臓を損傷させたりして、これが原因で命を落とすこともある。シファクティヌスと同じように、捕食性の魚は獲物を丸のみすることが多く、大きい獲物は体内で詰まりやすい。たとえば、二〇一九年に発見された死んだホホジロザメの口には、同じく死んだウミガメが引っかかっていた。なかには、丸ごとのみ込まれた獲物が逃げようと反撃し、捕食者をいらつかせて自分を吐き出させたり、食べられた獲物が食べる側に（というよりも掘削機のように）なり、捕食者の体を掘って抜け出したりすることもある。風変わりな例を挙げると、ヒキガエルに食べられたメクラヘビが生き延び、何とヒキガエルの消化管を通って総排泄腔から出たという事例があった！

「魚の中の魚」の化石は一例だけの発見ではない。シファクティヌスの複数の化石で、最後の食事としてギリクスが見つかっており、ギリクスが丸ごと残っている標本もう一つある。シファクティヌスの三例目の完全骨格では、肋骨のあいだにトリプトドゥス（*Thryptodus*）という別種の魚の骨格が残っている。ほかにも、シファクティヌスの多くの標本で、部分的に消化されたギリクスの骨（たいてい椎骨）の断片が胃の中から見つかっている。ギリクスを特別好んでいたのは明らかだ。

捕食者と獲物の関係を示すこうした見事な化石は、典型的な捕食行動の証拠をもたらしてくれる。不運にも、鋭い歯をもったこれらの個体は八五〇〇万年ほど前にディナーの選択を誤り、のみ込めないほど大きな獲物を捕まえてしまった。

図4.11. 不運な楽天家

のみ込めないほど大きなギリクスを捕まえたシファクティヌス。丸のみされた獲物は喉に引っかかることになる。

骨をかみ砕くイヌ

最後の食事が残っていない場合、先史時代の捕食者が何をどのように食べていたかを突き止めるのは難しい。古生物学者が自説の正しさを決して検証できないのはもどかしいものだ。だが状況によっては、いくつかの証拠にもとづいて、特定の先史時代の生物がどのような食べ物をどうやって食べていたかを、より確実に推定することができる。

その好例の一つが、ボロファグス亜科に分類されるイヌ科の絶滅動物だ。「骨をかみ砕くイヌ」という別名のほうがよく知られている。ボロファグスの化石は北アメリカでよく見つかり、三〇〇〇万年以上前に繁栄したが、氷河時代が始まる直前の二〇〇万年前に死に絶えた。

骨をかみ砕くイヌという別名をもつものの、すべてのボロファグス亜科の動物が骨をかみ砕けたわけではなかった。初期の種の多くはキツネほどの大きさの小型雑食動物だったが、その後、大型の種が出現して頂点捕食者となった。大型種であるエピキオン・ハイデニ（*Epicyon haydeni*）はヒグマほどの大きさがあり、体重はライオンほど重く、これまで知られている限り史上最大のイヌ科動物だ。頑丈な頭骨と顎、ドーム形の額、非常に強い歯を備え、筋肉が付着する領域が広いことから推定すると、かむ力は強力だっただろう。詳細なコンピューターモデルから、大型化した臼歯は強い荷重に対処できたことがわかっている。これは、歯が骨をかみ砕いたことによって過度に摩耗している化石が複数ある事実と合っている。同様の特徴や発見は、現生の動物ではアフリカとアジアに生息するハイエナだけに見られる（ハイエナは獲物の骨をかみ砕いて食べることでよく知られる）。これはボロファグス亜科の動物も同じ行動をとったことを示唆しているのだろうか？

こうした太古のイヌ科動物の特徴から、採食行動や食性を推定できそうだ。これは現代の類似種であるハイエナと比較することによって裏づけられる。また、コンピューターシミュレーションから、強い荷重に耐えられるきわめて強い歯をもっていたこともわかっている。このため、長年ボロファグス亜科は北アメリカの生態系でハイエナに相当する動物であると見なされ、直接的な証拠がなかったにもかかわらず、骨をかみ砕いてのみ込めると考えられてきた。

ボロファグス亜科で最後まで生き残った種は、亜科の名称の由来となったボロファグス（*Borophagus*）だ。その小臼歯はイヌ科動物のなかでも最大級で、最も発達し、骨をかみ砕く役割に特化していた。ボロファグスは体重が四〇キロ以上あり、ハイエナのように骨をかみ砕ける歯を備えた、オオカミほどの大きさの屈強なイヌだったと想像することができる。その化石はとりわけよく見つかり、北アメリカの複数の場所で発見されてきたが、骨からは何を食べていたかはわからない。その証拠は糞にあった。

動物が何を食べてきたかを正確に知るためには、うしろから出てきたものを調べる必要がある。これはわかりきったことのように思えるのだが、絶滅種でこれを調べるのは現生種よりはるかに難しい。糞石と呼ばれる糞の化石自体は無数に見つかっているが、糞石との関連がはっきりした動物化石が発見され、糞の落とし主を特定できることはめったにない。しかし、糞石とその落とし主が同じ岩石から見つかれば、確信をもって両者を結びつけられる。これを成し遂げたのが、ロサンゼルス郡立自然史博物館の古生物学者でイヌ科化石の専門家であるシャオミン・ワンと共同研究者たちだ。それはカリフォルニア州スタニスラウス郡で新たに発見された希少な糞石を研究しているときのことだった。その糞石が採取されたマーテンという五三〇万～六四〇万年前の中新世の岩石層からは、ボロファグスの化石が大量に見つかっている。

驚くべきことに、糞石には大量の骨が含まれていた。糞石は現生のオオカミの糞と同等の大きさだ。同じ岩石層で見つかった大型の肉食哺乳類でこの先史時代の糞をしたと考えられるのはボロファグスしかいないから、この糞石はボロファグスのものであることが強く示唆される。マイクロCTスキャンで調べたところ、消化されなかった骨の断片が糞石の表面と内部に残っていることがわかった。骨片の多くは丸みを帯びているか、磨かれているか、酸による腐食が見られる。骨片のなかには動物の種類を絞り込めるものもあり、鳥の四肢骨、ビーバーの顎の断片、中型哺乳類の頭骨の一部、シカぐらいの大型哺乳類の肋骨の一部などが含まれている。糞石の研究から、ボロファグスは多様な動物を捕食し、ブチハイエナのように骨まで食べることがふつうだったと確認された。ひょっとしたら死骸を丸ごと食べていたかもしれない。糞石に含まれている骨片の状態から、ボロファグスは骨を食べていただけでなく、骨を消化していたとも考えられる。

糞石が密集した状態で発見されていることは、現生の多くの社会性肉食動物が利用する糞場のようなもので、マーキング（においづけ）行動を連想させる。ボロファグスはブチハイエナやオオカミのように、おそらく社会集団のなかで生き、自分自身よりはるかに大きな獲物を仕留める能力があったことが糞石から明らかになった。群れで狩りをするだけでなく、おそらくほかの捕食者より力で勝り、獲物を盗み、食べ残しの骨をかみ砕いて（そして食べて）栄養価とカロリーに富んだ骨髄を摂取していたのだ

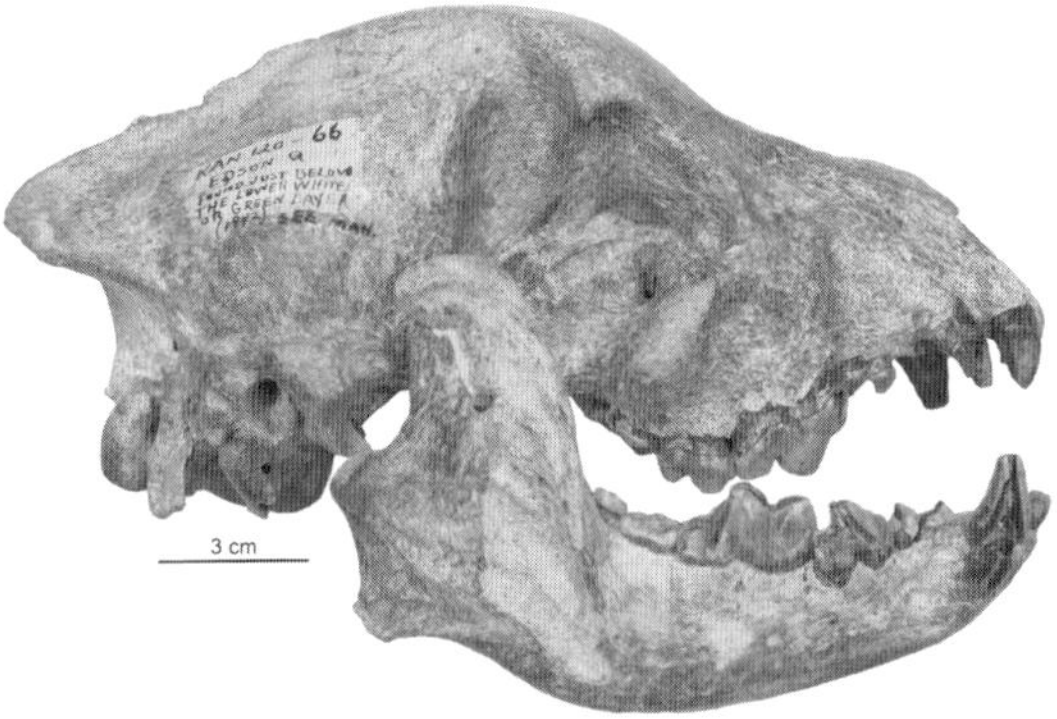

図4.12. アメリカ・カンザス州シャーマン郡で発見されたボロファグス・セクンドゥス（*Borophagus secundus*）の完全な頭骨と顎。

（画像出典：Wang, X., et al. 2018. "First Bone-Cracking Dog Coprolites Provide New Insight Into Bone Consumption in *Borophagus* and Their Unique Ecological Niche." *eLife* 7, e34773）

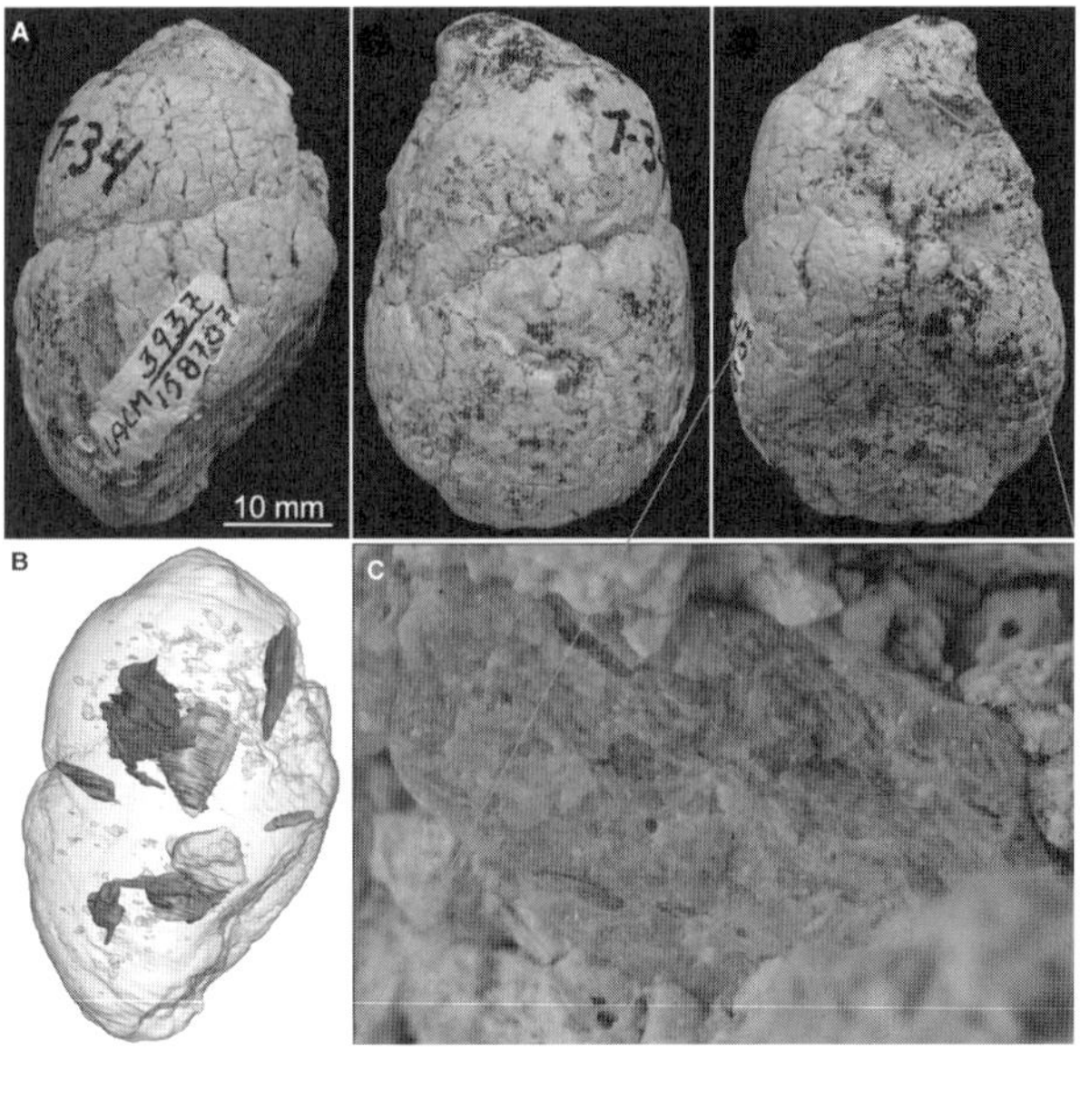

図4.13. （A）ボロファグスのものと見なされた糞石を複数の方向から撮影。（B）同じ糞石の内部には、複数の骨片が含まれている。（C）糞石に埋もれていた骨片の接写。

（画像出典：Wang, X., et al. 2018. "First Bone-Cracking Dog Coprolites Provide New Insight Into Bone Consumption in *Borophagus* and Their Unique Ecological Niche." *eLife* 7, e34773）

ろう。
　ボロファグスとその近縁種はそれぞれ個別に、ハイエナの絶滅種や現生種のように骨をかみ砕く特殊な行動を進化させた。これまでに消化管の中から骨が発見されたわけではないものの、頂点捕食者だったボロファグスは獲物の骨を食べ、現代の北アメリカにはもはや存在しない生態的地位を埋めていたという長年の仮説が、糞石の研究からはっきりと裏づけられた。

図4.14. 骨を食べる動物

おとなしく糞をするボロファグス・セクンドゥス。その近くで干からびた糞は白い色をしている。これは骨のカルシウムを含んでいるためだ。その向こうでは、ボロファグスの群れの仲間が休んでいる。そのうちの1頭は骨をかみ砕いているところだ。

殺し屋は誰だ?——恐竜の赤ちゃんを食べたヘビ

化石というのはたいてい岩石に覆われた形で発見され、外に露出している部分は少ししかない。数本の骨や、貝殻のかけらが見えているだけだ。化石の性質上、すべての標本が完全な形で見つかるわけではない。実際、ほとんどの化石は断片的なので、完全な標本が岩石の中に埋もれて保存されているかどうかを判断するのは、ちょっとしたギャンブルであることが多い。ただし、古生物学者は部分的に露出した化石をじっくり観察するだけで、標本がどれぐらい完全なのか、どの程度重要なのかを見極める超能力のような力をもっていることがよくある。標本に変わった点が何も見当たらない、あるいは希少な特徴がない場合は、いったん後回しにし、また日を改めて研究室で再検証やクリーニングをすることにするというわけだ。しかし、ときどき見過ごしはあるし、何年もたってから標本の重要性に気づくこともある。こうした(再)発見は、化石コレクションを定期的に閲覧しに来る古生物学者たちによってなされることも多い。

一九八四年、インド西部のドーリー・ドゥングリ村近くで野外調査をしているとき、古生物学者のダナンジャイ・モハベイが、六七〇〇万年前の恐竜の卵を三個含んだ大きな岩塊をいくつかに分けて採取した。恐竜の卵はこの地域ではよく見つかるし、世界のいくつかの場所でも発見されている。丸い形と直径一六センチという大きさから、それらの卵は竜脚類の恐竜のものであることは明らかだった。竜脚類はディプロドクスやブロントサウルスといった、首と尾の長い大型恐竜が属するグループで、その卵は通常丸くて大きく、スイカのような形をしている。そのため、モハベイが発見した卵が竜脚類のものであることははっきりしていた。

卵の一つはつぶれていたが、ほかの二つは無傷でまだ孵化していない。これら三つの卵は、互いに近くで発見されていることから、また同じ地域で見つかったほかの恐竜の卵と見比べた結果からも、一度に産み落とされた卵の一部であると判断された。通常、恐竜が一度に産む卵の数は六〜一二個だ。つぶれた卵の近くには、生まれたばかりの竜脚類の子のか細い骨が残っていた。生まれたばかりの竜脚類の子の化石はめったにないから、このちっぽけな竜脚類は重要な発見だった。しかし、この標本の何とも奇妙なストーリーはまだ明かされていなかった。

発見から数年後、化石の同定に間違いがあったことが判明した。竜脚類の子のものと考えられていた椎骨は、実際にはヘビのものだったのだ。これは二〇〇一年に、インドでモハベイとともにこの標本を研究していた古生物学者のジェフリー・ウィルソンによって確認された。ヘビのほかの骨格が岩塊の中に埋もれているかもしれないと考えた彼らは、標本を一時的にミシガン大学に輸送することで合意した。そこで椎骨と卵のまわりの岩石を慎重に取り除く。

研究チームが驚いたことに、岩石を取り除くと、ほぼ完全な状態で巣にいるヘビが現れた。そのヘビは、三個の恐竜の卵と生まれたばかりの子のまわりでとぐろを巻いていた。白亜紀のヘビは希少だ。このヘビは新種と確認され、サナジェ・インディクス（*Sanajeh indicus*）と命名された。竜脚類の巣にいるヘビが発見されたことで、この先史時代のヘビの食性についていくつかの疑問が出てきた。具体的には、ヘビは卵を食べていたのか、という疑問だ。だとすれば、どのように食べていたのか？

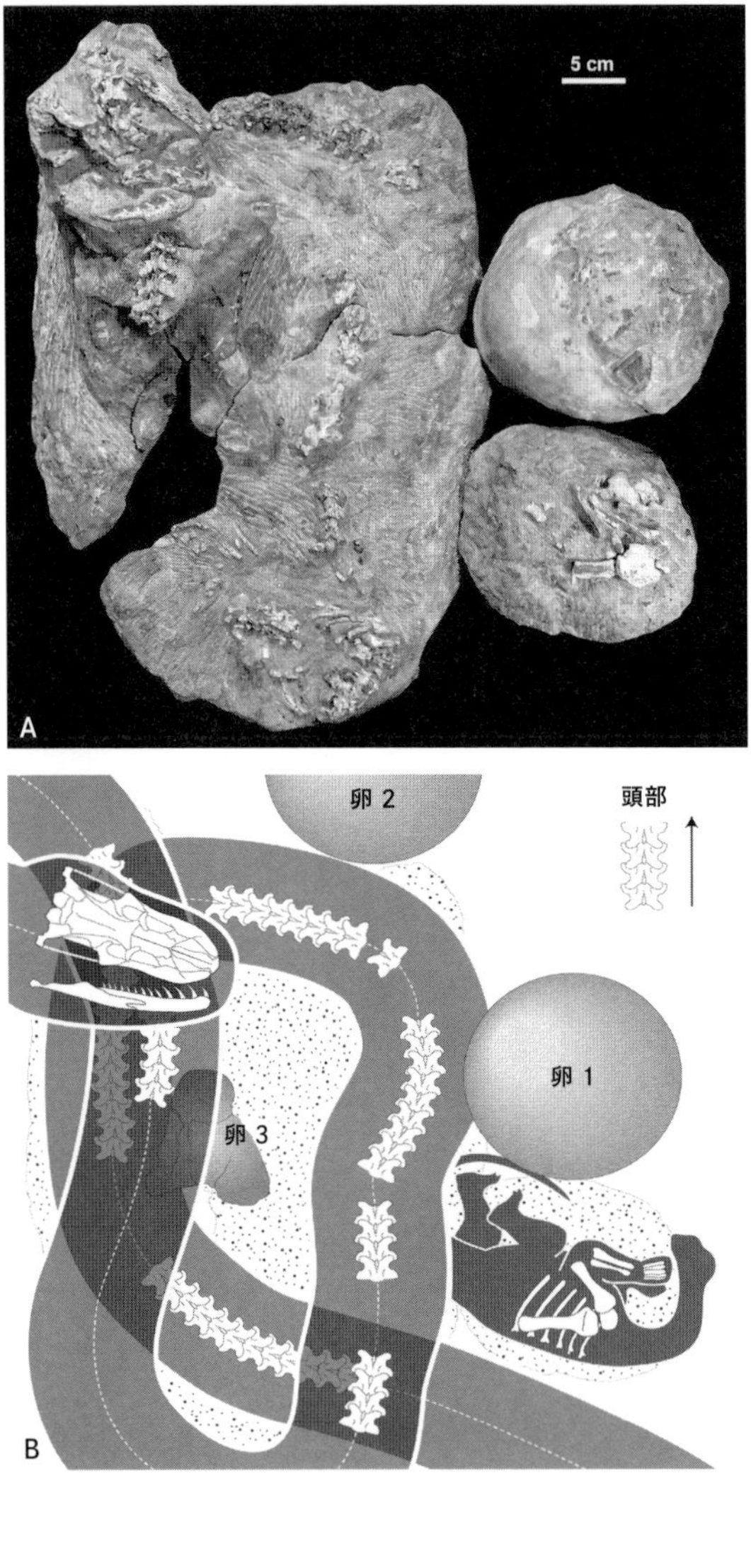

図4.15. (A)ヘビの一種であるサナジェ・インディクスが、竜脚類の卵のまわりでとぐろを巻く。卵の一つのそばには生まれたばかりの子の骨片が残っている。(B)解釈にもとづいた復元図。骨格と卵の位置と番号を示す。

(画像出典:Wilson, J. A., et al. 2010. "Predation Upon Hatchling Dinosaurs by a New Snake from the Late Cretaceous of India." *PLOS One* 8, e1000322)

現生の多くのヘビは卵を食べる。たいていは丸のみで、それは目を見張る光景ではあるが、奇怪でもある。このヘビと卵の関係から、サナジェはこれらの卵を丸ごとのみ込んだと推定することもできる。これは筋が通っているように思えるが、頭骨と骨格の特徴を見ると、サナジェは卵を食べる現代のヘビのように口を大きく開ける特殊な機構を備えていない。したがって、サナジェは竜脚類の大きな卵を丸のみできなかったと考えられる。卵の大きさは、サナジェが開けた口よりはるかに大きいからだ。

ということは、サナジェは現生のメキシコパイソンのような生態をもっていたこともありうる。メキシコパイソンはヒメウミガメの卵を締めつけて割り、その中身を食べる。これが最もありうる食性ではあるが、サナジェは卵を割るという面倒な作業をせず、単に竜脚類の赤ちゃんが卵を割って出てくるのを待ってから襲ったという可能性もある。おそらく、サナジェは両方の戦略を組み合わせて使っていたのだろう。この捕食・被食関係を裏づける証拠はほかにもある。同じ地域では、竜脚類の卵のそばで見つかったサナジェの骨がほかにも複数あるのだ。これは、サナジェが通常の捕食行動として竜脚類の赤ちゃんを食べていたことを示唆している。

サナジェが全長三・五メートルあるのに対し、竜脚類の赤ちゃんは全長五〇センチしかなく、はるかに巨大な体をもつヘビから非常に襲われやすい。身を守る唯一の方法は早く成長することだけだ。竜脚類の成体はバス二台か三台分より長く、ヘビはとうてい食べることができない。

白亜紀後期に当たる六七〇〇万年前、一匹の恐竜の赤ちゃんが卵から生まれ、まだ知らない新しい世界で産声を上げた。歩けるようになると、その子はおぼつかない足取りで卵から数歩遠ざかった。赤ちゃんのにおいと動きに引き寄せられたサナジェが巣に入り、卵の一つの周囲で時計回りにとぐろを巻いた。頭を自分の体の一番上に置き、攻撃態勢に入る。しかしまさにその瞬間、捕食者と狙われた赤ちゃんは嵐で発生した砂混じりの土石流で生き埋めになり、そのまま命が尽きて永遠に埋もれてしまった。標本が含まれていた岩石や産出地の地質から、当時の環境は亜熱帯で、雨期と乾期があったことがわかっている。そうした環境で発生した豪雨が、時には土石流を引き起こしたのだろう。

このヘビは次の食事をとろうとしたところで土石流に遭い、まもなく絶命してそのまま地中に埋もれてしまった。竜脚類の赤ちゃんは何が起きたのか気づかないままだったことを祈るしかない。この関係は、サナジェがかつて恐竜を食べていたこと、史上最大級の動物の赤ちゃんを捕食していたことを示す証拠をもたらした。これは、この並外れた化石が見つかったからこそわかったことだ。

図4.16. 巣でとぐろを巻くヘビ

ヘビの仲間サナジェが大きな竜脚類ティタノサウルスの巣に忍び込み、卵のまわりでとぐろを巻いて、生まれてきた赤ちゃんを襲おうと狙っている。

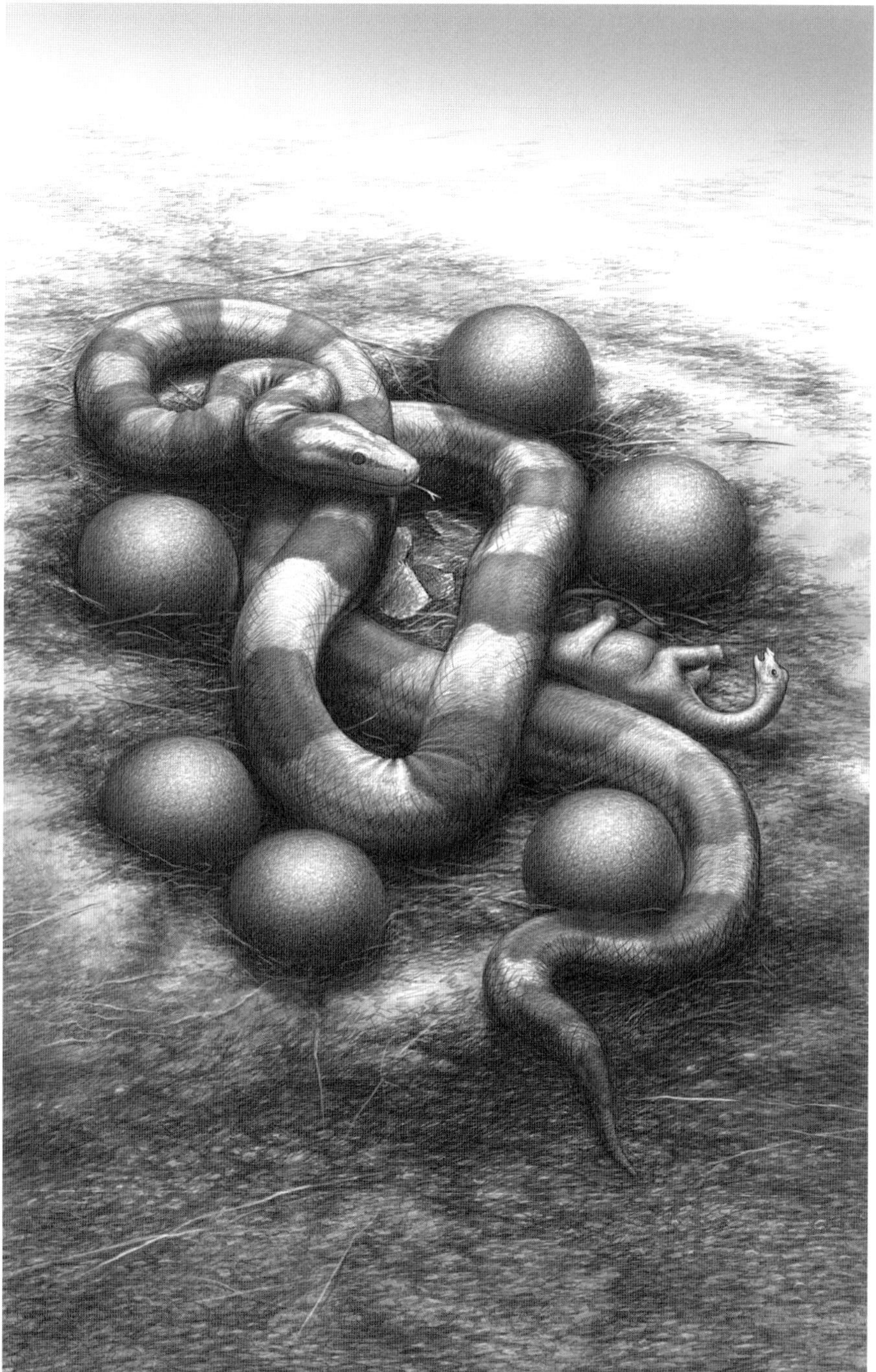
BOB NICHOLLS 2020

恐竜を食べる哺乳類

先史時代の捕食者の話になると、たいていは恐竜がまず話題にのぼる。確かに恐竜は何百万年にもわたって地上を支配していたのだが、私たちの祖先である最初期の哺乳類もそこにいて、こっそり走り回っていたことは忘れられがちだ。当時の哺乳類はたいていネズミぐらいの大きさで、動きのすばやい捕食者に捕まらないようにしなければならなかった。恐竜が支配する世界では、ふわふわの毛皮をまとった小さな動物は大小さまざまな獣脚類に食べられていたことは明らかだが、その立場が逆転したとしたらどうだろう？

一般的なイメージとは異なり、恐竜時代のすべての哺乳類が小さかったわけではない。中国遼寧省の白亜紀の岩石から採取された二つの新種の哺乳類化石という大発見がそれを明らかにした。一つは二〇〇〇年に記載されたレペノマムス・ロブストゥス（*Repenomamus robustus*）で、もう一つは二〇〇五年に科学者に注目されたさらに大きい哺乳類、レペノマムス・ギガンティクス（*Repenomamus giganticus*）だ。

robust（強健）やgiant（巨大）という言葉が化石に使われているのを見ると、すぐに巨大な生物を思い浮かべる。この場合だと、ディプロドクスやステゴサウルス（*Stegosaurus*）ぐらい大きい太古の哺乳類を想像してしまうかもしれないが、そんなに巨大だったわけではまったくない。レペノマムス・ロブストゥスの成獣はだいたいネコほどの大きさだったし、レペノマムス・ギガンティクスは大きなアナグマぐらいの大きさで、最大でも全長一メートル余り、体重は一二〜一四キロほどだった。そう言うと比較的小さく思えるかもしれないが、初期の哺乳類の進化についてわかっていることと照らし合わせて大局的に考えると、レペノマムス・ギガンティクスは実際のところ巨大だった。比較のためにいうと、中生代の多くの小型哺乳類は頭骨が長さ一〜五センチほどしかなく、夜行性で昆虫を食べていたと考えられる。レペノマムス・ギガンティクスの頭骨は一六センチあったから、かなりの違いだ。このように、レペノマムスは既知の中生代の哺乳類で最大だったことが、ほぼ完全な骨格からわかっている。

大きな体と、強健な頭骨から突き出た強くとがった歯から、レペノマムスは捕食者だったと考えられる。おそらく同時代に生きていた恐竜、とりわけ小型で羽毛の生えていた獣脚類（ドロマエオサウルスなど）の多くは体重が数キロしかなかったことを考えると、食料をめぐる競争を勝ち抜いただろう。だとすれば、この野獣は何を食べていたのか。昆虫、魚、それとも小型哺乳類？　どれもありそうではあるが、いま確実にわかっているのは、レペノマムスが恐竜、具体的には恐竜の赤ちゃんを食べていたということだ。

レペノマムス・ロブストゥスの化石の一つが採取されたとき、数本の骨だけが露出している状態だったため、標本は研究室に輸送されて詳しく調べられることになった。クリーニングでまわりの岩石が取り除かれていくと、それはほぼ完全な標本であることが明らかになった。しかも、それだけではなかった。入念な作業によって肋骨のあいだに骨と歯が混ざったものが見つかったのだ。それは現生の哺乳類で胃が位置している場所だ。最後の食事が残っているということである。さらに詳しく調べると、ぎざぎざの微小な歯と四肢、指は角竜であるプシッタコサウルス（第2章参照）のものと一致することが明

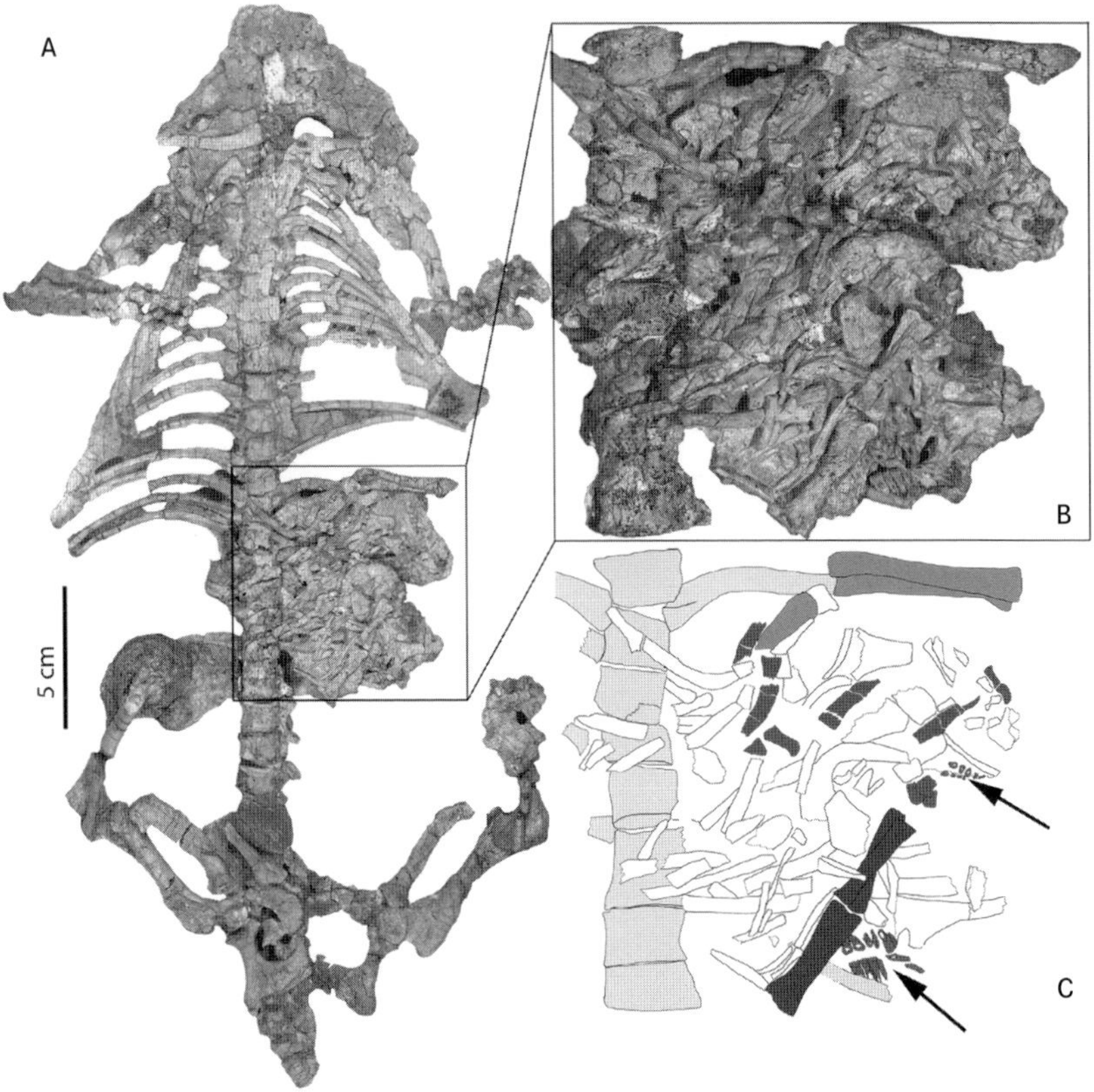

図4.17. (A)レペノマムス・ロブストゥスの骨格。胃の中には、プシッタコサウルスの赤ちゃんの不完全な骨格が半分消化された状態で残っている。(B)胃の内容物の接写。(C)胃の内容物のイラスト。引き裂かれて断片化した恐竜の赤ちゃんが含まれている。矢印は恐竜の歯を示す。

(写真提供:Jin Meng)

らかになった。偶然にも、この植物食恐竜の成体と幼体は、レペノマムスが発見された岩石層からよく見つかる。

部分的に消化された幼体は全長たった一四センチと推定され、歯には摂食による摩耗が見られることから、明らかに卵に収まっていた胚ではない。長肢骨の一部は関節がつながっていたが、頭骨やほかの骨はばらばらに折れている。このことから、レペノマムスはこの幼体を一口サイズにかみ切ってからのみ込んだと考えられる。ワニに似た食べ方だ。プシッタコサウルスの化石が多数見つかる複数の化石密集層から、この年齢の幼体はたいてい親の近くで集団をつくっていっしょに過ごすことがわかっている。レペノマムスは集団からはぐれた幼体を捕まえた可能性もあるが、ひょっとしたら積極的に巣を襲ったとも考えられる。しかし、レペノマムスがプシッタコサウルスの成体を襲ったとは考えにくい。レペノマムスより二倍も大きいからだ。

私たちの先入観では、恐竜が初期の哺乳類を食べていたと予想するはずであるし、それも確実に起きていたに違いない。しかし、その直接的な証拠が見つかる代わりに、並外れた標本が発見された。一億二五〇〇万年前の哺乳類の消化管の中に恐竜の赤ちゃんの骨が見つかったという事実は、これまで思ってもみなかったまったく新しい世界を切り開いた。この見事な化石がなければ、レペノマムスは獣脚類がむさぼる毛皮をまとった獲物としてしか想像されなかったかもしれない。

図4.18. 嬉しそうなミスター・ホワイトソックス（⬅次ページ）

単独行動のレペノマムスが勝ち誇ったように獲物を見せる。集団からはぐれたプシッタコサウルスの赤ちゃんだ。奥のほうでは、プシッタコサウルスの成熟間近の個体と複数の赤ちゃんが、茂った下草に紛れて逃げる。

BOB NICHOLLS 2020

興味深い餌場

アメリカ・ワイオミング州は世界で指折りの有名な恐竜が見つかっている場所だ。少し例を挙げると、ディプロドクス、ステゴサウルス、アロサウルス（*Allosaurus*）が、恐竜化石を豊富に産出することでよく知られるジュラ紀後期のモリソン層で発見されてきた。この地層に恐竜の骨が大量に含まれていることがわかったのは一九九三年のことだった。場所は、ワイオミング州北部から中部に広がるビッグホーン盆地に位置する小さな町サーモポリスのウォーム・スプリングス牧場。新しい博物館を設立するに値するほどの大発見だった。その博物館とはワイオミング恐竜センターである。

同センターが開館した一九九五年には、思いがけないことに、ある大発見があった。新たに発見された発掘現場で一億五〇〇〇万年前の岩石を発掘したところ、さまざまな恐竜の歩行跡とともに、数十点の獣脚類（アロサウルス）の歯と、散らばった竜脚類（カマラサウルス *Camarasaurus*）の骨が見つかったのだ。同じ岩石からこのような恐竜の体と生痕の化石が発見されることはめったにない。発掘現場の地質から、カマラサウルスは太古の湖のほとりに横たわっていたことがわかった。この環境のなかでこれらすべての関係を保存すべく、化石を保護するためのシェルターが建設された。この現場の興味深さを考慮して、この場所はＳＩと呼ばれることになった。Something Interesting（何か興味深いもの）の略だ。しかし、いったい何がそんなに興味深いのか？

カマラサウルスは全長一八メートル前後まで成長し、体重はおよそ一五トンで、ワイオミング恐竜センターの発掘現場で最もよく見つかる恐竜だ。SIで見つかったその骨格の四〇～五〇％ほどを掘り出したところ、それが幼体であることがわかった。大きさはこれまでに確認された最大の個体のおよそ半分だ。この現場で最も目を見張る希少な発見の一つは、幼体の脚と腰、尾の骨の一部を取り囲む大きなくぼみである。これは、浅い湖のほとりで体がもともと泥の中に横たわっていた場所の輪郭を示している。また、太古の泥には多数の竜脚類が通って踏みつけた跡（古生物学者は「ダイノターベーション」と呼ぶ）が残っており、カマラサウルスの骨の一部は踏みつけられて折れている。

最初の発見以来、一五〇点を超すアロサウルスの歯と、多数の三本指の足跡、そして明確な引っかき跡が、くぼみの輪郭とカマラサウルスの骨のまわりに点在しているのが見つかった。骨のなかにはかぎ爪の跡や、アロサウルスの歯と一致する歯形が残っているものもある。幼体と成体から抜け落ちた歯が多数存在することから、複数のアロサウルスが、ひょっとしたら集団や家族でカマラサウルスを食べ、その途中で歯を失ったことを示している。カマラサウルスの骨格が散らばっていることから、死骸が引きちぎられたことがわかる。胃石でさえ体の外に露出していた。これはアロサウルスが獲物を奪い合った跡だ。

全長が最大で一〇メートルほどあったアロサウルスは、当時の頂点捕食者だった。十分に成長した成体はおそらく、とりわけ仲間の助けがあれば、カマラサウルスの幼体を難なく倒すことができただろう。しかし、一頭か複数のアロサウルスが獲物を捕食したという証拠はない。むしろ、アロサウルスは腐敗しつつあった死骸に引き寄せられて腐肉をあさったという可能性のほうが高い。SIでアロサウルスの骨が見つかっていないことから、アロサウルスは餌場に一頭ずつ代わる代わる到着したとも考えられる

図4.19. SI（“Something Interesting”、「何か興味深いもの」の意）発掘現場。(A)カマラサウルスの幼体の死骸が横たわっていた大きなくぼみのまわりに、さまざまな骨が散らばる。写真左に三つのかぎ爪跡がはっきり見える。(B)大きな竜脚類の足跡。左の足跡にはつぶれた骨がある。(C)この現場で発見されたアロサウルスの歯の例。(D)カマラサウルスの骨のあいだに座る著者。(E)著者とレヴィ・シンクルが発見したアロサウルスの骨の一つ。

（[A-B, E] 著者撮影；[C] 撮影：Levi Shinkle, 提供：The Wyoming Dinosaur Center; [D] 写真提供：Bill Wahl）

図4.20. 抜け目のない恐竜 （⬅次ページ）

アロサウルスの群れが、腐敗するカマラサウルスの幼体の死骸を引き裂く。ジュラ紀に起きた獲物の奪い合いだ。地面が乱れていることは、多くの動物がここを通り過ぎ、ほかの肉食動物もすでに訪れていたことを示している。

BOB NICHOLLS 2020

し、互いの存在を許容する社会的な集団だったとも考えられる。

個人的には、ワイオミング恐竜センターとSI発掘現場は特別な場所だ。私はそこで何カ月も過ごして恐竜を発掘し、コレクションを研究したからである。二〇〇八年の最初の日はまるで冒険映画のひとコマのようだった。かなり陳腐に思えるかもしれないが、私は『ジュラシック・パーク』のサウンドトラックを聞きながら、ジープに乗って岩だらけの大地を移動し、広大な丘を登ってSI発掘現場に行った。それからというもの、SI（そしてその他多くの発掘現場）でいくつかの発掘調査に参加し、カマラサウルスの骨とアロサウルスの歯を発掘した。そのなかには、SIでこれまでに見つかった最大級のアロサウルスの歯を同僚のレヴィ・シンクルといっしょに発見したという経験も含まれる。SIではいまも発掘調査が続き、新たな発見があって、ジュラ紀の饗宴というめったにないストーリーがだんだん解き明かされつつある。それは間違いなく興味深いストーリーだろう。

肉の貯蔵所

余分な食料を安全な場所や目立たない場所に保管し、後でそこに戻ってくる動物は多く知られている。人間が残った食べ物を冷蔵庫に保管するようなものだ。これは「貯食行動」と呼ばれる。齧歯類は特に食料の少ない冬に向けた準備として、こうした行動をとることでよく知られている。自分が食べるあいだ、短い時間だけ食料を保管しておく動物もいる。その最たる例の一つがヒョウであり、大物を仕留めた後はたいてい樹上まで引っ張り上げ、ほかの捕食者が近づけない安全な場所で食べる。貯食を示す化石の証拠もいくつかある。具体的には、種子や木の実が詰まった場所だ。しかし、一つ驚くような例がある。ぞっとするのだが、巨大な「地獄から来たブタ」が肉を貯蔵した場所があるのだ。

「地獄から来たブタ」とは、絶滅した雑食性哺乳類のグループであるエンテロドン科の仲間だ。ただ、このニックネームはいささか実体と離れている。ブタのような見かけで、ブタと共通する特徴もいくつかあるのだが、その解剖学的な特徴から最も近縁なのはカバとクジラだからである。

こうしたエンテロドンの化石の一つが、アメリカ・サウスダコタ州とその近隣の州のビッグ・バッドランズに露出するホワイトリバー層群（ホワイトリバー層）と呼ばれる広大な地層で多数発見されている。それはアルケオテリウム（*Archaeotherium*）というエンテロドンの仲間で、全長二メートル、肩のこぶまでの高さが一・二メートルとウシほどの大きさがあり、イボイノシシを大きくしたような見かけで、当時の生態系で頂点捕食者の一つだった。大きな頭部からは大きな歯が突き出し、強力な顎は最大で一〇九度も開くことができた。その姿をひと目見るだけで、あなたはおそらく震え上がるだろう。特に、あなたが一口サイズの小さな哺乳類だったとしたら。

ホワイトリバー層群は始新世末期から漸新世前期に当たるおよそ三〇〇〇万〜三七〇〇万年前の地層であり、珍しい哺乳類の化石が豊富に見つかることで知られるようになった。多種多様な種が記載されていて、その一つが、ラクダの仲間ポエブロテリウム（*Poebrotherium*）だ。ヒツジほどの大きさでこぶはなく、現代のラマを小さくしたような見かけをしている。ラクダは北アメリカが原産で、この種は最も原始的なラクダの一つだ。その化石はよく見つかるのだが、なかには奇妙な標本もある。一九九八年、ワイオミング州中東部のダグラスという町の近くで、縦一一五センチ、横一一〇センチの岩塊のなかに、食べられた形跡のある骨格が複数含まれているのが発見されたのだ。

この殺害現場は三三〇〇万年前のもので、一点の完全骨格、六点の部分骨格のほか、ほかの個体の分離した骨を多数含み、それらが積み重なるように残っている。合計で五九四点の骨が露出しているが、最大で七〇〇点が保存されているとも考えられている。頭骨、頸部、胸椎、腰椎にはかまれた跡がいくつも残る。かみ跡の穴の直径と深さ、さらには穴と穴の間隔と幅は、アルケオテリウムの歯列と完全に一致している。こいつが殺害犯だ。

ポエブロテリウムの死骸のうち六点が半分に切断され、骨盤、後ろの脚と足など、体の後ろ半分が残っていないことから、これらの部分は優先的に食べられたと示唆される。かみ跡の位置から、アルケオテリウムはまずポエブロテリウムの頭骨の後部と頸部にかみつき、その後、肉が豊富な体の後ろ半分をむさぼって、体の前半分は後で食べるために貯蔵しておいたと考えられる。似たようなかみ跡は、ホワイトリバーの動物相で見つかったほかの哺乳類の骨格にもよく見られ、アルケオテリウムの頭骨にも観察される。このことから、アルケオテリウムは仲間どうしでも活発に戦っていたと考えられる。獲物をめぐって戦っていたのかもしれない。

大量の食料を一カ所にため込むこうした貯食行動は現代の捕食動物でもよく見られ、「集中貯蔵」と呼ばれている。この方法は、食料を隠した場所を一カ所だけ覚えておけばよいため動物にとっては都合がよい。ただし、この方法には、隠した場所を見張って守らなければならないという欠点がある。捕食者は食料が豊富に手に入るときでも獲物を狩ることがある。この行動は「余剰殺傷」と呼ばれ、アルケオテリウムも獲物のポエブロテリウムが大量にいるときに行なっていたかもしれない。また、親が子のために食料を貯蔵したとも考えられるし、アルケオテリウムの群れが

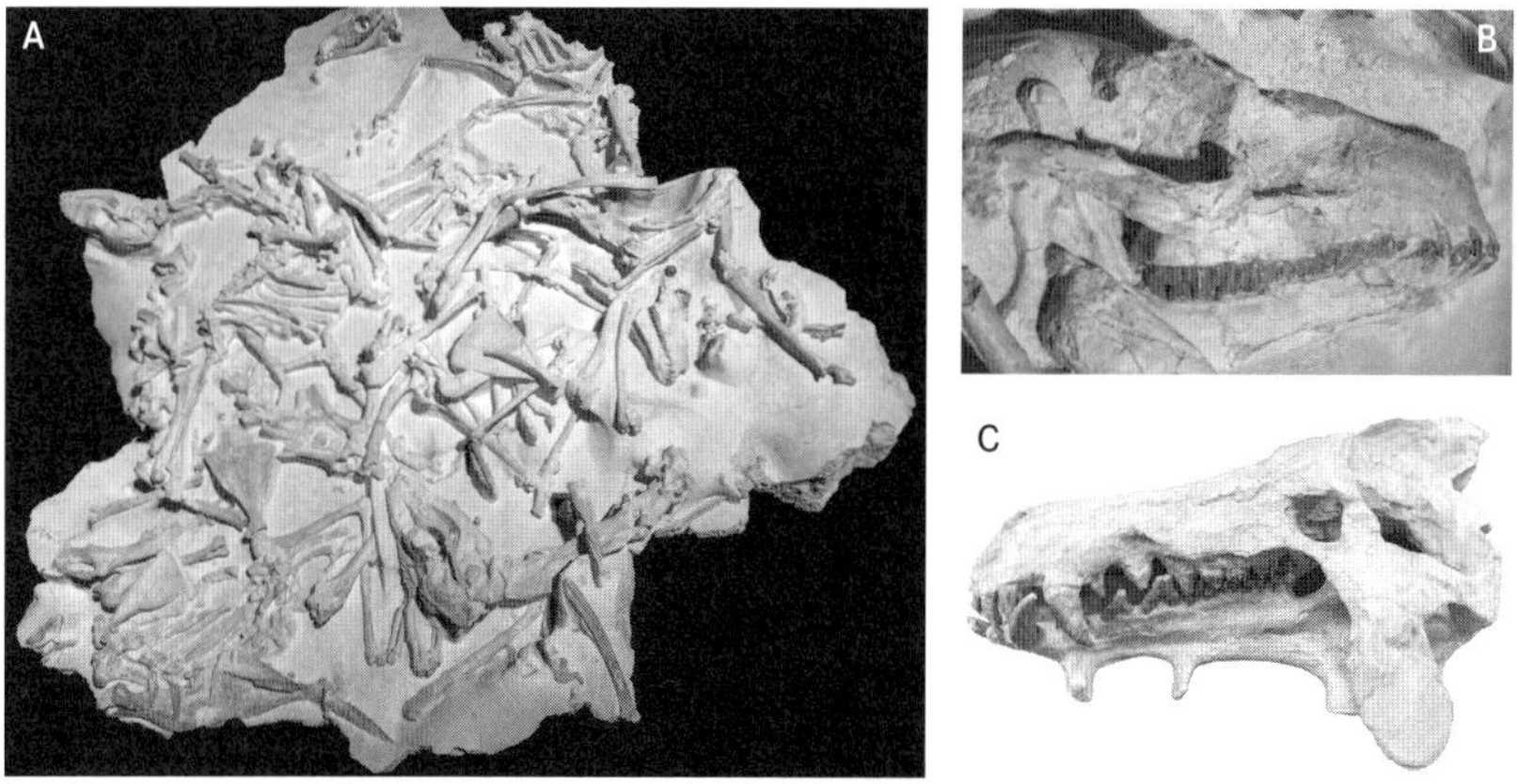

図4.21. (A)ラクダの仲間ポエブロテリウムの肉が蓄えられた場所。むさぼられた骨格を複数含んでいる。(B)かまれて損傷したポエブロテリウムの頭骨の一つを接写した。(C)ワイオミング州で発見されたアルケオテリウムの頭骨。

(撮影:Levi Shinkle, 提供:The Wyoming Dinosaur Center)

貯蔵した可能性もあるが、断定することはできない。

　ポエブロテリウムが捕食され、ばらばらにされ、一部食べられたうえに積み重ねられたにもかかわらず、その骨格が良好に保存されていることを考慮すると、これらの死骸は貯蔵場所に置かれてまもなく一気に埋まったと考えることもできる。アルケオテリウムはもともと獲物を土で覆ってほかの捕食者に見つからないようにしていたかもしれないが、その後堆積物にあまりにも深く埋もれてしまい、貯蔵場所を見つけられなくなったか、そこまでたどり着けなくなった。ばらばらにされたラクダ肉の貯蔵場所は身の毛もよだつ行動の跡を記録してはいるのだが、こうした化石は「誰が誰を食べたか」という関係以上の何かをいまに伝えてくれる。

図4.22. 死骸のコレクター

恐ろしいアルケオテリウムが、積み重なったポエブロテリウムの腐肉の前に立ちはだかり、1頭の体の後ろ半分を丸のみしている。

先史時代のマトリョーシカ――ひとひねりある食物連鎖の化石

ロシアの人形「マトリョーシカ」を見たことはあるだろうか？　伝統的な木製の人形で胴体の部分で二つに分割すると、ひとまわり小さい人形が入っている。さらにそれを開けると、また小さな人形が入っている。これを繰り返していくと、最後に一番小さな人形が現れるというものだ。もちろん人形は互いを食べるわけではないのだが、このマトリョーシカは動物の食物連鎖のたとえに使える楽しい例となる。頂点捕食者のシャチを最も外側の人形にたとえれば、シャチがイカを食べ、イカは魚を食べ、魚はオキアミを食べる。オキアミが食べる植物プランクトンが、食物連鎖の始まりであり、一番小さな人形に当たる。先史時代の食物連鎖を解釈しようとすると、当然ながらきわめて複雑で、最終的には憶測になることもある。しかし、ごく少数ながら驚くべき事例があり、何より目を見張る証拠を提供してくれる化石もある。

複数の化石がかかわる食物連鎖が初めて認識されたのは二〇〇七年のことで、それはこれまでに発見された最古の事例にもなっている。ドイツ南西部の町レーバッハに分布する二億九五〇〇万年前のペルム紀の岩石から採取されたのは、トリオドゥス・セッシリス（*Triodus sessilis*）の不完全な骨格の化石だ。トリオドゥスは、絶滅したクセナカンサス科に分類される淡水性のサメである。サメは軟骨質であるので、たいてい歯だけが化石として残るのだが、この標本は鉱化した（菱鉄鉱の）球状の塊（コンクリーション）の内部から見つかり、歯だけでなく、顎とうろこ、そして骨格のほかの部分も良好に保存されていた。何より驚くのは、二種の分椎目《ぶんつい》の両生類（アルケゴサウルス・デケニ *Archegosaurus decheni* とグラノクトン・ラティロストレ *Glanochthon latirostre*）の幼体が、この全長およそ五〇センチのサメの消化管に含まれていたことだ。さらに信じがたいことに、グラノクトンの最後の食事も保存されていた。アカントデス・ブロンニ（*Acanthodes bronni*）という、棘をもつサメに似た魚の幼魚が半分消化された状態で体内に残っていたのだ。

これらの動物はフンベルク湖という、幅八〇キロもある太古の広大な深い湖にすんでいた。当時、この湖には多様な種が生息していた。捕食者であるトリオドゥスは湖にすむ主要な生物の一つだったが、はるかに大型のクセナカンサス科のサメや両生類の成体に比べれば小柄で、大きな捕食者の餌食になっていただろう。こうした頂点捕食者とは競争できないため、おそらくトリオドゥスは待ち伏せ型の捕食者として独自のニッチ（生態的地位）を切り開き、湖の浅い水域で大型捕食者の幼体を狙い、成体を避けていたのだろう。

二種の両生類の幼体もフンベルク湖で非常によく見つかる種の一つで、似たような手法で獲物を捕まえていたとみられるが、今回のケースでは捕食者が捕食されてしまった。消化管の中に残った二種の両生類の向きから、トリオドゥスは獲物を背後から襲い、尾から先にのみ込んだと考えられる。しかし、化石の保存状態が非常によいことから、トリオドゥスは獲物を食べてまもなく死んだことがわかるほか、両生類のグラノクトンの体内に残ったアカントデスが半分消化されていることから、グラノクトンはこの魚を食べたかなり後に捕食されたこともわかる。ちなみに、現代のサメで両生類を捕食する種は知られていない。このことから、この太古のサメが一風変わった行動をとっていたことがわかる。

二〇〇九年、似たような特徴を残した脊椎動物の食物連鎖が、ドイツ中西部の世界的に有名な採石場であるメッセル・ピットで発見された。これは当時、食物連鎖の化石としては二例目で、四八〇〇万年前のものだ。海中の関係を示した前述の事例とは異なり、メッセルの食物連鎖は陸上での捕食・被食関係を示す直接的な証拠を記録している。この見事な化石には、とぐろを巻いたヘビの仲間エオコンストリクター・フィシェリ（*Eoconstrictor fischeri* 当時はパレオピュトン *Palaeopython* と呼ばれていた）の完全な骨格が含まれていた。これは、獲物を絞め殺す大型ヘビの初期の一種で、現代のボアコンストリクターに近い。化石では、このヘビの体内にゲイセルタリエルス・マアリウス（*Geiseltaliellus maarius*）という樹上性のバシリスク類のトカゲが含まれ、さらにこのトカゲの腹部に最後に食べた昆虫が残っている。

現代のボアコンストリクターの幼体のほとんどはトカゲ、とりわけ樹上性の種を獲物として好む。化石に含まれていたエオコンストリクターは全長一メートルの幼体であり、メッセルでこれまでに発見された成体の半分の大きさだ。獲物のトカゲはその五分の一の大きさで、胴の直径は一七ミリと推定され、頭から先にのみ込まれた状態で、ヘビの口から五三センチの場所に位置する胃の中に残っていた。トカゲの骨盤近くの背骨には、はっきりしたよじれがある。これはヘビに襲われたときに負ったけがの跡かもしれない。トカゲに食べられた昆虫は甲虫の一種で、保存状態は悪いものの、もともとの構造色を残し、青緑色の光をかすかに放つ（これはメッセルで見つかった昆虫によくある色だ）。トカゲは昆虫を食べてからいくらもたたないうちに食べられたに違いない。前述のサメの化石と似たように、トカゲは非常によい状態にあり、胃酸による腐食の跡は見られない。現生のヘビの消化速度を参考に推定すると、エオコンストリクターは最後に獲物を食べてから少なくとも四八時間以内に死んだと考えられる。

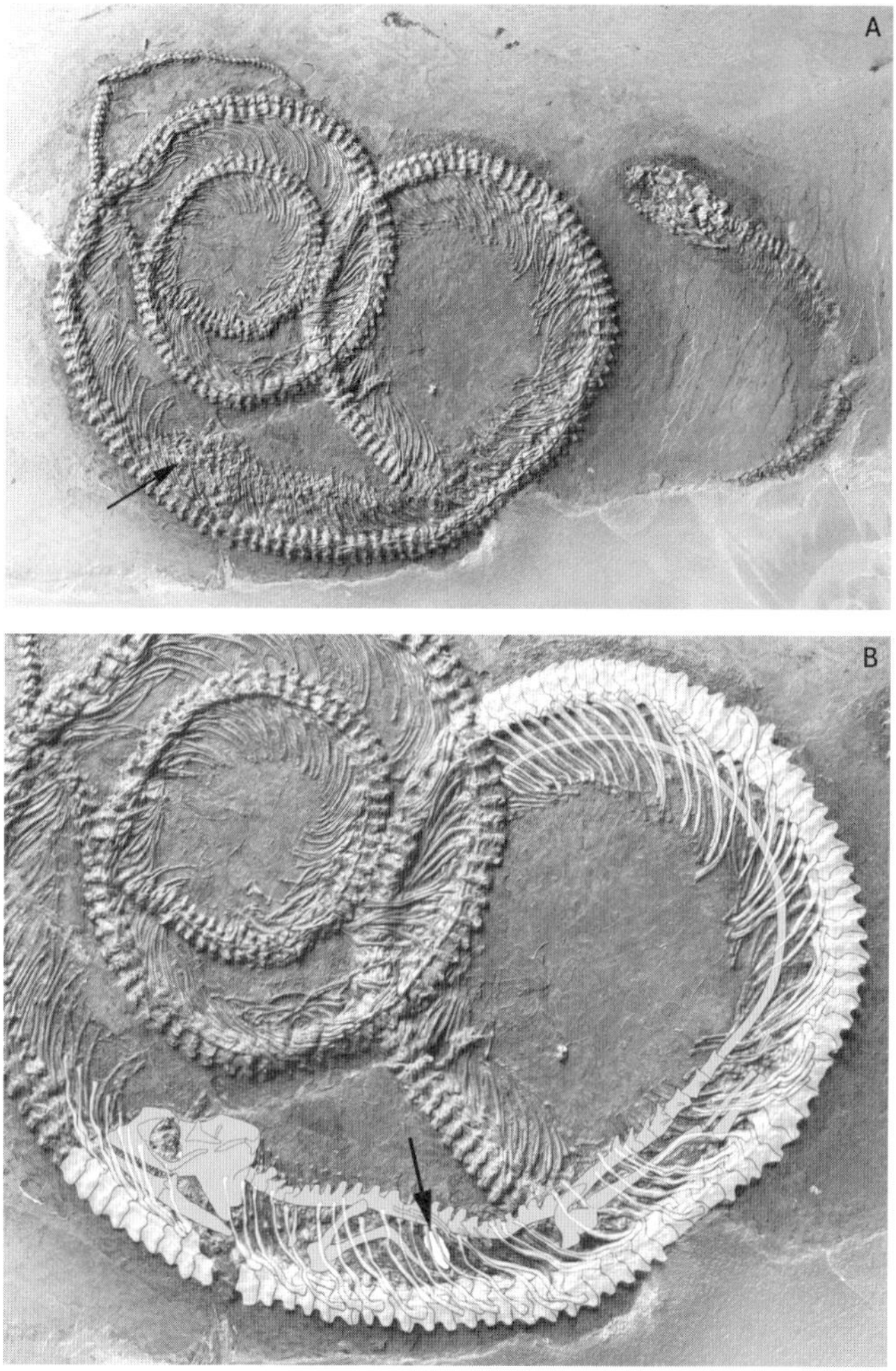

図4.23. (A)ヘビの仲間エオコンストリクター・フィシェリの体内には食べたバシリスク類のトカゲ(ゲイセルタリエルス・マアリウス)が残り、そのトカゲの体内には分類不可能な甲虫が残っていた。まさに「化石のマトリョーシカ」だ。矢印はトカゲの頭部を示す。(B)写真の上に重ねたイラストは、トカゲと甲虫の位置と輪郭を示している。矢印の先に甲虫が残る。

([A] 写真提供:SGN, 撮影:Sven Tränkner; [B] イラスト提供:Krister Smith/Anika Vogel/Juliane Eberhardt)

もう一つの疑問として、このヘビがなぜメッセル・ピットにかつてあった湖（第1章の「交尾中のカメに起きた悲劇」参照）の中で息絶えてしまったか、というものがある。湖を泳いで渡ろうとしていたのか、それとも木から落ちたのか（ひょっとしたらトカゲを食べた後）？　あるいは、ヘビ自身が鳥に捕らえられ、その鳥が湖の上空を飛んでいるときにうっかりヘビを落としてしまった、ということも考えられる。ヘビがどのような状況で命を落としたのかは知る由もないが、メッセルで見つかったすべての化石と同じく、ヘビは湖の深くまで沈み、湖底付近の有毒な水域に入ってしまって命が尽き、そこでゆっくりと堆積物に埋もれて化石となったに違いない。

最後に食べた獲物の体内にも最後の獲物が含まれている化石を見つける確率はきわめて小さく、ほぼ不可能と言ってもいいほどだ。こうした三段階の捕食関係が残るためには、タイミングと保存状況、つまり、それぞれの動物が獲物を食べた瞬間から、命が尽き、堆積物に埋もれるまでの状況が何よりも重要である。それを物語るのが二つの動かぬ証拠、ペルム紀の小型のサメが二匹の両生類の幼体をのみ込み、そのうちの一匹が幼魚を食べていた化石、そして始新世のヘビが食べたトカゲが昆虫を捕食していた化石だ。これらの驚くべき化石は、何百万年も前の動物の食物連鎖を理解するうえで極上の決定的な知見を直接もたらしてくれた。

図4.24. ハンターと獲物

バシリスク類のトカゲ、ゲイセルタリエルス・マアリウスが甲虫に襲いかかろうとしているところに、ヘビの仲間エオコンストリクター・フィシェリが背後からゆっくり近づき、攻撃態勢に入る。

BOB NICHOLLS 2020

5

世にも奇妙な出来事

魚に寄生して自分がその舌の代わりをする甲殻類がいるという話を聞いたことがあるだろうか？　いや、これは本当の話だ。驚くべきことに、等脚類の甲殻類であるウオノエに分類される現生の多くの種が、幼体のときに数種の魚（フエダイ、クマノミなど）のえらに潜り込む。そこで成体になると、雄は引き続きえらにとどまるのだが、雌は魚の口の中をすみかにする。雌は口に入ると、魚の舌の血流を止めて舌を切り落とし、残った部分にしっかりと付着して、代わりに自分が舌の役割を果たすのだ！　魚は乗っ取り犯に舌をとられた後も、引き続き何もなかったようにふつうに生きる。だが、寄生した等脚類は宿主である魚の中で成長し、そこをすみかに家族までつくり始める（口の中で交尾した後）。そんなに変じゃないって？　じゃあ、キンバエの仲間はどうだろう？　この昆虫は産卵にぴったりの場所を見つけた。ヒキガエルの鼻の穴だ。卵からかえると、幼虫はヒキガエルを食べ始め、やがて殺してしまう。

こうした寄生生物による風変わりな行動は、自然界がいかに奇妙で複雑であるかを如実に物語る。寄生する理由や影響は寄生生物によって大きく異なる。宿主にほとんど害を及ぼさないものから、宿主に大きな病気を引き起こして命を奪うものまであるのだ。このような理由で、寄生する生物は前章では取り上げなかったのだが、実際のところ寄生生物は宿主そのものか宿主の食料を栄養源にすることで、いわば何らかの形で宿主を「食べて」いる。

寄生生物や病気、疾患というと人間だけが経験する苦痛と思ってしまいがちだが、ほかの動物や植物も同じように病気になる。この章はほかの章とは違って、特定の行動や自然界の一面に焦点を当てるのではなく、さまざまな奇妙な出来事を取り上げる（健康問題もその一つ）。動物の暮らしのなかでよくある状況で起きた出来事もあれば、私たちがあまり思いつかないようなめったにない状況で起きた出来事もある。休む、寝る、飲む、排尿するといった日常の出来事もあれば、骨折する、迷子になる、閉じ込められる、津波などの極端な自然現象に巻き込まれるといった出来事もある。

正直に言って、「世にも奇妙な出来事」というのはいささか間違った呼び方だ。取り上げた事例がすべて、現代の状況では世にも奇妙とは言えないからである（病気になる、骨折する、居眠りするなど）。とはいえ、そうした出来事を記録した化石というのはかなり珍しい。それが伝えるストーリーは、先史時代の世界に対して思い描く典型的なイメージ、つまりこれまでの章で取り上げた行動をとっている動物のイメージとは異なる。たいてい、こうした動物は生涯のなかで身体能力が最高の状態にあった時期の姿で記録されている。かまれ、引き裂かれて、食べられた動物もあるのは確かだが。

現代の動物と同じように、恐竜やその仲間も病気や骨折、居眠りをすることもあったし、穴に落ちたり、ぬかるみにはまったりして、不慮の事故で命を落としたこともあった。こうした出来事の証拠は化石記録にたくさん残されているから、推測に頼る必要はない。小さなスケールだと、魚の体内に残った寄生性の甲殻類が発見されていることから、現代の生物に似た寄生生物と宿主の関係があったと推定できる。反対に大規模な出来事も記録されている。たとえば、恐竜の家族と思われる集団が流砂にはまったり、動物の集団が火山灰に埋もれて命を落としたりした事例だ。この二例の大規模な出来事は本章で取り上げる。これらは明らかに社会的かつ集団的な行動であり、こうした奇妙な状況で記録されていなければ、第2章で取り上げることになっただろう。

太古の病気やけがについてたくさんの情報をもたらしてくれる研究分野の一つは、古病理学だ。骨の化石を研究しているとき、脊椎動物専門の古生物学者は折れた足の指や、ひびが入った肋骨、変形した背骨など、骨の損傷を記録した化石の証拠にたくさん出合う。こうした症状は、病気やけがが個体の生涯にどのような影響を与えたかを知る手がかりになることがある。そのダメージが小さかったのか大きかったのか、それに付随する影響が短期間で収まったのか長期にわたって続いたのか。折れた骨が治癒の兆候を示し、けがを克服して生き延びた動物もいれば、回復の兆しがなく死んだと思われる動物もいる。落下や捕食者の襲撃で命を落としたのかもしれない。

　この章に盛り込んだ多種多様な化石は、これまでに取り上げた事例とはまったく違う思いがけない行動や状況を伝えている。さあ、ゆっくりくつろいで、頭をひねったり、じっくり考えたり、笑ったりする準備をしよう。おしっこから恐ろしい病気まで、確かな証拠を残した世にも奇妙な化石を見ていく。

パラサイト・レックス

陸上で史上最大級の捕食者の一つと言えば、ティラノサウルス・レックス（Tレックス）だ。その成体は全長一二メートルを超え、体重は八トン超と、ほぼ二頭分のアフリカゾウに匹敵する。この恐竜には自然界に捕食者がいなかった。せいぜいほかのTレックスが天敵になるぐらいだっただろう。Tレックスが恐竜界のセレブであることは疑う余地がない。ほとんどの人は食物連鎖の頂点に立つ究極の捕食者というイメージをもっている。しかし、それほどの猛獣であっても、Tレックスやその仲間のなかには、考えもしないようなちっぽけな「捕食者」、つまり寄生生物の犠牲になるものもいた。

寄生生物は、化石のこと、とりわけTレックスのような恐ろしい捕食者の化石のことを考えたときには思い浮かばないかもしれないが、遠い昔から動物たちを苦しめてきた。宿主の体内に潜む（内部寄生）か体の表面にすみ（外部寄生）、宿主を栄養源やすみかとして利用し、活発に生きている宿主からエネルギーを奪い取り、最終的に宿主を死に追い込むことがある。

一九九〇年、アメリカ・サウスダコタ州のバッドランズと呼ばれる不毛地帯で化石収集家のスー（スーザン）・ヘンドリクソンが化石探しをしていたとき、正真正銘の大発見にめぐり合った。世界で最も完全かつ最も有名と言われているTレックスだ。雄か雌かはわからないのだが、この標本は発見者にちなんでスー（この恐竜のXアカウントによるとすべてアルファベットの大文字でSUEとするのが正しい表記）と名づけられた。スーは非常に詳しく研究されてきた。これまでに明らかになった事実のなかでもとりわけ興味深いのは、この巨獣の死にまつわる発見だ。

スーの下顎には、縁がなめらかに浸食された異常な「穴」が複数ある。この穴は古生物学者を長年悩ませ、以前はかまれた跡か、細菌が骨に感染した際の症状かもしれないと考えられていたが、実際にはそのどちらでもなかった。こうした特徴はスーに特有のものではない。より広範な研究の一環として、ほかのTレックスやティラノサウルス科の恐竜（ダスプレトサウルス *Daspletosaurus* とアルバートサウルス *Albertosaurus*）が調べられた結果、顎の骨の同じ領域に同様の損傷がいくつも見つかったのだ。

こうした損傷は、ハトやニワトリのほか、猛禽類といった現代の鳥の下顎に見つかる損傷と非常によく似ている。これは寄生虫が引き起こす「トリコモナス症」と呼ばれる一般的な感染症の症状だ。寄生虫が実質的に下顎のかなりの部分を食べることによって起きる。これは非常に重い症状で、口や喉、食道の周辺に激しい損傷と痛みを引き起こし、食べたり飲んだりするという簡単なことさえ不快になり、ひどい場合にはほぼ飲食ができなくなる。現在進行中のスーの研究から、この感染症は歯の発達に異常を引き起こし、顎にさらなる痛みをもたらした可能性があると考えられている。

この発見は、鳥類の感染症が非鳥類型の獣脚類恐竜で見つかった初の事例となった。ティラノサウルスと現代の鳥の病変が類似していることを考えれば、Tレックスとその仲間でトリコモナス症に似た病気が見られることは、こうした恐竜がこの病気の不快な合併症、あるいはそれと似た合併症にかかりやすく、同様の免疫反応を示していたことが示唆される。さらに、この感染が現代の鳥にトリコモナス症を引き起こす寄生虫によるものだったという可能性さえある。いったん感染すると、飲食が難しくなり、現代の鳥に見られるように、屈強なティラノサウルスでさえ体重を激しく落とし、やがて飢え死にして

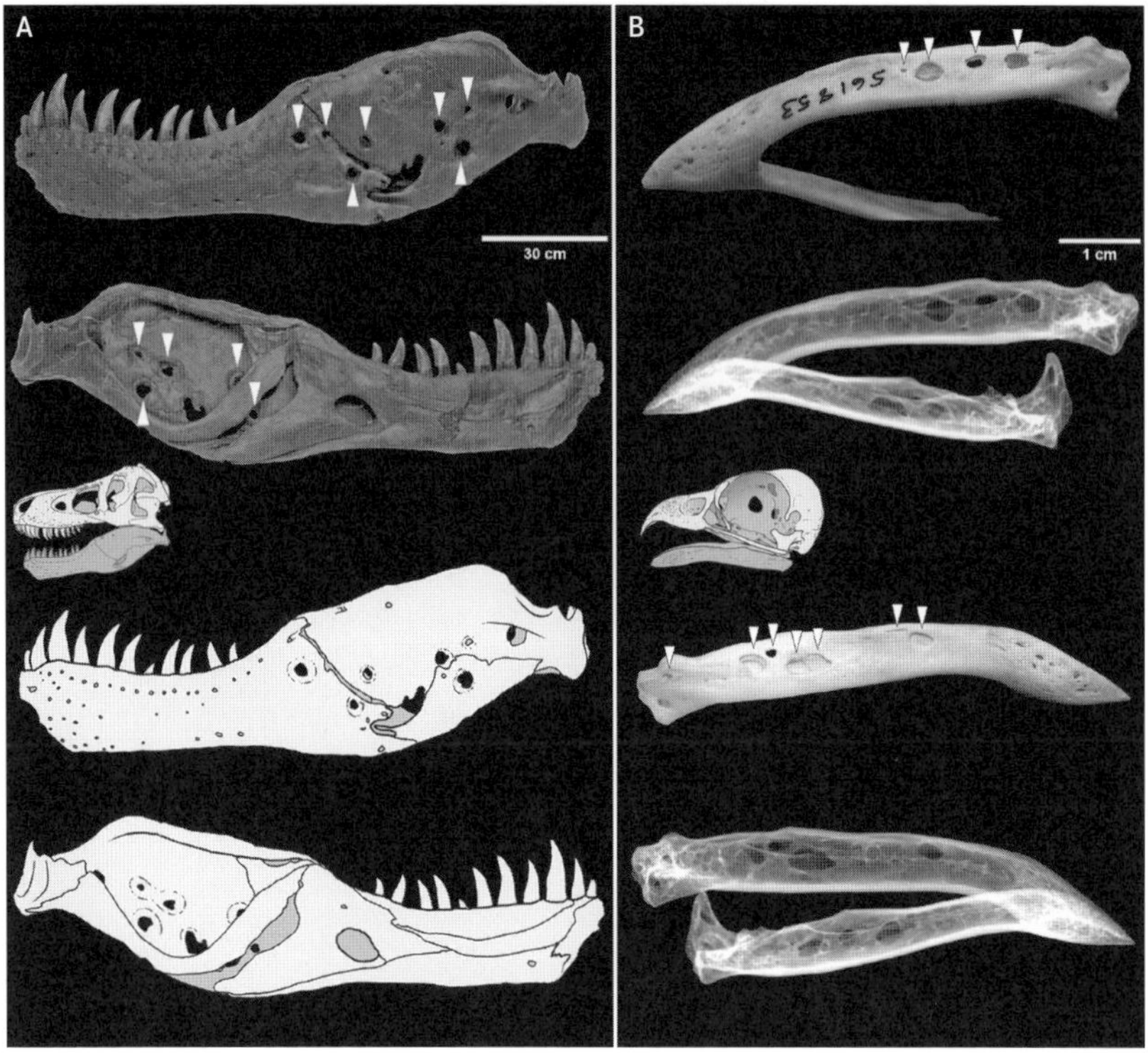

図5.1. (A)ティラノサウルス・レックス「SUE(スー)」の下顎の写真とイラスト。矢印で示した箇所に、トリコモナス症に似た丸い病変が複数見られる。(B)現代の鳥(ミサゴ)の下顎の写真とX線写真。矢印で示した箇所に、寄生虫が引き起こすトリコモナス症による丸い病変が見られる。これはスーの病変と非常によく似ている。

(画像提供:Ewan Wolff. [A] 撮影:John Weinstein, © Field Museum. どちらも以下の文献の図版をわずかに修正して掲載:Wolff, E. D. S., et al. 2009. "Common Avian Infection Plagued the Tyrant Dinosaurs." *PLOS One* 4, e7288)

しまったとも十分に考えられる。

この病気はおそらく風土病のようなものだっただろう。感染した獲物を食べるなど、感染経路はいくつか考えられるが、感染の主な原因は頭部をかむことだったと思われる。化石に見られる証拠から、ティラノサウルスは競争やなわばり争い、求愛のときにこの行動をよくとっていたと考えられる。同様の行動は現生のタスマニアデビルにも見られ、この動物はデビル顔面腫瘍性疾患と呼ばれる感染性の口腔がんによって野生での絶滅が危惧されている。顔をかまれることによってこの病気に感染すると、感染した個体はたいてい六カ月以内に死んでしまう。

こうした致死性の病気に感染すると、動物が日常生活でできることがきわめて限られてしまう。やがて寄生虫は屈強な宿主の命を奪うことになる。生涯のうちに無数の動物を脅かしたに違いないティラノサウルス自身が捕食者、しかも自分でも見えないようなちっぽけな捕食者に苦しめられていたというのは、ほとんど奇妙な作り話のようでもある。

図5.2. 寄生虫にむしばまれたTレックス（⬅次ページ）

世界で最も完全な形で残るティラノサウルス・レックスのスーが、トリコモナス症に似た致死性の病気に重く感染し、疲れきった表情をしている。

BOB NICHOLLS 2020

岸に打ち上がった大量のクジラ

海生哺乳類が岸に打ち上げられる現象は、世界各地でたびたび起きている。この特殊な現象は「ストランディング」と呼ばれ、何百頭もの個体がかかわることもある不幸な出来事だ。クジラは生きて座礁することもあれば、負傷していること、死んで漂着することもあるが、そうした状況に陥る理由は一つの原因だけでは説明できない。軍隊が使うソナーや化学物質による汚染といった人為的な原因のほかに、方向感覚の喪失、病気、極端気象、致死性の有毒な水といった自然の原因もある。先史時代の海生哺乳類もまた座礁することがあった。チリのアタカマ砂漠で偶然、その最高の事例が発見された。

二〇一〇年、チリ北部のカルデラの港に近い場所で、パンアメリカン・ハイウェイ（北米のアラスカから南米のアルゼンチンまで続く大道路網）に沿った道路の拡幅工事の最中に、建設作業員が大規模な化石の密集層を見つけた。そこは現在「セロ・バジェーナ」（スペイン語で「クジラの丘」の意）と呼ばれている。発見されたいくつかの化石から、ここは化石の宝庫だろうと思われたので、幅二〇メートル、長さ二五〇メートルの発掘現場が一時的に開放された。与えられた期間はたった二週間。ワシントンにあるスミソニアン協会の国立自然史博物館に所属する海生哺乳類の専門家ニック・パイエンソンが、南北アメリカの古生物学者チームを率い、できるだけ迅速かつ慎重に化石の調査、発掘、研究を行なった。災害現場から貴重品を急いで回収するような作業だった。

四〇点以上の海生哺乳類の完全骨格と部分骨格、海生のナマケモノ、マカジキ、単独のサメの歯など、多数の化石が発見された。これらすべての化石が産出したのは、六〇〇万〜九〇〇万年前の中新世後期の海洋堆積物からなるバイア・イングレッサ層で、アタカマ地域ではよく知られた地層だ。

発掘作業は地下に埋もれているものの表面を引っかいた程度にすぎなかった。残念ながら、この現場の大部分は舗装された新しい道路の下にあるため、いまは目にすることができない。比較的狭い範囲で大量の化石が発見されていることを考えると、当初の発掘現場は氷山の一角で、本当ははるかに広い範囲に化石が密集しているに違いない。地質図から、およそ二平方キロの範囲に広がっているとみられる。だから、さらに数百点の骨格がまだ埋もれているとみていいだろう。

とりわけ目を見張るのが、セロ・バジェーナで見つかった海生哺乳類の多様さだ。最も多く発見されたのはヒゲクジラ類（ナガスクジラ科）。これは現生のシロナガスクジラを含む大きなグループに属するクジラだ。若い子から成熟したおとな（全長は最大一一メートル）まで、さまざまな年齢の少なくとも三一頭の個体が確認されていて、おそらくすべてが同じ種であるとみられる。ただし、化石の研究はまだ続いており、種の同定は終わっていない。ほかにも、少なくとも二種のアザラシの絶滅種、一頭のマッコウクジラ、セイウチに似た一頭のハクジラ（オドベノケトプス *Odobenocetops*）などが発見されている。これらのクジラは関節がつながった完全骨格として残っていた。特に注目したいのは、ヒゲクジラの多くが同じ方向を向き、たいてい腹を上にした姿勢をとっていることだ。その数と骨格の完全性、保存状態のよさから、これらのクジラは生きていたか死んでいたかはわからないものの、岸に打ち上げられたことが強く示唆される。現代のクジラのストランディングに当たる現象だ。ただし、生きた状態で座礁した個体は通常、噴気孔があるために背中を上にした姿勢をとる。

この先史時代のヒゲクジラも、多くの現生のクジラのように明らかに社会的な性質をもっていた。しかし、複数の個体が岸に打ち上げられる「マス・ストランディング」は、現代のハクジラではよく見られるものの、ヒゲクジラでは比較的珍しい。たとえば、一九八七年一一月から一九八八年一月にかけての五週間に、合計一四頭のザトウクジラがアメリカ・マサチューセッツ州のコッド岬の海岸線に沿って漂着した出来事が記録されている。性別や年齢はさまざまで（子も一頭含まれていた）、けがをした形跡もなかった。しかし、最後の食事（タイセイヨウダラ）が胃の中に残っており、高濃度の藻類の毒を含んでいることが明らかになった。この毒でクジラは命を落としたのだ。直接的な観察結果から、海で短時間のうちに死んだことがわかった。

海生哺乳類の化石が発見されたバイア・イングレッサ層では、八メートルの区間内に、骨が密集した層が四つある。一つ一つが単独のマス・ストランディングを表し、それぞれが数千年の間隔で起きた。骨が密集したそれぞれの層で、個体どうしは近くに保存され、直接接している個体もあることから、それらの個体は海を泳いでいるときに同じ原因で死んだと考えられる。その後、激しい嵐や大潮のときに干潟に打ち上げられ、泥に埋もれたのだ。現在では、ほとんどのストランディングの原因は有害藻類ブルーム（ＨＡＢ、いわゆる赤潮も含む）であると考えられている。それ以外の原因では、複数の個体や異なる種の死骸が繰り返し蓄積される現象の説明がつかない。化石が産出した岩石には太古の藻類の証拠も含まれている。

ＨＡＢは特定の藻類が猛毒を生成しながら、制御できない巨大な規模で発生したときに起きる。生態系の健全性があまりにも大きく侵されるために、動物は生存できなくなる。海生哺乳類の場合、有毒物質を摂取すると内臓が機能しなくなり、最終的に命が尽きる。群れが全滅してしまうことさえある。た

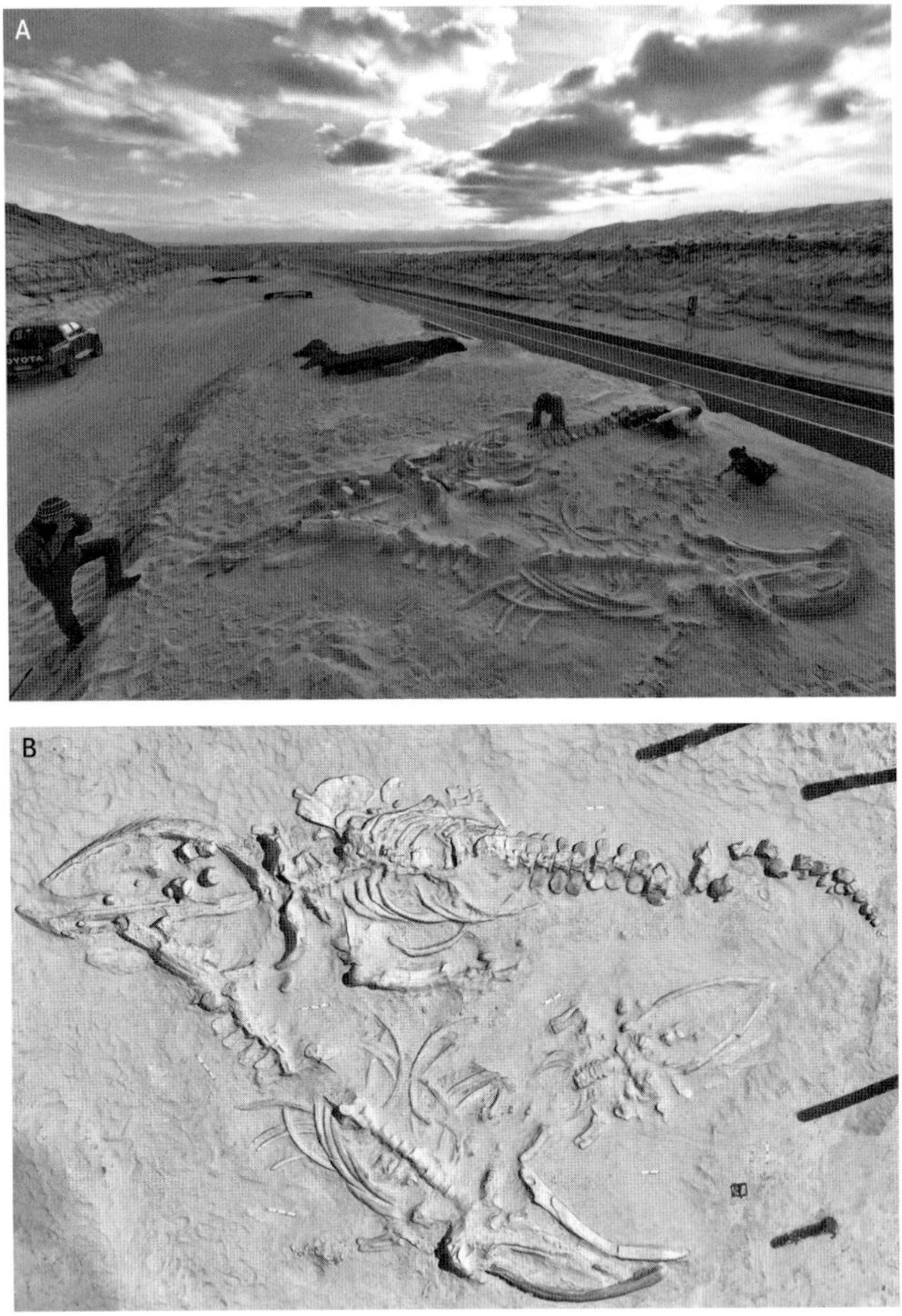

図5.3. (A)パンアメリカン・ハイウェイの脇で見つかった大量死の現場「セロ・バジェーナ」で、複数のヒゲクジラの骨格を発掘する古生物学者たち。(B)発掘中の3点の骨格の接写。成体と子が重なり合っている。

([A] 撮影:Adam Metallo, Smithsonian Institution; [B] 以下の文献の画像に多少手を加えて掲載:Pyenson, N. D., et al. 2014. "Repeated Mass Strandings of Miocene Marine Mammals from Atacama Region of Chile Point to Sudden Death at Sea." *Proceedings of the Royal Society* B 281: 20133316)

とえば、これまでに報告されたなかで最大規模のヒゲクジラの大量死（二〇一五年にチリ南部でイワシクジラをはじめとする三四三頭のヒゲクジラ類が死亡した出来事）は、ＨＡＢとエルニーニョの発生が原因だった。

格別に保存状態のよい多数の骨格化石がいっしょに発見されたことで、セロ・バジェーナは海生哺乳類の化石産地としては世界屈指の標本数を誇る場所となった。化石の証拠と現代の類似種との比較から、この大量死の現場にはＨＡＢによって命を落とした四つの群れが集積していることが明らかになった。これら先史時代のクジラは、有毒な藻類を食べた獲物を捕食するか、藻類を吸い込むことによって毒に侵され、海で急速に体調を崩した。そして死にかけた個体あるいは死んだ個体が海岸線に漂着し、そこに取り残されて埋もれてしまった。この発見は先史時代のヒゲクジラもマス・ストランディングを起こしやすかったこと、そして社会性をもっていたことを示している。不運なことに現在も、社会的な結びつきが強く緊密であることが、マス・ストランディングにつながっているとも言える。生活と移動をともにするだけでなく、猛毒をもった藻類を同時に体内に取り込み、いっせいに命を落としてしまうのだ。

図5.4. 打ち上げられたクジラたち（⬅次ページ）

おびただしい数のヒゲクジラ、数頭のマッコウクジラ、アザラシ、数種の魚が海岸に打ち上げられた。大量発生した藻類の猛毒で命を落としたのだ。

BOB NICHOLLS 2020

眠る竜

睡眠と休息は脳と体の回復や強化、正常な機能にとって欠かせない。動物のなかには一日の大部分を寝て過ごすものもいれば、定期的に休息するものもいるし、ある種の鳥類や海生哺乳類は脳の半分を休めて残りの半分を起きたままにする。さらに、鳥は飛びながら休息をとったり眠ったりすることが知られている。このような行動は動物によって大きく異なり、こうした複雑性があるために睡眠行動の研究や理解が難しいことがある。だからこそ、鳥に似た小型の恐竜が、多くの現代の鳥によく見られる紛れもない睡眠や休息の姿勢で保存されているのが見つかるという出来事は驚くべき大発見だった。まさに眠れる森の美女だ。

その恐竜の名称メイ・ロン（*Mei long*）は中国語で「眠る竜」という意味で、ニワトリほどの大きさの全長五三センチの肉食獣脚類であり、二〇〇四年にその存在が世界に向けて発表された。メイは鳥に似たトロオドン科に分類され、ヴェロキラプトル類に近縁で、ほぼ完全な骨格が中国遼寧省西部に分布する陸家屯と呼ばれる岩石層で発見された。これは一億二五〇〇万年前の白亜紀前期の地層で、化石が豊富なことで知られている。

メイは体を丸め、尾を体のまわりに巻きつけるようにして首の下に置くという、まるで生きているような姿勢で残っていた。体の下には折り曲げた長い脚がある。前腕は鳥そっくりに体の両側に折り畳まれ、小さな頭は左側に位置し、左の前腕（肘の部分）と胴体のあいだにきれいに収まっていた。この姿勢は、現生の鳥に特徴的な睡眠や休息の姿勢と一致する。頭を包み込むようなこの姿勢は鳥では体温の維持にも役立ち、メイにとっても同じだったと十分に考えられる。だとすれば、この行動は最初に非鳥類型の恐竜で進化したということだ。メイは骨しか残っておらず、若い成体だったことがわかっているが、その解剖学的な特徴や同じ科のほかの種と比較した結果から、羽毛を生やしていたと推定される。

　この発見は恐竜研究で世界初のものだった。しかし、この化石が唯一のものというわけではない。

図5.5. メイ・ロン（「眠る竜」という意味）の初めて発見された骨格。鳥がよく見せるような睡眠か休息の姿勢で残っていた。

（写真提供：Mick Ellison, American Museum of Natural History）

この化石の発見以降、同様に保存されたメイの完全骨格の二体目が見つかった。姿勢は同じだが、頭は右のほうに収まっている。ほかにも少なくとも二体の標本がおそらくこの種のものだろうと考えられているが、正式にはまだ同定されておらず、研究もされていない。鳥に似たほかの恐竜も同様の姿勢で発見されていることから、この姿勢は単なる偶然ではなく、おそらくこれらの動物に共通する典型的な睡眠や休息の姿勢であると考えられる。

ここで興味深いのは、一部の鳥がレム（REM、急速眼球運動）睡眠を経験するという事実だ。私たち人間はレム睡眠の最中に大部分の夢を見る。鳥が夢を見るかどうかは確認できないものの、研究からは鳥も夢を見ると推定されている。実際、ある研究ではキンカチョウが睡眠中に歌を練習することが発見された。もしこれが当てはまるのなら、かなり心が痛む話ではあるが、これらの鳥に似た恐竜が穏やかに息を引き取るときに夢を見ていた可能性はあるだろうか？

メイが実際に眠っていたのか、休んでいただけなのかは知る由もなく、夢を見ていたかどうかはなおさら知りようがない。メイが眠っていたか休んでいたかはともかく、その状態でどのようにして現代まで残ったかが気になるところだろう。発見地（陸家屯）の当初の研究では、同じ環境にいた恐竜やほかの動物もろとも、空から降ってきた灼熱の火山弾や火山灰を浴びて一気に命を落とし、埋もれてしまった、つまり一度の出来事による大量死が起きたと考えられた。発見地は「中国のポンペイ」というぴったりの名前で呼ばれてきた。しかし、最近の複数の研究成果によって、三次元で見事に保存された完全骨格がこれほど多く発見されているのは、一度だけの出来事による大量死ではなく、複数の出来事が原因であるからだと考えられるようになった。大量の火山性の土砂が生じる降灰や、ラハール（火山泥流）、火砕流が入り交じった複数の洪水といった出来事が組み合わさった結果、動物たちは窒息して短期間のうちに埋もれてしまったのだと考えられている。埋もれたときには、有毒な火山性ガスで窒息してすでに死んでいたかもしれないし、地面で眠っているか休んでいるかしたときに生き埋めになったのかもしれない。生きていたときのような姿勢で見つかったメイなど、一部の標本に乱れがないことを考えると、巣穴は保存されていないものの、地下の巣穴（あるいは巣穴のようなもの）の中にいたときに穴が崩れて一気に生き埋めになったということも考えられる。どれもありうるように思えるが、直接的な証拠がない以上、推測でしかない。

睡眠中あるいは休息中の恐竜を発見したという考えは、ありえないことではないものの、突拍子もないように思えるから、複数の標本が発見されたことはきわめて希少な事例だ。「生きた恐竜」である鳥類を含めた現代の動物と同じく、恐竜が日常的に眠ったり休んだりしていたことは確実だと考えることができる。二体の標本に見られる鳥のような姿勢もまた、鳥類とその太古の仲間とを結びつける行動だ。これらの希少な「眠る竜」は鳥に似ているだけでなく、鳥のように睡眠や休息をとっていたことを確かに伝えている。それから何百万年もたってから古生物学者に起こされるまで、ずっとそこで眠っていたのだ。

図5.6. 灰の毛布をかぶる竜（⬅次ページ）

火山灰が雪のように降り始め、体を丸めてぐっすり眠るメイ・ロンを覆う。

とんでもない傷を負ったジュラ紀のワニ

脊椎動物は概して骨折を克服することができる。骨折すると痛くて悶《もだ》え苦しむこともあるし、長期にわたって休息を強いられることもあるうえ、骨折の種類や程度によっては、体が不自由になったり、死亡リスクが高まったりすることさえある。とはいえ、骨には時間をかければ治癒できるという見事な能力が備わっているので、個体は回復することができる。

成人の体には二〇六個の骨があるから、生涯のうちに骨を一本ぐらい折るのは珍しいことではない。ネコやイヌ、クマ、コウモリ、齧歯類、アザラシといった哺乳類の雄にはペニスにさえ「陰茎骨」という骨がある（一部の哺乳類の雌は陰核の中に「陰核骨」という骨をもっている）。そして、この骨は交尾の最中に負担がかかると、ときどき折れることが知られている。その骨折も治癒するのだが、時には曲がったまま骨がくっついてしまうことがあるし、折れた陰茎骨の化石が発見されたこともある。骨に何らかの損傷が見られ、その生涯における出来事を教えてくれる化石は数多くあるから、一つの例だけを選ぶのは難しいのだが、ここでは衝撃的な変形の跡を残したワニの仲間の見事な化石を取り上げよう。ドイツの有名な化石産地ホルツマーデンに近い町、ドターンハウゼンのジュラ紀の採石場で採取されたものだ。

それはペラゴサウルス・ティプス（*Pelagosaurus typus*）のほぼ完全な化石である。タラットスクス類という絶滅したワニの仲間で、俗に「海ワニ」と呼ばれる。たいていは非常に細長い吻部が特徴であり、見た目はインドとネパールの川にすむ現代のガビアルというワニに似ている。ペラゴサウルスは全長が数メートルほどしかない小型種で、ほとんどの時間を温暖な浅い海で過ごし、おそらく産卵や休息のために岸に上がっていたと思われる。

骨格を見るとすぐに目が留まるのは、美しく保存された頭骨だ。そして、明らかに何かがとんでもなくおかしいと気づく。歯がずらりと並んだ繊細な吻部の中ほどで、下顎がぽっきり折れ、頭骨に対してほぼ九〇度も曲がっているのだ。これは死後に折れたわけではないし、発掘作業で生じた損傷でもない。折れた骨の根元に大きな仮骨の形で新たな骨があることから、このワニは重い外傷を当初は乗り切ったことがわかる。けがの直後に折れた骨を守るため周囲に血栓(血腫)が形成され、治癒のプロセスが始まったという証拠だ。治癒が進むにつれ、下顎の損傷した部分は軟らかい仮骨の形成によって結合し、最終的に固まって硬い骨の塊になった。

残念ながら、仮骨が形成されているときに、折れた下顎の前半分と後ろ半分が正常な位置に戻っていなかったため、骨は異常な位置でくっついてしまった。これは「変形治癒」と呼ばれている。この状態はワニにとって大きな支障となった。泳ぐにしろ、狩りにしろ、歩くにしろ、何もかもをこの状態で行なわなければならない。下顎にかかる抵抗力の大きさを考えれば、とりわけ泳ぎには苦労しただろうし、痛みも伴ったかもしれない。同様に、陸上でもかなりの負担を強いられていただろう。下顎が地面に引っかからないように頭を高く持ち上げるか、横に向けていなければならなかったのではないか。

ワニはきわめて屈強な動物で、大けがをしても生き延びることが知られている。現生種どうしの戦い

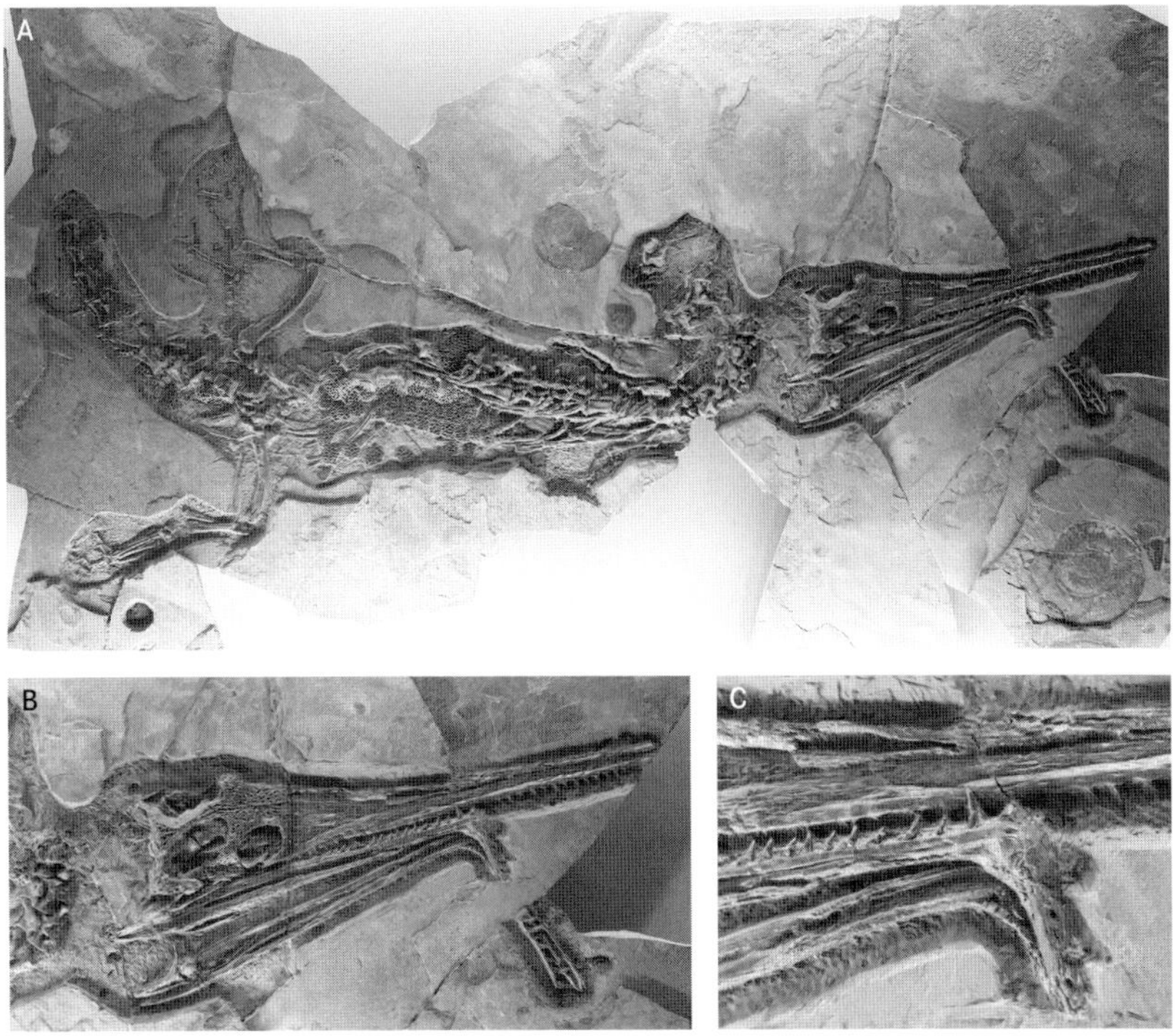

図5.7. (A)下顎が折れたペラゴサウルス・ティプスの骨格。(B)頭骨の接写。折れた顎がほぼ90度曲がっている。(C)大きな仮骨の接写。

([A] 写真提供:Sven Sachs; [B-C] 著者撮影)

図5.8. 上顎の大部分が失われた現生のクロコダイル。

(撮影:Sailu Palaninathan, 提供:The director of Arignar Anna Zoological Park, India)

は、相当激しくなることも多く、死につながることもある。ライバルを強烈な力でかみ、そのまま体を回転させる「デスロール」を行ない、頭部を効果的な武器にして相手を殴打するという戦いを繰り広げるから、骨を折る重傷を負うこともある。顎の骨折はよくあるし、時には顎が丸ごとちぎれてしまうことさえある。それでも、上顎や下顎を失ったままふつうに生きられる個体もいる。一例として、オーストラリアの野生動物専門家でテレビ番組のホストも務めた故スティーヴ・アーウィンが発表した短い科学論文を紹介しよう。それはアーウィンが捕獲したイリエワニ（愛称「ノビー」）に関するものだ。ノビーは下顎の大部分を失い、舌の一部も切断されていた。地元の人には少なくとも一八年は知られており、どうやら近くの牛牧場のごみ捨て場でさまざまな動物の腐肉をあさって生き延びていたようだ。ノビーは検査を受けた後、解放されて自然に戻された。顎の一部を失ったガビアルの観察記録もあるし、同じように下顎が折れたクジラも目撃されている。ペラゴサウルスの骨折は同種の別の個体との戦いで負ったものとみていいだろう。

痛々しいけがではあるのだが、仮骨が形成されていることから、この個体は顎が下に曲がった状態で少なくともある程度の期間を生き延びたことがわかる。それが数週間なのか、数カ月なのか、もっと長かったのかはわからない。下顎が曲がったままでは食べる能力が大幅に制限されていただろう。ペラゴサウルスはガビアルのように獲物にそっと忍び寄ってから頭部をすばやく伸ばして、魚などのすばしっこい獲物を捕食していたと推定されているからだ。

負傷したこの個体が捕食者にとって格好の標的になっていたことを考えると、ほかの動物の獲物にならなかったことは驚きだ。当時の海には、魚竜（大きいもので全長は最大一二メートル）や首長竜、ほかの海ワニといった、さまざまな大型の海生爬虫類がすんでいた。おそらくこうした捕食者との競争、そして捕食を回避する行動が、大けがを負ったワニを餓死に追い込んだのだろう。直感に反することではあるが、骨折が異常な位置で治癒してしまったことが、この一億八〇〇〇万年前の海ワニを死に追いやった。折れた下顎が外れて落ちていれば、もっと長く生き延びていたかもしれない。

図5.9. 困難を乗り越えて

傷を負ったペラゴサウルスが、変な方向に折れた下顎を地面に引っかけないよう、頭部を高く持ち上げて岸辺を歩く。

BOB NICHOLLS 2020

干ばつのドラマ？

大量の化石が集積した場所は、太古の生物群集についてたくさんの知見をもたらしてくれる。生物群集について理解することは重要ではあるのだが、大量の化石が集積した過程や理由を明らかにすることも同じぐらい肝要だ。多数の動物の命を一度に奪う火山噴火など、壊滅的な出来事が起きた結果として形成されたのか、それとも一つ一つの死骸が個別に岸辺に流れ着いてやがていっしょに埋もれたなど、もっと穏やかな出来事によって形成されたのか。化石を含んだ岩石を調べることは集積の原因を解き明かす手がかりになるのだが、実際に何が起きたかを詳しく解明し、化石が保存された経緯を筋道立てて説明するのは難しいことがある。

一九三九年、脊椎動物の進化に関する研究に大きく貢献したことでよく知られるアメリカ人の伝説的な古生物学者アルフレッド・シャーウッド・ローマーが、両生類化石の見事な密集層について記載した。当時、その両生類はブエトネリア・ペルフェクタ（*Buettneria perfecta*）という種に分類されたが、その後コスキノノドン・ペルフェクトゥム（*Koskinonodon perfectum*）として知られるようになり、現在ではアナスキスマ・ブラウニ（*Anaschisma browni*）と呼ばれている。アナスキスマは全長が最大三メートルで、サンショウウオを巨大にしたような見かけをしており、頭部は大きくて平べったい。絶滅したメトポサウルス科の一種で、三畳紀後期の湖や川でワニに似た捕食者の役割を果たしていた。

アナスキスマの密集層は一九三六年にロバート・V・ウィッターと彼の妻によって発見された。夫妻はハーバード大学の比較動物学博物館の化石調査の一環として、アメリカ・ニューメキシコ州サンタフェ郡ラミーのすぐ南で二億三〇〇〇万年前の三畳紀の岩石を調べていた。ウィッター夫妻は小さな丘陵地の斜面から崩落した骨のかけらを最初に発見し、その源をたどったところ、アナスキスマの化石がぎっしり詰まった大規模なボーンベッドを発見した。それは砂岩の塊に覆われていた。二年後、つるはしやショベル、数本のダイナマイトを駆使した発掘調査の末に、ボーンベッドは露頭に沿って長さ一五メートル以上も続いていることが明らかになった。しかし、地層の厚さは一〇センチしかなかった。

そこには最大一〇〇匹のアナスキスマの成体が保存されているとみられる。良好な状態の頭骨が少なくとも六〇点（長さはおよそ六〇センチ）、そして複数の部分骨格が互いに折り重なるようにしてごちゃごちゃに集積していた。ローマーの考えでは、浸食されていなければこの密集層は現状よりはるかに大規模で、数千とは言わないまでも数百匹のこの大型両生類がいっしょに埋もれていた可能性もあるという。この場所が発見されるまで、この両生類の化石は北アメリカではほとんど知られていなかった。この場所は「ラミー両生類採石場」として古生物学界で有名になった。

ローマーは、この両生類が深刻な干ばつによって干上がった池で死んだという説を唱えた。最後まで残った水たまりに集まらざるをえなくなり、たくさんの個体が押し寄せた結果だというのだ。密集した状態で、わずかに生き残った個体が死骸の中で必死に隙間を求めたものの、やがて飢えか水たまりの消失によって息を引き取った。

干ばつで池が縮小していったという説はかなり鮮烈なイメージをもたらし、ありうるようにも思えるものの、実際には証拠が何もない。一九八〇年代から九〇年代にかけてようやくこの従来の解釈の妥当性を問う声が上がり、二〇〇七年（一九四七年の最後の発掘調査から六〇年後）にニューメキシコ自然史科学博物館のメンバーが発掘調査を行なって、ローマーの仮説に異議を唱える新たなデータを見つけ出した。それらの研究では、現場で干ばつや水たまりの堆積物の証拠が見つからなかったうえ、大量死の原因は判明しなかった。干ばつはこの集団が集まった当初の理由だった可能性はあるが、その後に埋もれて現代まで残った理由とは考えられなかった。とはいえ、このボーンベッドが悲惨な大量死の出来事を示していることは確かだ。両生類の骨格の関節が外れ、ばらばらになっていることから、死骸は腐敗が完全に（あるいはかなり）進んでから、土壌が形成されつつあった近くの氾濫原まで一気に運ばれて堆積し、やがて埋もれたのだと考えられる。

この両生類の大群が大量死の前に群れとしてどのような行動をとっていたかを確実に知る方法はない。しかし、多くの現生の両生類は大きな群れで交尾し、群れで産卵する。ラミーでは成体だけが集まっていたことを考えると、集団繁殖のためにこの場所に集まっていたとも考えられる。同様の場所はラミーだけではない。三畳紀後期の地層に大量に死んだメトポサウルス科の両生類の化石が密集している場所はほかにもあり、アメリカ西部（多数のアナスキスマの化石が発掘されたテキサス州のロッテンヒル・ボーンベッドなど）、モロッコ、ポーランド、ポルトガルなどで報告されている。どの場所にも成体だけが集まっていたとみられる。

モロッコ西部の町アルガナに位置する密集層では、ほかの場所とは異なり、ボーンベッドから見つかったのは、七〇匹のドゥトゥイトサウルス・オウアゾウイ（*Dutuitosaurus ouazzoui*）という両生類の関節のつながった大きな完全骨格だった。皮肉なことに、ローマーがラミーについて提唱したように、この死骸の集積はおそらく干ばつによって池が干上がったために起きたと考えられている。化石の発見現場の周囲に分布する太古の泥にひび割れが確認されたことも、この説を裏づける証拠だ。泥のひび割れは、干ばつによって干上がった水域で見られると考えられている。この密集層では、大きな成体すべてが堆積物の中央部（干上がりつつあった池で最も深く、最後まで残った場所）に位置し、そのまわりにはより小さな個体がいた。力で負けて脇に追いやられたのだろう。

主に単一の種で構成されたボーンベッドは、群れによる何らかの行動を示唆しているという点できわめて興味深い。ここで紹介した両生類化石の希少な密集層は、メトポサウルスが少なくとも一時的にでも社会性をもっていたことを示している。大きな集団を形成し、大量死をもたら

図5.10. 有名なラミー両生類採石場の標本の一部。この現場には大型両生類のアナスキスマ・ブラウニの頭骨やその他の骨が多数含まれている。

（写真提供：Spencer Lucas）

す災難によく見舞われていたということだ。群れを形成した理由が何であるにしろ、それぞれの個体は同じように命を落とし、地中に埋もれ、現代まで保存されて、既知の化石のなかでもとりわけ劇的なストーリーを伝える化石となった。

図5.11. 干ばつの犠牲者

干上がりつつある池に、無数の両生類ドゥトゥイトサウルス・オウアゾウイが押し寄せた。互いに積み重なるようにして、わずかに残った泥水で体を湿らそうとしている。周囲に取り残された個体のなかには、干上がった池で力尽きたものもいる。

2020

体の中からむしばまれる

カリバチは遠い昔のジュラ紀から地上を飛び回り、植物の受粉を助けてきた。おそらく初期の哺乳類の祖先を悩ませてもいたことだろう。「カリバチ」と聞けばスズメバチを連想して、刺されるかもしれないから恐いと思う人もいるはずだ。しかし、実際のところ、一〇万種を超す現生のカリバチの大部分は他者を刺すことはなく、貴重な送粉者の役割を果たし、害虫の個体数を抑制してくれている。

カリバチのなかでも非常に多様なグループの一つに、捕食寄生をするハチがいる。このカリバチが進化させた行動は特殊で、気味が悪く、刺されるほうが少しはましだと思わせるものだ。こうしたハチは子育てや産卵に適した宿主となる節足動物を見つけ、その体表や体内に寄生する。節足動物は成長のいずれかの段階（卵から成体までのあいだ）で不本意ながら宿主になると、しばらく生き続ける。そのあいだ、寄生したハチの子は宿主を体内からむしばんで成長し、やがて体を突き破って外に出て、宿主を殺す。とりわけ風変わりな例の一つに、ある種の幼虫が宿主であるクモの脳を乗っ取って、クモをゾンビのように操り、異常な形の巣をつくらせるというものがある。幼虫はその巣を繭のように使って自らの身を守り、その中で安全に成虫へと成長して、クモを食べてしまうのだ。

こうした捕食寄生者の行動を示す証拠が化石として見つかることがごくまれにある。たいていは琥珀に閉じ込められた状態でだ。しかし、最も見事な標本はフランス中南部のケルシー地方にあるリン鉱石の鉱山で採取されたものである。そこでは、一九世紀後半から二〇世紀前半にかけて、三次元のハエのさなぎの化石が繭のような状態で大量に発見された。始新世に当たる三四〇〇万～四〇〇〇万年前のものだ。

化石は長さが三～四ミリしかない米粒のようなもので、一九四〇年代に公式に記載された。そのなかの一つにハチが寄生している可能性があると考えられていたが、研究はされないままだった。そして化石の発見から一〇〇年以上たった二〇一八年、古生物学者が最新機器を用いてハエのさなぎを再調査することにした。そうした機器は化石に命を吹き込むうえで重要かつ非常に有益な役割を果たしている。

一五一〇個のさなぎの化石を調査するために使われたのは、シンクロトロンという、X線画像を得る高性能な装置だ。化石になったさなぎの多くはまだ硬い殻に覆われているのだが、この技術を使えば化石を破壊せずにスキャンし、その内部を三次元画像として隅々まで撮像することができる。標本の数が膨大であるようにも思えるが、標本のサイズが小さいため、すべてをスキャンするのに四日しかかからなかった。調査の結果、五五個のさなぎの化石に寄生バチが含まれていることが判明し、そのうち五二匹のハチが成虫であることが確認された。

ハチの多くは保存状態が非常に良く、体中に生えた微小な毛（剛毛）さえ残っていた。一部の標本では、ハチが十分に成長し、翅が開いているのもわかる。これは、ハチが成虫まで育ち、宿主の体内から外に出る準備ができていたことを示している。ひょっとしたら、すべての個体が同期して、同時に外に出たのかもしれない。雄と雌の両方が確認されたほか、数個のさなぎには宿主である成長中のハエの脚と剛毛の断片が含まれていた。これらはハチが食べなかったものだ。

この発見では、寄生バチがそれまで知られていなかった四種の新種であることも判明するというお

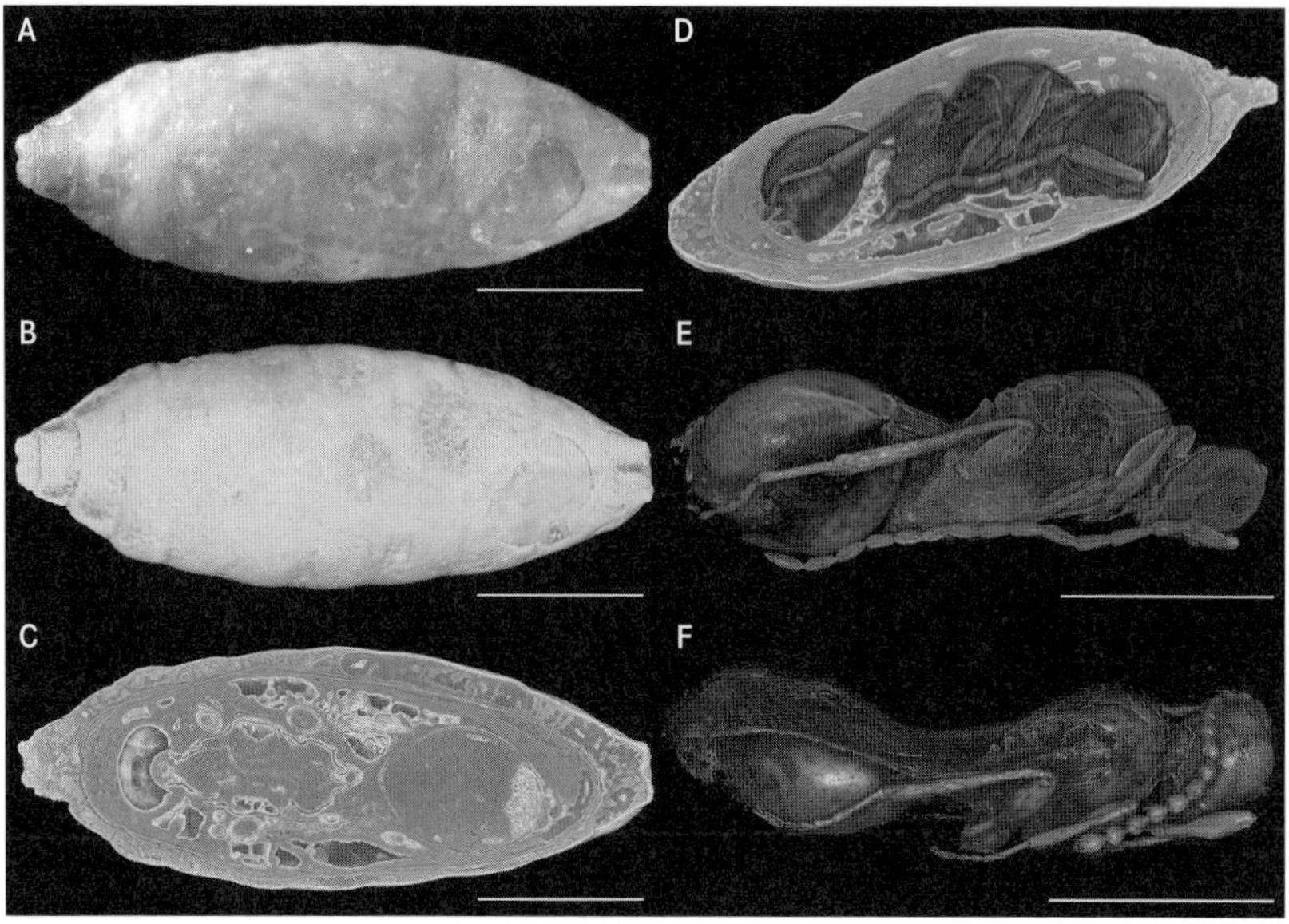

図5.12. (A-B)宿主であるハエのさなぎ。(C-D)同じさなぎの内部画像。(E)寄生バチであるゼノモーフィア・レズレクタの雄が宿主の体内で十分に成長している様子を非常に詳しくとらえ、折り畳まれた翅が残っていることもわかる。(F)翅を広げたゼノモーフィア・レズレクタの雌。スケールバーは1ミリ。

(画像提供:Thomas Vandekamp)

まけもあった。宿主の体を突き破って外に出るという行動にふさわしく、新種のうちの二種はゼノモーフィア・レズレクタ（*Xenomorphia resurrecta*）とゼノモーフィア・ハンドスキニ（*Xenomorphia handschini*）と名づけられた。これは、映画『エイリアン』シリーズで胸を突き破るエイリアン「ゼノモーフ」にちなんだ名前だ。この研究者たちはユーモアのセンスがある。

ハエのさなぎがどのような状況で保存されたかを考えてみるのはおもしろい。現代のハエと同じように、おそらくハエは腐敗しつつある死骸のにおいに引き寄せられ、そこに卵を産んだ。卵がかえってウジが湧き、腐肉を食べて成長し、成虫になる直前の段階であるさなぎになる。この段階で、寄生バチの雌は針のようにとがった産卵管を軟らかいさなぎに突き刺して、一個の卵を注入した。卵からかえったハチの幼虫はそれぞれのさなぎの中で成長して成虫になり、翅を広げて、いよいよ外へ飛び出そうかという段階になった。宿主の体内から外へ出ようとしたそのとき、さなぎはリン酸に富んだ水の中へ沈み、そのまま化石となった。太古のハエのさなぎを発見したとき、採取した人物はありふれたように見えた化石が将来このような珍しい発見をもたらすとは夢にも思わなかっただろう。

図5.13. 宿主の運命を決定づける（⬅次ページ）

ゼノモーフィア・レズレクタの雌の成虫が、針のようにとがった産卵管を使って、成長中のハエのさなぎの中に卵を注入する。

BOB NICHOLLS 2020

恐竜の腫瘍

人間の体は驚くほど複雑なマシンであり、三〇兆個を超す細胞からなる。古い細胞が置き換わるとき、新しい細胞が制御できないような異常な働きを見せて増殖し、腫瘍を形成することがある。多くの人にとって、「腫瘍」という言葉はがんを連想させるのだが、すべての腫瘍が同じというわけではない。腫瘍のなかには非がん性で一般的に害のない良性のものもあれば、がん性で命にかかわることがある悪性のものもある。がんは私たち全員に何らかの形で影響を及ぼしているから、世界中で最も嫌われている言葉の一つに違いない。こうした恐ろしい病気は人間のものだと思いがちだが、現代の動物にも腫瘍ができるし、がんで死ぬ動物もいる。それは太古の恐竜でも同じだった。

人間や動物に影響を及ぼす骨の腫瘍はさまざまで、それぞれ固有の病変を残す。そうした腫瘍の特徴を恐竜の骨と比較することで、古生物学者は腫瘍の種類を特定し、診断することができる。これができる化石はきわめてまれで、数えるほどしか知られていない。

そうした希少な化石を発見したのが、医学教授で脊椎動物専門の古生物学者であるブルース・ロスチャイルド率いる研究チームだ。彼は恐竜の古病理学では頼りになる人物であり、化石に残った病気の痕跡についての研究と執筆活動に何十年も打ち込んでいた。ロスチャイルドが世界初の恐竜の腫瘍を診断した数年後の二〇〇三年、彼の研究チームはさらなる証拠を探し求め、一万点を超す椎骨をX線で調べた。それは七〇〇以上の個体から集めたもので、ステゴサウルス、ディプロドクス、ティラノサウルスといったあらゆる主要グループの種を含んだ、時代の異なるさまざまな恐竜が選ばれた。しかし、腫瘍があるのがわかったのは二九頭にとどまった。興味深いのは、腫瘍のあるすべての標本が、ハドロサウルスという同じグループの恐竜の尾椎だったことだ。ハドロサウルスは「カモノハシ恐竜」という不似合いな愛称でも知られ、アニメ映画『リトルフット』シリーズのダッキーのような植物食恐竜で、大きな群れをつくって暮らし、白亜紀後期に当たる約六六〇〇万〜八五〇〇万年前に繁栄していた。

腫瘍の大部分が見つかったのはスクールバスほどの大きさのハドロサウルス類であるエドモントサウルス（*Edmontosaurus*）で、そのうちの一つは転移性のがんであることが確認された。体の別の部位で発達したがんが骨に広がったものである。したがって、このエドモントサウルスは、場所は不明だが、もともとがんに侵されていて、がんが進行した結果、死につつあったか、ひょっとしたら死んだのかもしれない。

ハドロサウルス類のほかに腫瘍がはっきりと確認されたのは四頭の恐竜だけだった。そのうち二頭はアメリカ・ユタ州とコロラド州のジュラ紀層から見つかった分類未定の恐竜で、単独で見つかった骨に腫瘍が確認された。コロラド州で見つかった標本も転移性がんを示す希少な事例であり、恐竜でそのように診断された初の例だった（ロスチャイルドの研究チームによる診断）。ブラジルの白亜紀層で見つかった巨大な竜脚類ティタノサウルスの尾椎からは興味深い腫瘍の事例が確認された。二種類の良性腫瘍（骨腫と血管腫）が見つかったのだ。最近では二〇二〇年に、カナダの白亜紀層から採取された角竜セントロサウルス（*Centrosaurus*）の腓骨で、侵襲性が高いがん性の骨腫瘍（骨肉腫）が確認された。ほかにも、アルゼンチンの白亜紀層で採取されたティタノサウルス類のボニタサウラ

(*Bonitasaura*)の大腿骨と、中国のジュラ紀層で見つかったステゴサウルスの仲間ギガントスピノサウルス(*Gigantspinosaurus*)の大腿骨からは腫瘍とみられるものが報告されている。

こうした腫瘍は何らかの不快感のほか、ひょっとしたら大きさや位置によっては相当な痛みをもたらしたかもしれない。ただし、カナダのセントロサウルスは腫瘍が進行していたことから、その影響で体を思うように動かせなかっただろう。ここでとりわけ注目したい腫瘍に、原始的なハドロサウルス類であるテルマトサウルス・トランシルヴァニクス(*Telmatosaurus transsylvanicus*)の標本で確認されたものがある。これはおそらく、生前のこの個体に影響を及ぼしていたと思われる。この化石は歯を含んだ保存状態のよい一対の下顎を含み、ルーマニアのトランシルヴァニア地方(種名の由来)のハツェグ盆地を流れるシビシェル川の岸辺で採取された。

この恐竜はエナメル上皮腫と呼ばれるきわめて珍しい良性腫瘍をもち、顔が変形していた。これは化石記録として初めて報告された例だ。人間の場合、この腫瘍は成長が遅いものの侵襲性が高く、大臼歯や親知らずに近い顎(たいていは下顎)に位置し、歯のエナメル質を形成する細胞から発達する。顎に激しい痛みをもたらしたり、歯の位置を移動させたりするほか、あまりにも大きくなると顔の形が著しく変化することもある。テルマトサウルスでは、腫瘍は左の下顎に位置している。骨に明瞭なふくらみが存在し、エナメル上皮腫に特有の石けんの泡のような内部構造が見られることから確認された。

この個体はこれまでに確認されたなかで最大のテルマトサウルスの標本の半分程度の大きさしかなく、完全に成熟する前に死亡している。残念ながら、化石が不完全であるために死因を特定することはできない。しかし、エナメル上皮腫は良性であるとはいえ、そのまま成長し続ければ深刻な合併症を引き起こし、体を弱らせてしまうおそれもあり、おそらくこの若いテルマトサウルスを死に追いやる一因となったのだろう。したがって、腫瘍は巨大にはなっていなかったとはいえ、群れで健康な仲間の中にいたら故意でなくとも目立ってしまったかもしれない。現代では、捕食者は可能なときは生き生きと成熟した個体より、若い個体や老いた個体、弱い個体を襲うことが多い。たとえば、トウゾクカモメという捕食性の海鳥は大西洋にすむペンギンの奇形のひな（明らかに病気かほかとは違ったひな）を狙って捕食することで知られている。

　人間やほかの動物に見られる腫瘍やがんなどの病気は、遠い昔から恐竜などの先史時代の生き物にも影響を及ぼしてきた。現生の生物がこうした病気による副次的な影響にどのように対処しているかを理解することは、はるか昔に絶滅した動物の生活や行動をより詳しく知る手がかりをもたらしてくれる。

図5.14. 腫瘍の影響

大きく腫れ上がったテルマトサウルス・トランシルヴァニクスの左の下顎。エナメル上皮腫の存在を示す症状だ。

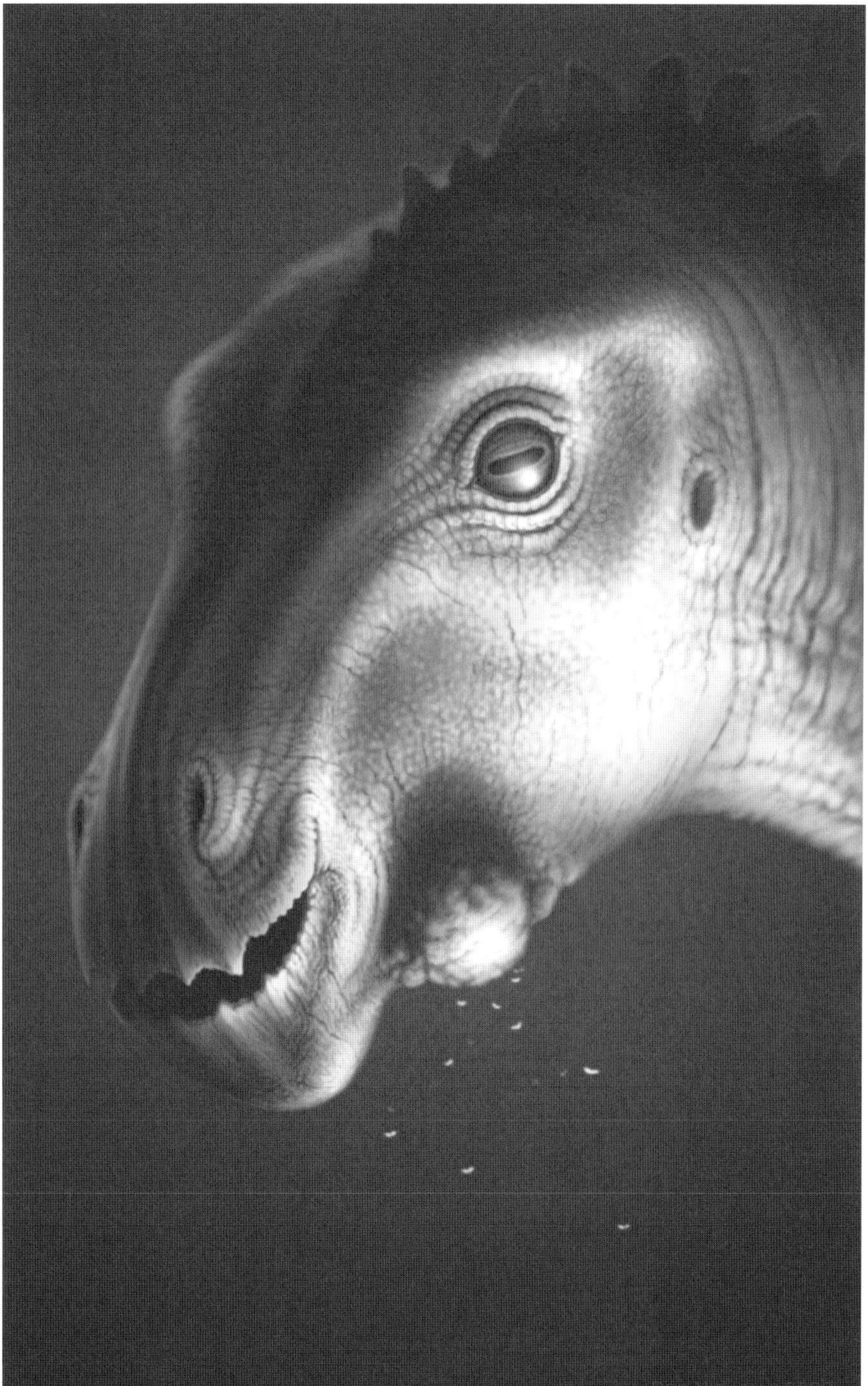

化石になった「おなら」

おなら、屁、ガス。呼び方はいろいろあるが、私たちはそれを……よくする。時には部屋にいる全員がいなくなるほどの強烈なやつを。このガスは消化の過程でたいてい胃や腸で生成され、肛門から放出される。そのにおいと頻度は個人の食生活や健康、腸内フローラによって異なる。おならは人間の行動であると思いがちだが、実際には多くの動物もする。その証拠に私の愛犬もよくおならをする。これと同じように、動物たちは何百万年も前からおならをしてきたに違いない。

もっともなことではあるが、読者はおそらくこう思っているだろう。「何のためにこんな話をしているんだ？　大昔のおならの証拠が残っているわけないじゃないか」と。それはつまり、おならの化石のことを考えているというわけだ。奇妙に思えるかもしれないが、そのとき恐竜が頭に思い浮かぶのは無理もないし、ティラノサウルス・レックスがおならをするかどうかは気になるところではある。一万種を超す鳥類（現生の獣脚類）すべてがおならをしないことを考えれば、おそらくTレックスもしなかったと考えられる。ここでがっかりするのは早い。巨大な竜脚類や鳥盤類などの植物食恐竜（ハドロサウルス類、ステゴサウルス類、角竜類）は現代の大型草食動物と同じように、ひょっとしたらおならをよくしたかもしれない。とはいえ、化石に残る唯一の直接的な証拠は恐竜よりはるかに小さな動物から得られた。それは恐竜と同じぐらい興味深い、琥珀に閉じ込められた昆虫だ。

昆虫もすべてではないが、確かにおならをする。おならの研究者によって調べられた動物のなかでも、ケカゲロウ科の一種であるロマミア・ラティペニス（*Lomamyia latipennis*）は命にかかわるという点で最強とも言えるおならを進化させた。このケカゲロウは幼虫のとき、シロアリの顔の目の前で放屁する。これだけだとそれほど恐ろしく思えないかもしれないが、おならを浴びた数分後、シロアリの体はその有毒ガスによって動けなくなる。すると幼虫は、おならで麻痺した獲物を食べ始めるのだ！

琥珀の中で見つかる動物としては、昆虫が圧倒的に多い。樹木からしみ出たねばねばの樹液に閉じ込められると、交尾や採餌、寄生など、昆虫がそのときにとっていたさまざまな行動が瞬時に記録される。琥珀の中にはガスの泡もよく見つかり、なかには昆虫の翅や脚の下に位置して、昆虫との関連を示す泡もある。たいていの場合、泡は樹液が木を流れ落ちるときに取り込んだ太古の空気だが、昆虫が樹液の上に止まったり、樹液から抜け出そうとしたりしたときに取り込まれた空気であることもある。

まれにではあるが、泡が昆虫の直腸から直接出ていることがある。これは、おならをした結果として生じたものだ。この解釈を裏づける証拠としては、泡が昆虫の肛門に位置している、昆虫が良好かつ無傷で保存されている、全体的に腐敗が進んでいない、といったものがある。希少ではあるのだが、バルト海（始新世、四四〇〇万〜四九〇〇万年前）とドミニカ（中新世、一六〇〇万〜二〇〇〇万年前）の琥珀からは明確な標本がたくさん見つかっている。そこに含まれているのは、シロアリ、ゴキブリ、アリ、ハナバチ、甲虫、ハエが放出したおならだ。なかには、メタンや二酸化炭素など、おならに含まれているガスを含んだ泡もあると言われている。

数千万年前のおならの化石があるというのは楽しいのだが、おもしろいのはそれだけではない。これらの昆虫は体がガスを放出しようとした直前に閉じ込められたとはいえ、必ずしもおならをしている最中に閉じ込められたとは限らない。昆虫が琥珀に閉じ込められて死んだ後、おそらく数秒のうちに、腸の中に生き残った微生物が最後の食事を消化し続けて、それがガスの放出（おなら）につながり、ガスの泡として現れたのだ。死後に食物が分解されてガスが放出される同様の事例は、シロアリなど、いくつかの現生の昆虫でも起こることが知られている。シロアリは腸内に膨大な数の微生物を宿しており、その多くは嫌気性の微生物だ。琥珀の中からは、おなかにガスがたまったシロアリも発見されている。琥珀の粘性が高いか肛門が塞がれているために、蓄積されたガスが抜け出せずにシロアリの体内に蓄積されたのだ。

こうしたおならの化石は、化石記録としては最も保存されそうにない行動

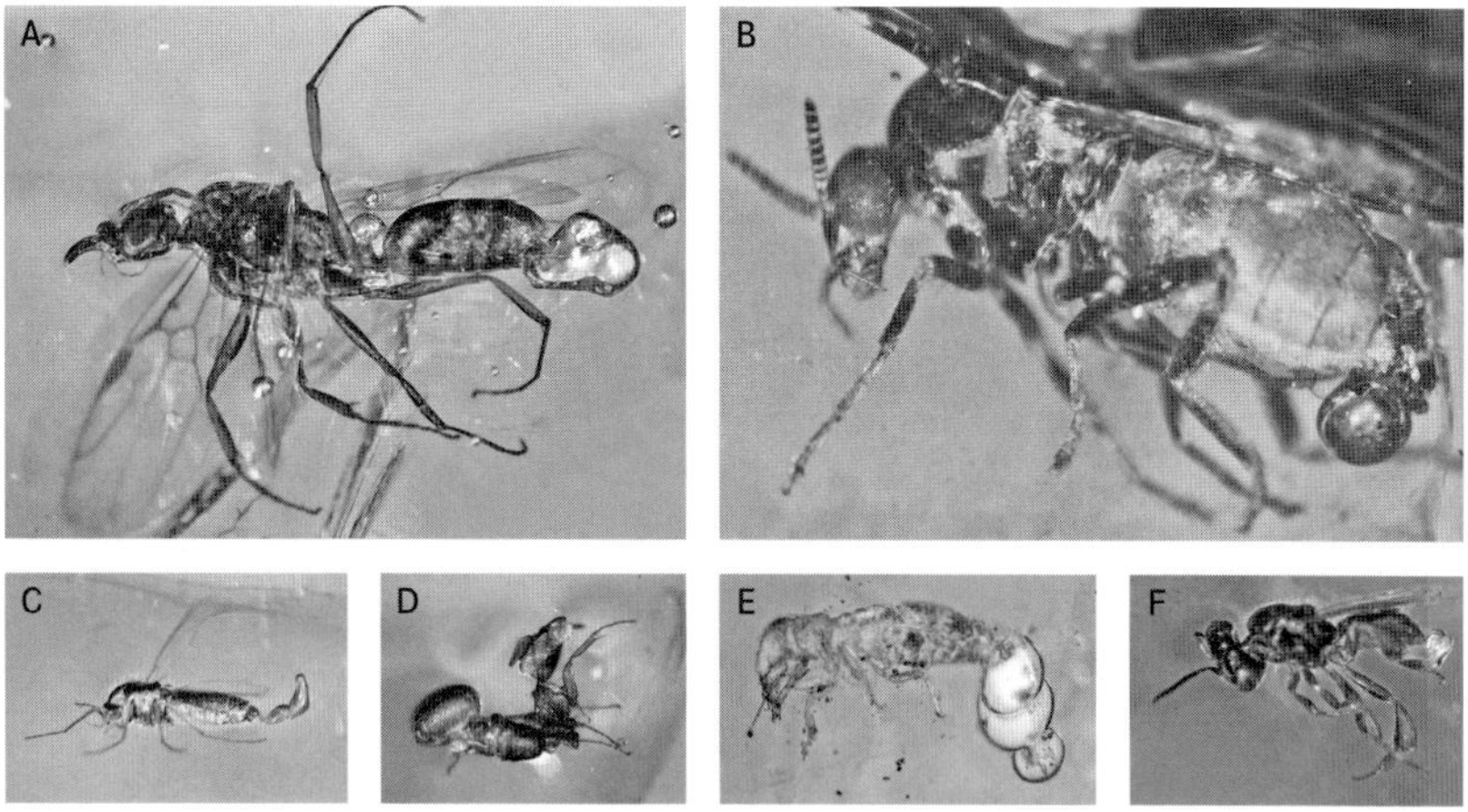

図5.15. 肛門からガスの泡(おなら)が出ている昆虫。

(A)羽アリ。(B)吸血性のブヨの雌。4000万年前のバルト海の琥珀。(C)蚊の仲間。(D)働きアリ。(E)シロアリの働きアリ。おならの泡が三つある。(F)ハリナシミツバチ。B以外はドミニカの琥珀に含まれている。

(写真提供George Poinar)

の一つをとらえている。それは、昆虫と腸内の微生物のつながり、具体的には相利共生の関係を示す間接的な証拠となっているのだ。昆虫とその体内の微生物を示す最古の直接的な証拠は、九九〇〇万年かそれ以上前の琥珀に見られる。こうした化石から、現代の昆虫や、ヒトを含めたほかの動物と同じように、太古の昆虫が腸内の微生物の活動によってガスを放出したことが確かめられた。この発見によって「強烈なすかしっ屁」という表現は、何千万年も前のおならにも当てはまることが明らかになったのだ。

図5.16. 樹液に閉じ込められた時間（⬅次ページ）

ねばねばした樹液が針葉樹の幹を流れ落ち、その途中で昆虫を閉じ込める。そのなかには、おなかにガスをため込んだ不運なシロアリもいた。

BOB NICHOLLS 2020

恐竜のおしっこ？

ちょっと待って。さっきはおならの化石で、今度は恐竜のおしっこ。もちろん冗談だよね？そう思う気持ちはわかる。恐竜が放尿しているという話は古生物学者どうしの話題としては奇妙に思えるだろうが（実際にはよくある話題）、これは科学にもとづいているから安心してほしい。当然、恐竜もおしっこをしなければならなかった。だとすればなぜ、こうしたありふれた行動の証拠を見つけられないのだろうか？

糞の化石（糞石）は価値あるものであることがわかっているが、おしっこの化石も同様だ。奇妙に思えるかもしれないが、ほかの痕跡と同じように、排尿の痕跡も条件が整えば化石として残ることがある。そうした痕跡は「ユーロライト」と呼ばれている。これはギリシャ語で「尿の石」を意味する言葉だ。恐竜のユーロライトと思われるものについて初めて報告されたのは、古生物学者のキャサリン・マッカーヴィルとゲイル・ビショップによる研究の発表だった。二〇〇二年に古生物学の会合で発表されて大きな反響を巻き起こした発見だ。

この二人が見つけたのは、彼らの言葉を借りると「バスタブの形をしたくぼみ」だった。それが何百もの恐竜の足跡に囲まれていた。発見現場はアメリカ・コロラド州のラ・フンタという町の南に位置するパーガトワール川沿いに位置している。そこは恐竜の歩行跡が見られる場所としてよく知られ、ジュラ紀後期の地層が分布し、一億五〇〇〇万年前の湖畔であると考えられ、竜脚類と獣脚類の足跡が多数見つかっている。その珍しいくぼみは長さ約三メートル、幅一・五メートル、深さ二五〜三〇センチだ。マッカーヴィルとビショップがその痕跡を再現しようと、砂の上に水を流す実験をしたところ、似たような跡ができた。発見現場には、水が流れ落ちるような張り出した崖などの地形が存在した痕跡は見当たらない。したがって、液体がつくった大きなくぼみの成因に対する説明としては恐竜、おそらく竜脚類（ディプロドクスなど）から放出された尿しかない、と二人は仮説を立てた。

この恐竜のおしっこ説は飛躍しすぎだという意見もあるだろう。実際、この恐竜のユーロライトとみられるものに関する研究はいまだに正式な論文としては発表されていない。一方、二〇〇四年には、もっと小さな楕円形のユーロライトが二点詳しく記載された。それはブラジル・サンパウロ州のパラナ盆地にある採石場で、およそ一億三〇〇〇万年前の白亜紀前期の岩石から採取された。それらが見つかったのは化石化した砂丘堆積物で、やはりそこにも恐竜の足跡が残っていた。ただし今回は獣脚類と鳥脚類の足跡だ。

どちらの痕跡にもクレーターのような明確な穴がある。それは乾いた砂に液体が最初に勢いよく落ちた場所で、そこから液体は緩やかな斜面を流れ、さざ波のような流痕を残した。この痕跡がどのように形成されたかを解明するため、マルセロ・フェルナンデス率いる研究チームは、二リットルの水を八〇センチの高さからゆるい砂地の斜面に注ぐという単純な実験をした。その結果できた構造は痕跡の化石と似たようなものだった。

この発見をさらに詳しく説明するため、研究チームは痕跡の化石を、現生の恐竜の仲間としては最大であるダチョウがつくる尿の跡と比較した。ここで、鳥のおしっこの仕方は人間とは異なることを伝えておきたい。鳥の液体と固体の排泄物は「総排泄腔」と呼ばれる一つの穴から放出される。この構造はワニ類にも存在するほか、プシッタコサウルスという恐竜のきわめて希少な標本の一つにも見られる（本書のイラストを描いたボブ・ニコルズを含むチームによって最初に確認された）。多くの鳥はすべての排泄物を同時に放出するものの、ダチョウなどの走鳥類は液体を出してから糞をする。比較の結果、ダチョウが勢いよく放出した尿は化石の構造と同様の跡を地面の泥に残すことがわかり、痕跡の化石は恐竜が砂地に放尿したことによって形成されたという説が裏づけられた。

「絶対ない」とは言いたくないが、恐竜が放尿している場面をとらえた

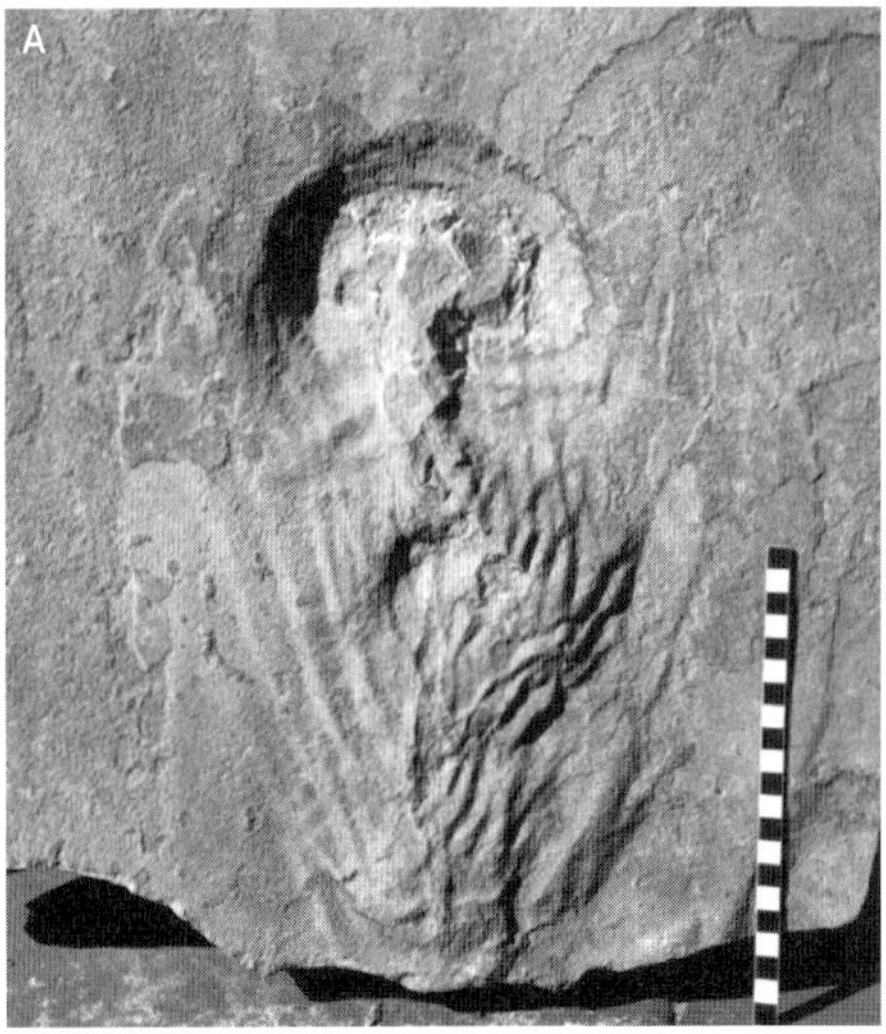

図5.17. (A)ブラジルのパラナ盆地で発見された恐竜のユーロライトの一つ。クレーターのような穴は尿が最初に勢いよく落ちた場所だ。さざ波のような跡も残っている。(B)地面に向けて勢いよく放尿する現代のダチョウ。

(写真提供：Marcelo Adorna Fernandes)

化石が見つかる可能性は、控えめに言ってもわずかしかない。したがって、放尿する恐竜について教えてくれるのは、鳥の観察を除けば、前述のようなユーロライトくらいだろう。
最後に、私はゾウの放尿（さらに言えば排便）のことを考えた。これを巨大な竜脚類に置き換えたら、どんなことになるだろう。もし小さな動物が運悪く、こうした巨獣が排泄する場所の真下に立っていたとしたらどうなるか、想像してみてほしい。もしかしたら命を落とすことになるかもしれない。何という死に方だろうか……。

図5.18. 巨獣のおしっこ

ディプロドクスが勢いよく放尿し、フルイタデンス（*Fruitadens*）という小型恐竜の小さな群れがあわてて、身を守ろうと安全な場所へ走り去っていく。

BOB NICHOLLS 2020

謝辞

ディーン・ロマックスより

私の母、アン・ロマックスは私のキャリアを支えてくれた最大のサポーターだった。たくさんのことを犠牲にし、いつも愛情を与えてくれ、応援してくれて、恐竜に夢中の子ども時代から現在の仕事まで、あらゆる段階で私を励ましてくれた。これを書くのはたまらなくつらいのだが、この本の執筆中に母は生涯を終えた。誰よりも優しく、すばらしく、寛大な人で、親に求められるものすべてを備えていただけでなく、それ以上の存在だった。母は大学には行かなかった。家計は毎月の支払いをするのに精一杯だったが、母は私と私のきょうだいを支えるためにできる限りのことをしてくれた。いつも家族と過ごしたいと思い、みんなを笑顔にし、幸せな思い出をつくってくれた。私の母でいてくれたことをとても誇りに思う。

母は私のキャリアのあらゆる段階でそばにいてくれた。私の進む道を決定づけたワイオミング州への旅に発つときにも見送ってくれたし、著書のサイン会も手伝ってくれたし、私が二〇一九年に博士号を授与される場にも立ち会ってくれた。私のイベントにはできる限り来てくれた。講演会を聞きに来たし、著書の宣伝も手伝ってくれたし、私がテレビやラジオに出演するときには友だちみんなに教えて回った。

化石探しにさえいっしょに来てくれた。母がいなくなってこれからどれだけ寂しくなるか、言葉ではとても言い表せない。

私がこれまでに成し遂げてきたことすべては、母がいたからできた。母がいなかったら、いまの私にはなれなかっただろう。ママ、この本はあなたにささげる。いっしょにいてくれてありがとう。愛してるよ。

ほかの近しい家族にも、いつも変わらず愛情や支援をくれること、そして本書執筆中の私を許容してくれたことに、大きな感謝を送りたい。ジョイス・ライトフット、スコット・ロマックス、ケン・ロマックス、ジュリー・ボイルズ、マーク・ボイルズ、オリヴィア・ボイルズ、フレッチャー・ボイルズ、リース・デイヴィーズ、そしてナタリー・ターナー。特にナタリーは、本書の第一稿の編集とコメント入れの作業を快く引き受けてくれ、私のやることすべてに大きな支えとなった。

よき友で古生物学者仲間であるジェイソン・シャーバーンにも心から感謝を（！）。本書の査読を快く引き受けてくれ、貴重なコメントを寄せてくれたおかげで、原稿が格段によくなった。彼は古生物学のポッドキャスト「On the Fossil Record（化石記録について）」を私といっしょに主催する仲間でもある。親友で同僚のナイジェル・ラーキン、ジュディ・マッサーレ、マット・ホームズには、知り合ってからいままで一〇年以上にわたっていっしょに仕事してきたことは、私のキャリアで最高の時期の一つだったと伝えたい。私にしてくれたことすべてにありがとう。

ワイオミング恐竜センターの親友や同僚たちへの感謝も忘れることができない。イングランドのドンカスターからやって来た恐竜に夢中の一八歳の子どもに、夢を実現するチャンスを与えてくれた。二〇〇八年にワイオミングを初めて訪れた旅は、私の将来のキャリアの根幹をなしているだけでなく、やがてカブトガニの死の行進を研究することにつながった。さらに、その研究から本書の着想を得ることができた。

ヴィクトリア・アーバー、スペンサー・ルーカス、そして匿名の査読者にもお礼を言いたい。親切にも無償で査読を引き受けてくれ、いくつかすばらしい助言をくださったおかげで、本書の各所が向上した。

この本は多くの人たちの仕事が結集した成果である。もとになったのは、仲間の古生物学者たちが何年もかけて懸命に取り組んだ研究だ。一人一人の古生物学者に感謝したい。みずからの情熱に従い、世界屈指のすばらしい化石を現代によみがえらせてくれてありがとう。とりわけアーサー・ブコの研究に感謝したい。彼は学者としてのキャリアの大半を、化石に記録された行動に関する研究と、そうした研究の編纂にささげた。彼は一九九〇年、何かを行なっている最中の生き物が保存された化石を指す際に「凍りついた行動（frozen behavior）」という表現を取り入れた。

以下の方々には、研究や発見についてお話を聞かせていただいたこと、励ましの言葉をかけてくださったこと、本書の実現に役立つ情報を提供してくださったことに心より感謝したい。ポール・バレット、マルコム・ベデル・ジュニア、マイク・ベントン、ロバート・ブーセネッカー、ダニエル・ブリンクマン、スティーヴ・ブルサッテ、マーカス・ビューラー、スティーヴ・エッチズ、マイク・エヴァーハート、アンディ・ファルケ、マルセロ・アドルナ・フェルナンデス、ブライアン・フェルナンド、ハインリヒ・フランク、マーク・グレアム、アンジー・ガイヨンとワイオミング恐竜センター、リー・ホール、アシュリー・ホール、エリー・ハリソン、ロルフ・ハウフ、デイヴ・ホーン、イレイン・ハワード、レベッカ・ハント＝フォスター、ジム・カークランド、アディエル・クロンプメイカー、ジェシカ・リッピンコット、クリステン・マッケンジー、スージー・メイドメント、アンドレア・マーシャル、トニー・マーティン、レヴィ・モロー、ケリー・モロー、ダレン・ナイシュ、ジョン・ナッズ、コニー・オコナー、エルサ・パンチローリ、スーザン・パスモア、デヴィッド・ペニー、ジョン・ピックレル、ニック・パイエンソン、ジョン・ロビンソン、アンドリュー・ロッシ、スヴェン・ザックス、ロス・セコード、トム・サーモン、レヴィ・シンクル、アーロン・スミス、クリスター・スミス、ハンス＝ディーター・スーズ、ジョン・テナント、マイク・トリーボールド、ジャック・ツェン、ビル・ウォール、ベティ・ウィザーズ、ウォーレン・ウィザーズ、マーク・ウィットン、西部内陸古生物学会（WIPS）、そして周忠和。また、本書への写真の掲載を許可してくださった人たちにも多大なる感謝を伝えたい。ありがとうございました。

最後に、才能あふれるすばらしいアーティストであり、科学者、友人でもあるボブ・ニコルズにも心からの感謝をささげたい。その並外れた手腕で、化石とそのストーリー、そしてこの本に命を吹き込んでくれた。

ボブ・ニコルズより

この本はディーンのアイデアだから、まず本書への参加を誘ってくれたことに対して彼に感謝したい。私は古生物の復元画を描く仕事をしている。きっかけは、子どもの頃に本で先史時代の動物のイラストを見て夢中になり、自分が描いたイラストも本に載ったらいいなと思ったことだった。遠い昔に死んだ生き物を描く仕事をして二〇年たったが、自分のイラストが出版される興奮は決して衰えない。この本はまるごと一冊イラストレーターとして参加する機会をもらった二冊目の本だから、私にとって特別な存在だ。キャリアのなかでも特別なプロジェクトとなった。ありがとう、ディーン。これからもたくさんの仕事をいっしょにできればと、心から願っている。

私はボブ・ニコルズ。私はワーカホリックで、よく働く。昼も夜もイラストを描き、模型を作っていて、睡眠の必要性を煩わしく感じるほどだ。この常軌を逸した働きぶりを、妻のヴィクトリアがある程度我慢して理解してくれているのは驚くべきことである。パレオアートに取りつかれた私を許してくれていることにも感謝したいが、何よりもイギリス南部のダードル・ドア・ビーチで「イエス」と言ってくれたことに心から礼を言いたい。ありがとう、ヴィクトリア。きみは誰よりもすばらしい。

娘のダーシーとホリーにも感謝を。毎日くたくたに疲れるまで遊んでくれてありがとう。きみたちのおかげで、私はいつも幸せな笑顔でいられる。パパはいつでも仕事の手を止めて抱き締めてあげるよ。きみたちがこの本を誇りに思い、学校に持っていって友だちに見せたり話したりしてくれたらいいな。

私は一人で仕事し、世界中の何百人という科学者が発表した専門的な文献を参考にして、太古の生き物を復元している。彼らの献身的な研究と専門家気質があるからこそ、遠い昔に絶滅した生き物を、最新の研究成果にもとづいた妥当な解釈で復元することができる。個別に感謝したい人はあまりにもたくさんいるが、とりわけ影響を受けたのはダレン・ナイシュ、マーク・ウィットン、スコット・ハートマン、グレゴリー・ポール、ヤコブ・ヴィンターの論文や書籍だ。駆け出しのパレオアーティストはみな、彼らの活動に注目していってほしい。

最後に、いつも世話になっている両親にも感謝。手を差し伸べてくれるおかげで、私の人生が豊かになっている。本書のイラストは両親にささげたい。

＊＊＊

私たち二人は、すばらしいエージェントであるアリエラ・フェイナーとモリー・ジェイミソンにも「ありがとう」を伝えたい。熱狂的な古生物学オタクのアイデアに耳を傾け、出版への道に導いてくれたおかげで、実際に刊行することができた。ミランダ・マーティンをはじめとするコロンビア大学出版の皆様にも、サポートや励ましをいただいたことに感謝したい。おかげさまでとても楽しく仕事することができた。

［解説］

化石という「進化のスナップショット」の魅力

国立科学博物館 副館長　真鍋 真

ひとりの人間が変化を認識できる数十年の間に、生物進化を実感できることはあまりない。微生物の変化のようなミクロの出来事だったりすると、人間には気づかれなかったりするだろう。しかし、化石を見ていると生物の変化に気がつくことができる。それは何百万年、何千万年という長い時間に積み重ねられた進化を俯瞰してみることができるからだ。

私たちは化石という手がかりから、私たち人間も約五億年前の古生代カンブリア紀には海を泳ぐ魚だったのが、約三億六〇〇〇万年前のデボン紀の頃にはヒレを手足のように使って上陸に成功したらしいことを知る。約三億年前の石炭紀に、私たち哺乳類の系統は、恐竜＋鳥類とはまったく別の道を歩むようになった。私たちの進化の枝では、いまから約二億年前のジュラ紀が始まるころに、哺乳類という小動物が恐竜の足もとを忙しなく走り回るようになっていた。多くの恐竜が寝ている夜間にだけ活動をしていたのかもしれない。一方の恐竜は、約二億三〇〇〇万年前の三畳紀に出現し、他の爬虫類とは異なる腰と後ろあしの構造から運動能力を高め、その多様性、体サイズを増大させ、生態系の頂点はもちろん、その大部分を占めるような存在になっていった。約一億五〇〇〇万年前のジュラ紀の終わりには、小型の獣脚類恐竜の中から鳥類が出現していた。

化石は進化のスナップショットと呼ばれることがある。ゆっくりとした進化の中で、ひとつの生物が存在した証が、たまたま化石として地層の中に保存される。数千万年後、数億年後、たまたま人間がその化石と出会ったとする。そして、それまでに採集されてきたほかの化石と一緒に、テーブルの上に並べてみたとする。テーブルの長辺を時間、短い辺を形の多様性のような座標に見立ててみる。すると個々の化石の点と点が、線のようにつながって見えてくる瞬間がある。その線は進化というつながりである。ウロコに体をおおわれた爬虫類と羽毛の翼をもつ鳥類がまったく異なる生物であることは一目瞭然である。冬のある日の公園でカメとカラスを見ていたら、日光浴するかの如く動かないカメのような変温動物の爬虫類と、活発に餌をついばむカラスのような恒温動物の鳥類の違いを実感することもあるだろう。現代の生物だけを見ていたら、爬虫類から鳥類が進化したことを想像するのはむずかしい。しかし、博物館で羽毛の生えた恐竜の化石をみて、それを爬虫類と鳥類の進化の間に置いてみれば、点と点がつながって、爬虫類から鳥類への進化のつながりが見えてくるはずだ。羽毛恐竜のような生物はミッシングリンクとも呼ばれる。

著者のディーン・R・ロマックスは一八歳だった二〇〇八年、イギリスから初めてアメリカに旅行し、博物館で目にしたジュラ紀の化石に目を奪われた。それはカブトガニ類の足跡だった。その足跡を目で追っていくと、その先にはカブトガニの体そのものまでが化石になっていた。約一億五〇〇〇万年前のあるカブトガニの死の直前の、もしかしたら数分間の動きが化石として残されていたのだ。生物の形や大きさだけではなく、足跡化石のように、その動きが化石として残されているものは、化石の中でも生痕化石と呼ばれている。こんな化石との出会いがきっかけとなって、少年は化石を生物学的に研究する研究者の道に進むこととなった。生痕化石は足跡だけではない。ボブ・ニコルズによる放尿する竜脚類のイラスト（319ページ）を見てほしい。恐竜が排泄するのは当然だが、小便が化石として残るはずはない。しかし、地面に残された痕跡が小便の化石（317ページ）であるという研究がある。私たち人間は小便と大便は別々のところから排出される動物なので、排泄物は小便と大便に分離される。しかし、爬虫類や鳥類の排泄物は総排泄腔というひとつの穴から出てくる。公園に座っていたら、運悪くハトの糞に当たってしまったという経験がある人だったら、大小便が混ざり合った糞のことはご存知だろう。進化的に爬虫類と鳥類の間にいた恐竜が小便だけをするはずがないと考えれば、この化石が放尿の瞬間であったとしても、それは恐竜のものではないとされてしまうだろう。ダチョウのような走鳥類の鳥類を見ていると、体の大きさから恐竜のことを思い出す人がいるかもしれない。走鳥類の祖先は空を飛んでいたのだが、おそらく飛ぶのが上手ではなく、飛ばなくてよい環境が与えられれば飛ばなくなってしまったらしい。飛ばなくてよいので体も大きくすることができた。ダチョウなどの走鳥類は小便を出してから大便を出すことが知られている。この化石は竜脚類恐竜の小便の化石ではないかと考えられている。そんな瞬間まで化石になるなんて驚きだ。

本書が解説するのは生痕化石だけではない。ティラノサウルスの下顎の頬のあたりに穴がたくさんある化石がある。これは他のティラノサウルスに咬まれた痕なのか、細菌が感染した痕跡なのではないかと言われてきた。しかし、これは現代のハトやニワトリ、猛禽類の下顎に知られる、寄生虫が引きおこすトリコモナス症らしいことが提案されるようになった（272ページ）。ティラノサウルスは競争や縄張り争い、求愛などでお互いを咬むことがあったかもしれない。同様の行動は現生種の哺乳類タスマニアデビルにも見られ、トリコモナス症が彼らの野生絶滅のリスクを高めているらしい。約六六〇〇万年前の白亜紀末に、たまたま地球に衝突した小天体のせいで鳥類以外の恐竜が絶滅してしまった。一方で私たち哺乳類が生態系の中心的存在になるチャンスが回ってきた。白亜紀の哺乳類はやられっぱなしだったわけではない。相手が恐竜であっても、自分より小さければエサにしてしまっていたことが哺乳類レペノマムスの化石から明らかになっている（244ページ）。

ついつい恐竜や鳥類の話ばかりしてしまったが、本書には約五億五〇〇〇万年前の古生代カンブリア紀の海にいた、最大でも全長一五センチメートルほどの蠕虫状のオットイア（223ページ）、約四億八〇〇〇万年前のモロッコの海を行進していた不思議な形の三葉虫アンピクス（146ページ）、約五五〇〇万年前の北の海の上を大移動していたガの群れ（160ページ）、約一万二〇〇〇年前のアメリカ・ネブラスカ州のマンモス化石（205ページ）など、地球という惑星の上で繰り広げられて来た進化のスナップショットのような化石が紹介されている。このような進化が三八億年以上も一度も途切れることがなかったから、私たちはいまここでこの本を手にしているのだ。

各項目は化石についてディーン・R・ロマックスが写真やイラストなどを使って解説する。最後のページには、その解説をもとにしたボブ・ニコルズの復元画がある。ちょっと異なった本書の読み方を提案させていただいてもよいだろうか？　最後の復元画を見て、それから本文を読むという順番である。いくつかやってみていただくと、ニコルズの復元画の力をさらに実感していただけるのではないだろうか。

化石を調べることによって、過去の現象をタイムマシンのように垣間見ることができる。それが化石の魅力である。これまで、私は化石のことをスナップショットとかミッシングリンクとして、その重要性や魅力を語ってきた。本書を読んでいると、まさにスナップショットのような化石が、そして形ではなく動作や生態のミッシングリンクについての研究があることを知ることができる。今後の研究でその一部は否定されたり、修正されたりするかもしれない。しかし、それは失敗ではない。遠い過去の出来事は簡単にはわからない。でもせっかく出会った化石ならば、それとじっくりと対峙して、それらの化石が何を伝えようと今日まで地層の中でじっとしていたかを想像してみたい。何世代にも渡る、世界中の研究者たちが集めてきた化石とその知見から、私たちは生物進化の本当の姿に、少しずつではあるが、近づいていっているはずなのだから。

ら』野中香方子訳、文藝春秋、2017年)
McCarville, K., and G. Bishop. 2002. "To Pee or Not to Pee: Evidence for Liquid Urination in Sauropod Dinosaurs." *Journal of Vertebrate Paleontology* 22: 85 A.
Souto, P. R. F., and M. A. Fernandes. 2015. "Fossilized Excreta Associated to Dinosaurs in Brazil." *Journal of South American Earth Sciences* 57: 32–38.
Wedel, M. 2016. "Yes, Folks, Birds and Crocs Can Pee." Sauropod Vertebra Picture of the Week, January 28, 2016. https://svpow.com/2016/01/28/yes-folks-birds-and-crocs-can-pee/.

Formation: Chinle Group), Central New Mexico." *New Mexico Museum of Natural History and Science Bulletin* 21: 279–83.

体の中からむしばまれる

Eberhard, W. G., and M. O. Gonzaga. 2019. "Evidence that *Polysphincta*-Group Wasps (Hymenoptera: Ichneumonidae) Use Ecdysteroids to Manipulate the Web-Construction Behaviour of Their Spider Hosts." *Biological Journal of the Linnean Society* 127: 429–71.

van de Kamp, T., et al. 2018. "Parasitoid Biology Preserved in Mineralized Fossils." *Nature Communications* 9: 3325.

恐竜の腫瘍

Barbosa, F. H. d-S., et al. 2016. "Multiple Neoplasms in a Single Sauropod Dinosaur from the Upper Cretaceous of Brazil." *Cretaceous Research* 62: 13–17.

Bianconi, B., et al. 2013. "An Estimation of the Number of Cells in the Human Body." *Annals of Human Biology* 40: 463–71.

Dumbrava, M. D., et al. 2016. "A Dinosaurian Facial Deformity and the First Occurrence of Ameloblastoma in the Fossil Record." *Nature Scientific Reports* 6: 29271.

Ekhtiari, S., et al. 2020. "First Case of Osteosarcoma in a Dinosaur: A Multimodal Diagnosis." *Lancet* 21: 1021–22.

Gonzalez, R., et al. 2017. "Multiple Paleopathologies in the Dinosaur *Bonitasaura salgadoi* (Sauropoda: Titanosauria) from the Upper Cretaceous of Patagonia, Argentina." *Cretaceous Research* 79: 159–70.

Hao, B.-Q., et al. 2018. "Femoral Osteopathy in *Gigantspinosaurus sichuanensis* (Dinosauria: Stegosauria) from the Late Jurassic of Sichuan Basin, Southwestern China." *Historical Biology* 32: 1028–35.

Masthan, K. M. K., et al. 2015. "Ameloblastoma." *Journal of Pharmacy and Bio Allied Sciences* 7: 276–78.

Macmillan Cancer Support. 2020. "What Is Cancer?" https://www.macmillan.org.uk/cancer-information-and-support/worried-about-cancer/what-is-cancer.

Rothschild, B. M., et al. 1998. "Mesozoic Neoplasia: Origins of Haemangioma in the Jurassic Age." *Lancet* 351: 1862.

Rothschild, B. M., et al. 1999. "Metastatic Cancer in the Jurassic." *Lancet* 354: 398.

Rothschild, B. M., et al. 2003. "Epidemiologic Study of Tumors in Dinosaurs." *Naturwissenschaften* 90: 495–500.

化石になった「おなら」

Penney, D. 2016. *Amber Palaeobiology. Research Trends and Perspectives for the 21st Century.* Manchester, UK: Siri Scientific, 127.

Poinar, G. O., Jr. 2009. "Description of an Early Cretaceous Termite (Isoptera: Kalotermitidae) and Its Associated Intestinal Protozoa, with Comments on Their Co-Evolution." *Parasites & Vectors* 18: 1–17.

Poinar, G. O., Jr. 2010. "Fossil Flatus: Indirect Evidence of Intestinal Microbes." In *Fossil Behavior Compendium*, ed. A. J. Boucot and G. O. Poinar Jr., 22–25. Boca Raton, FL: CRC.

Rabaiotti, D., and N. Caruso. 2017. "Does It Fart?" London: Quercus, 144.

恐竜のおしっこ？

Black, R. 2014. "Laelaps. The Surprising Science of Dinosaur Pee." *National Geographic*, February 12, 2014. https://www.nationalgeographic.com/science/article/the-surprising-science-of-dinosaur-pee.

Fernandes, M., et al. 2004. "Occurrence of Urolites Related to Dinosaurs in the Lower Cretaceous of the Botucatu Formation, Paraná Basin, São Paulo State, Brazil." *Revista Brasileira de Paleontologia* 7: 263–68.

Martin, A. J. 2014. *Dinosaurs Without Bones. Dinosaur Lives Revealed by Their Trace Fossils.* New York: Pegasus, 460.（アンソニー・J・マーティン『恐竜探偵 足跡を追う：糞、嘔吐物、巣穴、卵の化石か

Häussermann, V., et al. 2017. "Largest Baleen Whale Mass Mortality During Strong El Niño Event Is Likely Related to Harmful Toxic Algal Bloom." *PeerJ* 5, e3123.
Pyenson, N. D., et al. 2014. "Repeated Mass Strandings of Miocene Marine Mammals from Atacama Region of Chile Point to Sudden Death at Sea." *Proceedings of the Royal Society B* 281: 20133316.

眠る竜

Gao, C., et al. 2012. "A Second Soundly Sleeping Dragon: New Anatomical Details of the Chinese Troodontid *Mei long* with Implications for Phylogeny and Taphonomy." *PLOS One* 7, e45203.
Rogers, C. S., et al. 2015. "The Chinese Pompeii? Death and Destruction of Dinosaurs in the Early Cretaceous of Lujiatun, NE China." *Palaeogeography, Palaeoclimatology, Palaeoecology* 427: 89–99.
Wang, Y., et al. 2016. "Stratigraphy, Correlation, Depositional Environments, and Cyclicity of the Early Cretaceous Yixian and ?Jurassic-Cretaceous Tuchengzi Formations in the Sihetun Area (NE China) Based on Three Continuous Cores." *Palaeogeography, Palaeoclimatology, Palaeoecology* 464: 110–33.
Xu, X., and M. A. Norell. 2004. "A New Troodontid Dinosaur from China with Avian-Like Sleeping Posture." *Nature* 431: 838–41.

とんでもない傷を負ったジュラ紀のワニ

Ballell, A. et al. 2019. "Convergence and Functional Evolution of Longirostry in Crocodylomorphs." *Palaeontology* 62: 867–87.
Bulstrode, C., et al. 1986. "What Happens to Wild Animals with Broken Bones?" *Lancet* 327: 29–31.
Eldredge, N., and S. M. Stanley. 1984. *Living Fossils*. New York: Springer, 291.
Hartstone-Rose, A., et al. 2015. "The Bacula of Rancho La Brea." *Science Series* 42: 53–63.
Huchzermeyer, F. W. 2003. *Crocodiles: Biology, Husbandry and Diseases*. Wallingford, UL: CABI, 352.
Irwin, S. 1996. "Survival of a Large *Crocodylus porosus* Despite Significant Lower Jaw Loss." *Memoirs of the Queensland Museum* 39: 338.
Marsell, R., and T. A. Einhorn. 2011. "The Biology of Fracture Healing." *Injury* 42: 551–55.
Philo, L. M., et al. 1990. "Fractured Mandible and Associated Oral Lesions in a Subsistence-Harvested Bowhead Whale (*Balaena mysticetus*)." *Journal of Wildlife Diseases* 26: 125–28.
Pierce, S. E., et al. 2017. "Virtual Reconstruction of the Endocranial Anatomy of the Early Jurassic Marine Crocodylomorph *Pelagosaurus typus* (Thalattosuchia)." *PeerJ* 5, e3225.
Stockley, P. 2012. "The Baculum." *Current Biology* 22: R1032–R1033.

干ばつのドラマ？

Brusatte, S. L., et al. 2015. "A New Species of *Metoposaurus* from the Late Triassic of Portugal and Comments on the Systematics and Biogeography of Metoposaurid Temnospondyls." *Journal of Vertebrate Paleontology* 35, e912988.
Colbert, E. H., and J. Imbrie. 1956. "Triassic Metoposaurid Amphibians." *Bulletin of the American Museum of Natural History* 110: 405–2.
Gee, B. M., et al. 2020. "Redescription of Anaschisma (Temnospondyli: Metoposauridae) from the Late Triassic of Wyoming and the Phylogeny of the Metoposauridae." *Journal of Systematic Palaeontology* 18: 233–58.
Lucas, S. G., et al. 2010. "Taphonomy of the Lamy Amphibian Quarry: A Late Triassic Bonebed in New Mexico, U.S.A." *Palaeogeography, Palaeoclimatology, Palaeoecology* 298: 388–98.
Lucas, S. G., et al. 2016. "Rotten Hill: A Late Triassic Bonebed in the Texas Panhandle, USA." *New Mexico Museum of Natural History and Science Bulletin* 72: 1–96.
Romer, A. S. 1939. "An Amphibian Graveyard." *Scientific Monthly* 49: 337–39.
Wells, K. D. 2007. *The Ecology and Behavior of Amphibians*. Chicago: University of Chicago Press, 1400.
Zeigler, K. E., et al. 2002. "Taphonomy of the Late Triassic Lamy Amphibian Quarry (Garita Creek

恐竜を食べる哺乳類

Hu, Y., et al. 2005. "Large Mesozoic Mammals Fed on Young Dinosaurs." *Nature* 433: 149–52.

Li, J., et al. 2001. "A New Family of Primitive Mammal from the Mesozoic of Western Liaoning, China." *Chinese Science Bulletin* 46: 782–85.

興味深い餌場

Jennings, D. S., and S. T. Hasiotis. 2006. "Taphonomic Analysis of a Dinosaur Feeding Site Using Geographic Information Systems (GIS), Morrison Formation, Southern Bighorn Basin, Wyoming, USA." *Palaios* 21: 480–92.

Lippincott, J. 2015. *Wyoming's Dinosaur Discoveries*. Charleston, SC: Arcadia, 95.

肉の貯蔵所

Benton, R. C., et al. 2015. *The White River Badlands: Geology and Paleontology*. Bloomington: Indiana University Press, 240.

Prothero, D. R. 2016. *The Princeton Field Guide to Prehistoric Mammals*. Princeton, NJ: Princeton University Press, 240.

Sundell, K. A. 1999. "Taphonomy of a Multiple *Poebrotherium* Kill Site—An *Archaeotherium* Meat Cache." *Journal of Vertebrate Paleontology* 19: 79A.

先史時代のマトリョーシカ

Kriwet, J., et al. 2008. "First Direct Evidence of a Vertebrate Three-Level Trophic Chain in the Fossil Record." *Proceedings of the Royal Society B* 275: 181–86.

Smith, K. T., and A. Scanferla. 2016. "Fossil Snake Preserving Three Trophic Levels and Evidence for an Ontogenetic Dietary Shift." *Palaeobiodiversity and Palaeoenvironments* 96: 589–99.

5　世にも奇妙な出来事

序文

Arias-Robledo, G., et al. 2018. "The Toad Fly *Lucilia bufonivora*: Its Evolutionary Status and Molecular Identification." *Medical and Veterinary Entomology* 33: 131–39.

Brusca, R. C., and M. R. Gilligan. 1983. "Tongue Replacement in a Marine Fish (*Lutjanus guttatus*) by a Parasitic Isopod (Crustacea: Isopoda)." *Copeia* 3: 813–16.

Cressey, R., and C. Patterson. 1973. "Fossil Parasitic Copepods from a Lower Cretaceous Fish." *Science* 180: 1283–85.

Klompmaker, A. A., and G. A. Boxshall. 2015. "Fossil Crustaceans as Parasites and Hosts." *Advances in Parasitology* 90: 233–89.

Labandeira, C. C. 2002. "Paleobiology of Predators, Parasitoids, and Parasites: Death and Accommodation in the Fossil Record of Continental Invertebrates." *Paleontological Society Papers* 8: 211–49.

Welicky, R. L., et al. 2019. "Understanding Growth Relationships of African Cymothoid Fish Parasitic Isopods Using Specimens from Museum and Field Collections." *Parasites and Wildlife* 8: 182–87.

パラサイト・レックス

Brink, K. 2020. "Description of New Tooth Pathologies in *Tyrannosaurus rex*." *Society of Vertebrate Paleontology, 80th Annual Meeting, Abstracts*: 84.

Wolff, E. D. S., et al. 2009. "Common Avian Infection Plagued the Tyrant Dinosaurs." *PLOS One* 4, e7288.

岸に打ち上がった大量のクジラ

Cordes, D. O. 1982. "The Causes of Whale Strandings." *New Zealand Veterinary Journal* 30: 21–24.

ジュラ紀のドラマ

Frey, E., and H. Tischlinger. 2012. "The Late Jurassic Pterosaur *Rhamphorhynchus*, a Frequent Victim of the Ganoid Fish *Aspidorhynchus*?" *PLOS One* 7, e31945.

Weber, F. 2013. "Paléoécologie des ptérosaures 3: Les reptiles volants de Solnhofen, Allemagne." Fossiles 14: 50–59.

Witton, M. P. 2017. "Pterosaurs in Mesozoic Food Webs: A Review of Fossil Evidence." In *New Perspectives on Pterosaur Palaeobiology*, ed. D. W. E. Hone et al., 455. London: Geological Society.

太古の海にいた恐ろしい蠕虫

Bruton, D. L. 2001. "A Death Assemblage of Priapulid Worms from the Middle Cambrian Burgess Shale." *Lethaia* 34: 163–67.

Conway-Morris, S. 1977. "Fossil Priapulid Worms." *Special Papers in Palaeontology* 20: 1–95.

Smith, M. R., et al. 2015. "The Macro- and Microfossil Record of the Cambrian Priapulid *Ottoia*." *Palaeontology* 58: 705–21.

Vannier, J. 2012. "Gut Contents as Direct Indicators for Trophic Relationships in the Cambrian Marine Ecosystem." *PLOS One* 7, e52200.

Wallace, R. L. 2002. "Priapulida." *Encyclopedia of Life Sciences*. New York: Wiley, 1–4.

貪欲な魚

Bardack, D. 1965. "Anatomy and Evolution of Chirocentrid Fishes." *Vertebrata* 10: 1–88.

Everhart, M. J. 2005. *Oceans of Kansas: A Natural History of the Western Interior Sea*. Bloomington: Indiana University Press, 322.

Everhart, M. J. 2010. "Another Sternberg 'Fish-Within-a-Fish' Discovery: First Report of *Ichthyodectes ctenodon* (Teleostei; Ichthyodectiformes) with Stomach Contents." *Transactions of the Kansas Academy of Science* 113: 197–205.

O'Shea, M., et al. 2013. " 'Fantastic Voyage': A Live Blindsnake (*Ramphotyphlops braminus*) Journeys Through the Gastrointestinal System of a Toad (*Duttaphrynus melanostictus*)." *Herpetology Notes* 6: 467–70.

Ritschel, C. 2019. "Great White Shark Chokes to Death on Sea Turtle." *Independent*, April 23, 2019. https://www.independent.co.uk/news/world/asia/great-white-shark-sea-turtle-choke-japan-fishing-a8882746.html.

Shimada, K. 2019. "A New Species and Biology of the Late Cretaceous 'Blunt-Snouted' Bony Fish, *Thryptodus* (Actinopterygii: Tselfatiiformes), from the United States." *Cretaceous Research* 101: 92–107.

Walker, M. 2006. "The Impossible Fossil: Revisited." *Transactions of the Kansas Academy of Science* 109: 87–96.

骨をかみ砕くイヌ

Van Valkenburgh, B., et al. 2003. "Pack Hunting in Miocene Borophagine Dogs: Evidence from Craniodental Morphology and Body Size." In *Vertebrate Fossils and Their Context: Contributions in Honor of Richard H. Tedford*, ed. L. J. Flynn, 147–62. *Bulletin of the American Museum of Natural History* 279. New York: American Museum of Natural History.

Wang, X., et al. 2008. *Dogs. Their Fossil Relatives & Evolutionary History*. New York: Columbia University Press.

Wang, X., et al. 2018. "First Bone-Cracking Dog Coprolites Provide New Insight Into Bone Consumption in Borophagus and Their Unique Ecological Niche." *eLife* 7, e34773.

殺し屋は誰だ？

Wilson, J. A., et al. 2010. "Predation Upon Hatchling Dinosaurs by a New Snake from the Late Cretaceous of India." *PLOS One* 8, e1000322.

4　戦う、かむ、食べる

序文

Dorward, L. J. 2014. "New Record of Cannibalism in the Common Hippo, *Hippopotamus amphibius* (Linnaeus, 1758)." *African Journal of Ecology* 53: 385–87.

Jorgensen, S. J., et al. 2019. "Killer Whales Redistribute White Shark Foraging Pressure on Seals." *Nature Scientific Reports* 9: 6153.

Li, D., et al. 2012. "Remote Copulation: Male Adaptation to Female Cannibalism." *Biology Letters* 8: 512–15.

Pyle, P., et al. 1999. "Predation on a White Shark (*Carcharodon carcharias*) by a Killer Whale (*Orcinus orca*) and a Possible Case of Competitive Displacement." *Marine Mammal Science* 15: 563–68.

マンモス対決

Boucot, A. J. 1990. *Evolutionary Paleobiology of Behavior and Coevolution*. New York: Elsevier, 725.

Chelliah, K., and R. Sukumar. 2013. "The Role of Tusks, Musth and Body Size in Male-Male Competition Among Asian Elephants, *Elephas maximus*." *Animal Behaviour* 86: 1207–14.

Colyer, F., and A. E. W. Miles. 1957. "Injury to and Rate of Growth of an Elephant Tusk." *Journal of Mammalogy* 38: 243–47.

Fisher, D. C. 2004. "Season of Musth and Musth-Related Mortality in Pleistocene Mammoths." *Journal of Vertebrate Paleontology* 24: 58A.

Fisher, D. C. 2009. "Paleobiology and Extinction of Proboscideans in the Great Lakes Region of North America." In *American Megafaunal Extinctions at the End of the Pleistocene*, ed. G. Haynes, 55–75. Dordrecht: Springer.

Holen, S. R. 2006. "Taphonomy of Two Last Glacial Maximum Mammoth Sites in the Central Great Plains of North America: A Preliminary Report on La Sena and Lovewell." *Quaternary International* 142–143: 30–43.

Mol, D., et al. 2006. "The Yukagir Mammoth: Brief History, 14c Dates, Individual Age, Gender, Size, Physical and Environmental Conditions and Storage." *Scientific Annals* 98: 299–314.

PBS. 2008. *Mammoth Mystery* (documentary). *Nova* (July 30). https://www.pbs.org/wgbh/nova/nature/mammoth-mystery.html.

Poole, J. H. 1987. "Rutting Behavior in African Elephants: The Phenomenon of Musth." *Behaviour* 102: 283–316.

Poole, J. H., and C. J. Moss. 1981. "Musth in the African Elephant, *Loxodonta africana*." *Nature* 292: 830–31.

Rempp, K. 2012. "Clash of the Titans: 50 Years Later." *Rapid City Journal*, October 2, 2012. https://rapidcityjournal.com/community/chadron/clash-of-the-titans-50-years-later/article_addf527c-0cb3-11e2-8c4f-0019bb2963f4.html.

Voorhies, M. R. 1994. "Hooves and Horns." *Nebraska History* 75: 74–81.

戦う恐竜

Barsbold, R. 1974. "Duelling Dinosaurs." *Priroda* 2: 81–83.

Barsbold, R. 2016. "The Fighting Dinosaurs: The Position of Their Bodies Before and After Death." *Palaeontological Journal* 50: 1412–17.

Barsbold, R. 2018. "On Morphological Diversity in Directed Development of Late Carnivorous Dinosaurs (Theropoda Marsh 1881)." *Paleontological Journal* 52: 1764–70.

Carpenter, K. 1998. "Evidence of Predatory Behaviour by Carnivorous Dinosaurs." *Gaia* 15: 135–44.

Hone, D., et al. 2010. "New Evidence for a Trophic Relationship Between the Dinosaurs *Velociraptor* and *Protoceratops*." *Palaeogeography, Palaeoclimatology, Palaeoecology* 291: 488–92.

Kielan-Jaworowska, Z., and R. Barsbold. 1972. "Narrative of the Polish-Mongolian Palaeontological Expeditions 1967–1971." *Palaeontologica Polonica* 27: 5–13.

Nebraska." *Palaeogeography, Palaeoclimatology, Palacoecology* 22: 173–93.
Meyer, R. C. 1999. "Helical Burrows as a Palaeoclimate Response: *Daimonelix* by *Palaeocastor*." *Palaeogeography, Palaeoclimatology, Palaeoecology* 147: 291–98.
Peterson, O. A. 1904. "Recent Observations Upon *Daemonelix*." *Science* 20: 344–45.
Peterson, O. A. 1905. "Description of New Rodents and Discussion of the Origin of *Daemonelix*." *Carnegie Museum Memoirs* 2: 139–202.
Sues, H.-D. 2019. "How Scientists Resolved the Mystery of the Devil's Corkscrews." *Smithsonian Magazine*, November 25, 2019. https://www.smithsonianmag.com/smithsonian-institution/how-scientists-resolved-mystery-devils-corkscrews-180973487/.

巣穴にすんでいた恐竜

Fearon, J. L., and D. J. Varricchio. 2016. "Reconstruction of the Forelimb Musculature of the Cretaceous Ornithopod Dinosaur *Oryctodromeus cubicularis*: Implications for Digging." *Journal of Vertebrate Paleontology* 36, e1078341.
Krumenacker, L. J., et al. 2019. "Taphonomy of and New Burrows from *Oryctodromeus cubicularis*, a Burrowing Neornithischian Dinosaur, from the Mid-Cretaceous (Albian-Cenomanian) of Idaho and Montana, U.S.A." *Palaeogeography, Palaeoclimatology, Palaeoecology* 530: 300–11.
Martin, A. J. 2014. *Dinosaurs Without Bones. Dinosaur Lives Revealed by Their Trace Fossils*. New York: Pegasus, 460.（アンソニー・J・マーティン『恐竜探偵 足跡を追う：糞、嘔吐物、巣穴、卵の化石から』野中香方子訳、文藝春秋、2017年）
Varricchio, D. J., et al. 2007. "First Trace and Body Fossil Evidence of a Burrowing, Denning Dinosaur." *Proceedings of the Royal Society B* 274: 1361–68.

地下にすむ巨大ナマケモノ

Barlow, C. C. 2000. *The Ghosts of Evolution*. New York: Basic, 291.
Bell, C. M. 2002. "Did Elephants Hang from Trees?" *Geology Today* 18: 63–66.
Bustos, D., et al. 2018. "Footprints Preserve Terminal Pleistocene Hunt? Human-Sloth Interactions in North America." *Science Advances* 4, eaar7621.
Cliffe, B. 2016. "Sloths Aren't Lazy—Their Slowness Is a Survival Skill." *The Conversation*, April 19, 2016. https://theconversation.com/sloths-arent-lazy-their-slowness-is-a-survival-skill-63568.
Frank, H. T., et al. 2012. "Cenozoic Vertebrate Tunnels in Southern Brazil." In *Ichnology of Latin America: Selected Papers*, ed. R. G. Netto et al., 141–57. Monografias da Sociedade Brasileira de Paleontologia 2. Rio de Janiero: Sociedade Brasileira de Paleontologia.
Frank, H. T., et al. 2013. "Description and Interpretation of Cenozoic Vertebrate Ichnofossils in Rio Grande Do Sul State, Brazil." *Revista Brasileira de Paleontologia* 16: 83–96.
Frank, H. T., et al. 2015. "Underground Chamber Systems Excavated by Cenozoic Ground Sloths in the State of Rio Grande Do Sul, Brazil." *Revista Brasileira de Paleontologia* 18: 273–84.
Janzen, D. H., and P. S. Martin. 1982. "Neotropical Anachronisms: The Fruits the Gomphotheres Ate." *Science* 215: 19–27.
Lopes, R. P., et al. 2017. "*Megaichnus* igen. nov.: Giant Paleoburrows Attributed to Extinct Cenozoic Mammals from South America." *Ichnos* 24: 133–45.
Naish, D. 2005. "Fossils Explained 51: Sloths." *Geology Today* 21: 232–38.
Quinn, C. E. 1976. "Thomas Jefferson and the Fossil Record." *BIOS* 47: 159–67.
Vizcaino, S. F., et al. 2001. "Pleistocene Burrows in the Mar del Plata Area (Argentina) and Their Probable Builders." *Acta Palaeontologica Polonica* 46: 289–301.

Pemberton, S. G., et al. 2007. "Edward Hitchcock and Roland Bird: Two Early Titans of Vertebrate Ichnology in North America." In *Trace Fossils: Concepts, Problems, Prospects*, ed. W. Miller III, 32–51. Burlington, MA: Elsevier Science.

Witton, M. P. 2016. "The Dinosaur Resting Pose Debate: Some Thoughts for Artists." Markwitton.com (blog), June 10, 2016. http://markwitton-com.blogspot.com/2016/06/the-dinosaur-resting-pose-debate-some.html.

死の行進

Lomax, D. R., and C. A. Racay. 2012. "A Long Mortichnial Trackway of *Mesolimulus walchi* from the Upper Jurassic Solnhofen Lithographic Limestone Near Wintershof, Germany." *Ichnos* 19: 189–97.

ガの大移動

Ataabadi, M. M., et al. 2017. "A Locust Witness of a Trans-Oceanic Oligocene Migration Between Arabia and Iran (Orthoptera: Acrididae)." *Historical Biology* 31: 574–80.

Penney, D., and J. E. Jepson. 2014. *Fossil Insects. An Introduction to Palaeoentomology*. Manchester, UK: Siri Scientific, 222.

Rust, J. 2000. "Fossil Record of Mass Moth Migration." *Nature* 405: 530–31.

Sohn, J.-C., et al. 2015. "The Fossil Record and Taphonomy of Butterflies and Moths (Insecta, Lepidoptera): Implications for Evolutionary Diversity and Divergence-Time Estimates." *BMC Evolutionary Biology* 15: 12.

巨大恐竜がつくった死の落とし穴

Eberth, D. A., et al. 2010. "Dinosaur Death Pits from the Jurassic of China." *Palaios* 25: 112–25.

脱皮するのは成長するとき

Daley, A. C., and H. B. Drage. 2016. "The Fossil Record of Ecdysis, and Trends in the Moulting Behaviour of Trilobites." *Arthropod Structure & Development* 45: 71–96.

Garcia-Bellido, D.C., and D. H. Collins. 2004. "Moulting Arthropod Caught in the Act." *Nature* 429: 40.

Giribet, G., and G. D. Edgecomb. 2019. "The Phylogeny and Evolutionary History of Arthropods." *Current Biology* 29: R592–R602.

Vallon, L. H., et al. 2015. "Ecdysichnia—A New Ethological Category for Trace Fossils Produced by Moulting." *Annales Societatis Geologorum Poloniae* 85: 433–44.

Yang, J., et al. 2019. "Ecdysis in a Stem-Group Euarthropod from the Early Cambrian of China." *Nature Scientific Reports* 9: 5709.

先史時代の奇妙なカップル

Fernandez, V., et al. 2013. "Synchrotron Reveals Early Triassic Odd Couple: Injured Amphibian and Aestivating Therapsid Share Burrow." *PLOS One* 8, e64978.

Jasinoski, S. C., and F. Abdala. 2017. "Aggregations and Parental Care in the Early Triassic Basal Cynodonts *Galesaurus planiceps* and *Thrinaxodon liorhinus*." *PeerJ* 5, e2875.

Smith, R. M. H. 1987. "Helical Burrow Casts of Therapsid Origin from the Beaufort Group (Permian) of South Africa." *Palaeogeography, Palaeoclimatology, Palaeoecology* 60: 155–70.

悪魔のコルク抜き

Barbour, E. H. 1892. "Notice of New Gigantic Fossils." *Science* 19: 99–100.

Doody, J. S., et al. 2015. "Deep Nesting in a Lizard, *Déjà Vu* Devil's Corkscrews: First Helical Reptile Burrow and Deepest Vertebrate Nest." *Biological Journal of the Linnean Society* 116: 13–26.

Martin, L. D., and D. K. Bennett. 1977. "The Burrows of the Miocene Beaver *Palaeocastor*, Western

3　移動と巣づくり

序文

Huffard, C. L., et al. 2005. "Underwater Bipedal Locomotion by Octopuses in Disguise." *Science* 307: 1927.

Smith, T. S., et al. 2013. "An Improved Method of Documenting Activity Patterns of Post-Emergence Polar Bears (*Ursus maritimus*) in Northern Alaska." *Arctic* 66: 139–46.

Steyn, P. 2017. "How Does the Great Wildebeest Migration Work?" *National Geographic*, February 8, 2017. https://blog.nationalgeographic.org/2017/02/08/how-does-the-great-wildebeest-migration-work/.

Wilson, N. 2015. "Why Termites Build Such Enormous Skyscrapers." BBC Earth (December 15). http://www.bbc.com/earth/story/20151210-why-termites-build-such-enormous-skyscrapers.

移動する哺乳類

Martill, D. M. 1988. "Flash Floods and Panic in the Fossil Record: A Tale of 25 Titanotheres." *Geology Today* 4: 27–30.

McCarroll, S. M., et al. 1996. *The Mammalian Faunas of the Washakie Formation, Eocene Age, of Southern Wyoming. Part III. The Perissodactyls.* Fieldiana 33. Chicago: Field Museum of Natural History, 38.

Mihlbachler, M. C. 2008. *Species Taxonomy, Phylogeny, and Biogeography of the Brontotheriidae (Mammalia: Perissodactyla).* In *Bulletin of the American Museum of Natural History* 311. New York: American Museum of Natural History.

Turnbull, W. D., and D. M. Martill. 1988. "Taphonomy and Preservation of a Monospecific Titanothere Assemblage from the Washakie Formation (Late Eocene), Southern Wyoming. An Ecological Accident in the Fossil Record." *Palaeogeography, Palaeoclimatology, Palaeoecology* 63: 91–108.

リーダーに従え

Blażejowski, B., et al. 2016. "Ancient Animal Migration: A Case Study of Eyeless, Dimorphic Devonian Trilobites from Poland." *Palaeontology* 59: 743–51.

Lawrance, P., and S. Stammers. 2014. *Trilobites of the World. An Atlas of 1000 Photographs.* Manchester, UK: Siri Scientific, 416.

Radwański, A., et al. 2009. "Queues of Blind Phacopid Trilobites *Trimerocephalus*: A Case of Frozen Behaviour of Early Famennian Age from the Holy Cross Mountains, Central Poland." *Acta Geologica Polonica* 59: 459–81.

Vannier, J., et al. 2019. "Collective Behaviour in 480-Million-Year-Old Trilobite Arthropods from Morocco." *Nature Scientific Reports* 9: 14941.

Xian-guang, H., et al. 2008. "Collective Behavior in an Early Cambrian Arthropod." *Science* 322: 224.

Xian-guang, H., et al. 2009. "A New Arthropod in Chain-Like Associations from the Chengjiang Lagerstätte (Lower Cambrian), Yunnan, China." *Palaeontology* 52: 951–61.

ジュラ紀の入り江に座って

Bird, R. T. 1985. *Bones for Barnum Brown: Adventures of a Dinosaur Hunter.* Fort Worth: Texas Christian University Press, 225.

Hitchcock, E. 1858. *Ichnology of New England: A Report on the Sandstone of the Connecticut Valley, Especially Its Fossil Footmarks.* Boston: William White, 232.

Lockley, M., et al. 2003. "Crouching Theropods in Taxonomic Jungles: Ichnological and Ichnotaxonomic Investigations of Footprints with Metatarsal and Ischial Impressions." *Ichnos* 10: 169–77.

Martin, A. J. 2014. *Dinosaurs Without Bones. Dinosaur Lives Revealed by Their Trace Fossils.* New York: Pegasus, 460.（アンソニー・J・マーティン『恐竜探偵 足跡を追う：糞、嘔吐物、巣穴、卵の化石から』野中香方子訳、文藝春秋、2017年）

Milner, A. R. C., et al. 2009. "Bird-Like Anatomy, Posture, and Behavior Revealed by an Early Jurassic Theropod Dinosaur Resting Trace." *PLOS One* 4, e4591.

Tucker, S. T., et al. 2014. "The Geology and Paleontology of Ashfall Fossil Beds, a Late Miocene (Clarendonian) Mass-Death Assemblage, Antelope County and Adjacent Knox County, Nebraska, USA." *Geological Society of America Field Guide* 36: 1–22.

Voorhies, M. R. 1985. "A Miocene Rhinoceros Herd Buried in Volcanic Ash." *National Geographic Society Research Reports* 19: 671–88.

Voorhies, M. R., and S. G. Stover. 1978. "An Articulated Fossil Skeleton of a Pregnant Rhinoceros, *Teleoceras major* Hatcher." *Proceedings, Nebraska Academy of Sciences* 88: 47–48.

Voorhies, M. R., and J. R. Thomasson. 1979. "Fossil Grass Anthoecia Within Miocene Rhinoceros Skeletons: Diet in an Extinct Species." *Science* 206: 331–33.

巨大二枚貝に閉じ込められた魚

Kauffman, E. G., et al. 2007. "Paleoecology of Giant Inoceramidae (*Platyceramus*) on a Santonian (Cretaceous) Seafloor in Colorado." *Journal of Paleontology* 81: 64–81.

Neo, M. L., et al. 2015. "The Ecological Significance of Giant Clams in Coral Reef Ecosystems." *Biological Conservation* 181: 111–23.

Soo, P., and P. A. Todd. 2014. "The Behaviour of Giant Clams (Bivalvia: Cardiidae: Tridacninae)." *Marine Biology* 161: 2699–2717.

Stewart, J. D. 1990. "Niobrara Formation Symbiotic Fish in Inoceramid Bivalves." In *Society of Vertebrate Paleontology Niobrara Chalk Excursion Guidebook*, ed. S. Christopher Bennett, 31–41. Lawrence: Museum of Natural History and the Kansas Geological Survey.

Stewart, J. D. 1990. "Preliminary Account of Halecostome-Inoceramid Commensalism in the Upper Cretaceous of Kansas." In *Evolutionary Paleobiology of Behavior and Coevolution*, ed. A. J. Boucot, 51–57. Amsterdam: Elsevier.

Wiley, E. O., and J. D. Stewart. 1981. "*Urenchelys abditus*, New Species, the First Undoubted Eel (Teleostei: Anguilliformes) from the Cretaceous of North America." *Journal of Vertebrate Paleontology* 1: 43–47.

スノーマストドン

Black, R. 2014. "Laelaps, Snowsalamander." *National Geographic*, December 15, 2014. https://www.nationalgeographic.com/science/phenomena/2014/12/15/snowsalamander/.

Johnson, K., and I. Miller. 2012. *Digging Snowmastodon. Discovering an Ice Age World in the Colorado Rockies.* Denver: Denver Museum of Nature & Science and People's Press, 141.

Sertich, J. J. W., et al. 2014. "High-Elevation Late Pleistocene (MIS 6–5) Vertebrate Faunas from the Ziegler Reservoir Fossil Site, Snowmass Village, Colorado." *Quaternary Research* 82: 504–17.

水に浮いた巨大な生態系

Hauff, B., and R. B. Hauff. 1981. *Das Holzmadenbuch*. Fellbach, Germany: REPRO-DRUCK, 136.

Hess, H. 1999. *Lower Jurassic Posidonia Shale of Southern Germany.* In *Fossil Crinoids*, ed. H. Hess et al., 183–96. Cambridge: Cambridge University Press.

Hess, H. 2010. "Paleoecology of Pelagic Crinoids." *Treatise Online* 16: 1–33.

Hunter, A. W., et al. 2020. "Reconstructing the Ecology of a Jurassic Pseudoplanktonic Raft Colony." *Royal Society Open Science* 7: 200142.

Seilacher, A. 1968. "Form and Function of the Stem in a Pseudoplanktonic Crinoid (*Seirocrinus*)." *Palaeontology* 11: 275–82.

Seilacher, A., and R. B. Hauff. 2004. "Constructional Morphology of Pelagic Crinoids." *Palaios* 19: 3–16.

Thiel, M., and C. Fraser. 2016. "The Role of Floating Plants in Dispersal of Biota Across Habitats and Ecosystems." In *Marine Macrophytes as Foundation Species*, ed. E. Olafsson, 76–99. Boca Raton, FL: CRC.

Panama." *PLOS One* 5, e10552.
Shimada, K. 2019. "The Size of the Megatooth Shark, *Otodus megalodon* (Lamniformes: Otodontidae), Revisited." *Historical Biology*. https://doi.org/10.1080/08912963.2019.1666840.

ベビーシッター

Coombs, W. P. 1982. "Juvenile Specimens of the Ornithischian Dinosaur *Psittacosaurus. Palaeontology* 25: 89–107.
Erickson, G. M., et al. 2009. "A Life Table for *Psittacosaurus lujiatunensis*: Initial Insights Into Ornithischian Dinosaur Population Biology." *Anatomical Record* 292: 1514–21.
Hedrick, B. P., et al. 2014. "The Osteology and Taphonomy of a *Psittacosaurus* Bonebed Assemblage of the Yixian Formation (Lower Cretaceous), Liaoning, China." *Cretaceous Research* 51: 321–40.
Isles, T. E. 2009. "The Socio-Sexual Behaviour of Extant Archosaurs: Implications for Understanding Dinosaur Behaviour." *Historical Biology* 21: 139–214.
Meng, Q., et al. 2004. "Parental Care in an Ornithischian Dinosaur." *Nature* 431: 145–46.
Vinther, J., et al. 2016. "3D Camouflage in an Ornithischian Dinosaur." *Current Biology* 26: 2456–62.
Zhao, Q., et al. 2007. "Social Behaviour and Mass Mortality in the Basal Ceratopsian Dinosaur *Psittacosaurus* (Early Cretaceous, People's Republic of China)." *Palaeontology* 50: 1023–29.
Zhao, Q., et al. 2014. "Juvenile-Only Clusters and Behaviour of the Early Cretaceous Dinosaur *Psittacosaurus*." *Acta Palaeontologica Polonica* 59: 827–33.

恐竜がはまった死の罠

Franz, A. 2017. "Locked in Rock: Liberating America's Giant Raptors." Earth Archives. https://eartharchives.org/articles/locked-in-rock-liberating-america-s-giant-raptors/.
Kirkland, J. I., et al. 1993. "A Large Dromaeosaur (Theropoda) from the Lower Cretaceous of Eastern Utah." *Hunteria* 2: 1–16.
Kirkland, J. I., et al. 2016. "Depositional Constraints of the Lower Cretaceous Stikes Quarry Dinosaur Site: Upper Yellow Cat Member, Cedar Mountain Formation, Utah." *Palaios* 31: 421–39.
Li, R., et al. 2008. "Behavioral and Faunal Implications of Early Cretaceous Deinonychosaur Trackways from China." *Naturwissenschaften* 95: 185–91.
Madsen, S. 2016. "The Utahraptor Project." https://www.gofundme.com/f/utahraptor.
Maxwell, D. W., and J. H. Ostrom. 1995. "Taphonomy and Paleobiological Implications of *Tenontosaurus-Deinonychus* Associations." *Journal of Vertebrate Paleontology* 15: 707–12.
Moscato, D. 2016. "What Killed the Dinosaurs in this Fossilised Mass Grave?" Earth Touch News Network, October 10, 2016. https://www.earthtouchnews.com/discoveries/fossils/what-killed-the-dinosaurs-in-this-fossilised-mass-grave/.
Roach, B. T., and D. L. Brinkman. 2007. "A Reevaluation of Cooperative Pack Hunting and Gregariousness in *Deinonychus antirrhopus* and Other Nonavian Theropod Dinosaurs." *Bulletin of the Peabody Museum of Natural History* 48: 103–38.

先史時代のポンペイ

"Ashfall Fossil Beds State Historical Park Designated a National Natural Landmark" (brochure). Nebraska Game and Parks Commission and the University of Nebraska State Museum. https://ashfall.unl.edu/file_download/inline/f8fed67f-c2ed-4a3d-adc3-47cb92b7d8cc.
Mead, A. J. 2000. "Sexual Dimorphism and Paleoecology in *Teleoceras*, a North American Miocene Rhinoceros." *Paleobiology* 26: 689–706.
Mihlbachler, M. C. 2003. "Demography of Late Miocene Rhinoceroses (*Teleoceras proterum* and *Aphelops malacorhinus*) from Florida: Linking Mortality and Sociality in Fossil Assemblages." *Paleobiology* 29: 412–28.

Maturity in Non-Avian Dinosaurs and Genesis of the Avian Condition." *Biology Letters* 3: 558–61.
Fanti, F., et al. 2012. "New Specimens of *Nemegtomaia* from the Baruungoyot and Nemegt Formations (Late Cretaceous) of Mongolia." *PLOS One* 7, e31330.
Norell, M. A., et al. 1994. "A Theropod Dinosaur Embryo and the Affinities of the Flaming Cliffs Dinosaur Eggs." *Science* 266: 779–82.
Norell, M. A., et al. 1995. "A Nesting Dinosaur." *Nature* 378: 774–76.
Norell, M. A., et al. 2018. "A Second Specimen of *Citipati osmolskae* Associated with a Nest of Eggs from Ukhaa Tolgod, Omnogov Aimag, Mongolia." *American Museum Novitates* 3899: 1–44.
Osborn, H. F. 1924. "Three New Theropod, *Protoceratops* Zone, Central Mongolia." *American Museum Novitates* 144: 1–12.
Tanaka, K., et al. 2018. "Incubation Behaviours of Oviraptorosaur Dinosaurs in Relation to Body Size." *Biology Letters* 14, 20180135.
Varricchio, D. J., et al. 2008. "Avian Paternal Care Had Dinosaur Origin." *Science* 322: 1826–28.
Yang, T.-R., et al. 2019. "Reconstruction of Oviraptorid Clutches Illuminates Their Unique Nesting Biology." *Acta Palaeontologica Polonica* 64: 581–96.

最古の子育て

Caron, J.-B., and J. Vannier. 2016. "*Waptia* and the Diversification of Brood Care in Early Arthropods." *Current Biology* 26: 69–74.
Duan, Y., et al. 2014. "Reproductive Strategy of the Bradoriid Arthropod *Kunmingella douvillei* from the Lower Cambrian Chengjiang Lagerstätte, South China." *Gondwana Research* 25: 983–90.
Fu, D., et al. 2018. "Anamorphic Development and Extended Parental Care in a 520-Million-Year-Old Stem-Group Euarthropod from China." *BMC Evolutionary Biology* 18: 139–48.
Vannier, J., et al. 2018. "*Waptia fieldensis* Walcott, a Mandibulate Arthropod from the Middle Cambrian Burgess Shale." *Royal Society Open Science* 5, 172206.

翼竜の巣

Chiappe, L. M., et al. 2004. "Argentinian Unhatched Pterosaur Fossil." *Nature* 432: 571–72.
Ji, Q., et al. 2004. "Pterosaur Egg with a Leathery Shell." *Nature* 432: 572.
Lű, J., et al. 2011. "An Egg-Adult Association, Gender, and Reproduction in Pterosaurs." *Science* 331: 321–24.
Unwin, D. M., and C. D. Deeming. 2019. "Prenatal Development in Pterosaurs and Its Implications for Their Postnatal Locomotory Ability." *Proceedings of the Royal Society B* 286: 20190409.
Wang, X., and Z. Zhou. 2004. "Pterosaur Embryo from the Early Cretaceous." *Nature* 429: 621.
Wang, X., et al. 2014. "Sexually Dimorphic Tridimensionally Preserved Pterosaurs and Their Eggs from China." *Current Biology* 24: 1323–30.
Wang, X., et al. 2015. "Eggshell and Histology Provide Insight on the Life History of a Pterosaur with Two Functional Ovaries." *Anais da Academia Brasileira de Ciências* 87: 1599–1609.
Wang, X., et al. 2017. "Egg Accumulation with 3D Embryos Provides Insight Into the Life History of a Pterosaur." *Science* 358: 1197–1201.

巨大ザメの保育所

Boessenecker, R. W., et al. 2019. "The Early Pliocene Extinction of the Mega-Toothed Shark *Otodus megalodon*: A View from the Eastern North Pacific." *PeerJ* 7, e6088.
Herraiz, J. L., et al. 2020. "Use of Nursery Areas by the Extinct Megatooth Shark *Otodus megalodon* (Chondrichthyes: Lamniformes)." *Biology Letters* 16: 20200746.
Heupel, M. R., et al. 2007. "Shark Nursery Areas: Concepts, Definition, Characterization and Assumptions." *Marine Ecology Progress Series* 337: 287–97.
Pimiento, C., et al. 2010. "Ancient Nursery Area for the Extinct Giant Shark Megalodon from the Miocene of

Hou, L-H., et al. 1995. "A Beaked Bird from the Jurassic of China." *Nature* 377: 616–18.

Li, Q., et al. 2018. "Elaborate Plumage Patterning in a Cretaceous Bird." *PeerJ* 6, e5831.

O'Connor, J. K., et al. 2014. "The Histology of Two Female Early Cretaceous Birds." *Vertebrata Palasiatica* 52: 112–28.

Varricchio, D. J., and F. D. Jackson. 2016. "Reproduction in Mesozoic Birds and Evolution of the Modern Avian Reproductive Mode." *The Auk* 133: 654–84.

交尾中のカメに起きた悲劇

Joyce, W. G., et al. 2012. "Caught in the Act: The First Record of Copulating Fossil Vertebrates." *Biology Letters* 8: 846–48.

小さなウマと子ウマ

Franzen, J. L. 2006. "A Pregnant Mare with Preserved Placenta from the Middle Eocene Maar of Eckfeld, Germany." *Palaeontographica Abteilung A* 278: 27–35.

Franzen, J. L. 2010. *The Rise of Horses: 55 Million Years of Evolution*. Baltimore: John Hopkins University Press, 211.

Franzen, J. L. 2017. "Report on the Discovery of Fossil Mares with Preserved Uteroplacenta from the Eocene of Germany." *Fossil Imprint* 73: 67–75.

Franzen, J. L., et al. 2015. "Description of a Well Preserved Fetus of the European Eocene Equoid *Eurohippus messelensis*." *PLOS One* 10, e0137985.

2　子育てと集団

序文

Grone, B. P., et al. 2012. "Food Deprivation Explains Effects of Mouthbrooding on Ovaries and Steroid Hormones, but Not Brain Neuropeptide and Receptor mRNAs, in an African Cichlid Fish." *Hormones and Behavior* 62: 18–26.

Royle, N. J., et al. 2013. "Burying Beetles." *Current Biology* 23: R907–R909.

Schäfer, M., et al. 2019. "Goliath Frogs Build Nests for Spawning—The Reason for Their Gigantism?" *Journal of Natural History* 53: 1263–76.

Scott, M. P. 1990. "Brood Guarding and the Evolution of Male Parental Care in Burying Beetles." *Behavior Ecology and Sociobiology* 26: 31–39.

Scott, M. P. 1998. "The Ecology and Behaviour of Burying Beetles." *Annual Review of Entomology* 43: 595–618.

Shukla, S. P., et al. 2018. "Microbiome-Assisted Carrion Preservation Aids Larval Development in a Burying Beetle." *PNAS* 115: 11274–279.

卵を抱く恐竜

Bi, S., et al., 2020. "An Oviraptorid Preserved Atop an Embryo-Bearing Egg Clutch Sheds Light on the Reproductive Biology of Non-Avialan Theropod Dinosaurs." *Science Bulletin*, doi.org/10.1016/j.scib.2020.12.018.

Clark, J. M., et al. 1999. "An Oviraptorid Skeleton from the Late Cretaceous of Ukhaa Tolgod, Mongolia, Preserved in an Avianlike Brooding Position Over an Oviraptorid Nest." *American Museum Novitates* 3265: 1–36.

Dong, Z-M., and P. J. Currie. 1996. "On the Discovery of an Oviraptorid Skeleton on a Nest of Eggs at Bayan Mandahu, Inner Mongolia, People's Republic of China." *Canadian Journal of Earth Science* 33: 631–36.

Erickson, G. M., et al. 2007. "Growth Patterns in Brooding Dinosaurs Reveals the Timing of Sexual

進化35億年の旅』垂水雄二訳、早川書房、2013年)

恐竜の求愛ダンス

Lockley, M. G., et al. 2016. "Theropod Courtship: Large Scale Physical Evidence of Display Arenas and Avian-Like Scrape Ceremony Behaviour by Cretaceous Dinosaurs." *Scientific Reports* 6, 18952.

死の中の命

Benton, M. J. 1991. "The Myth of the Mesozoic Cannibals." *New Scientist* 10: 40–44.

Böttcher, R. 1990. "Neue Erkenntnisse über die Fortpflanzungsbiologie der Ichthyosaurier (Reptilia)." *Stuttgarter Beiträge zur Naturkunde*, Serie B, 164: 1–51.

Chaning Pearce, J. 1846. "Notice of What Appears To Be the Embryo of an Ichthyosaurus in the Pelvic Cavity of *Ichthyosaurus* (*communis*?)." *Annals & Magazine of Natural History* 17: 44–46.

McGowan, C. 1979. "A Revision of the Lower Jurassic Ichthyosaurs of Germany, with the Description of Two New Species." *Palaeontographica Abt A* 166: 93–135.

Motani, R., et al. 2014. "Terrestrial Origin of Viviparity in Mesozoic Marine Reptiles Indicated by Early Triassic Embryonic Fossils." *PLOS One* 9, e88640.

永遠に残るジュラ紀のセックス

Cryan, J. R., and G. J. Svenson. 2010. "Family-Level Relationships of the Spittlebugs and Froghoppers (Hemiptera: Cicadomorpha: Cercopoidea)." *Systematic Entomology* 35: 393–415.

Li, S., et al. 2013. "Forever Love: The Hitherto Earliest Record of Copulating Insects from the Middle Jurassic of China." *PLOS One* 8, e78188.

妊娠した首長竜

O'Keefe, F. R., and L. M. Chiappe. 2011. "Viviparity and K-Selected Life History in a Mesozoic Marine Plesiosaur (Reptilia, Sauropterygia)." *Science* 333: 870–73.

O'Keefe, F. R., et al. 2018. "Ontogeny of Polycotylid Long Bone Microanatomy and Histology." *Integrative Organismal Biology* 1, oby007.

Witton, M. P. 2019. "Plesiosaurs on the Rocks: The Terrestrial Capabilities of Four-Flippered Marine Reptiles." Markwittonblog.com (blog), January 25, 2019. http://markwitton-com.blogspot.com/2019/01/plesiosaurs-on-rocks-terrestrial.html.

クジラが陸上で出産した時代

Gingerich, P. D., et al. 2009. "New Protocetid Whale from the Middle Eocene of Pakistan: Birth on Land, Precocial Development, and Sexual Dimorphism." *PLOS One* 4, e4366.

Pyenson, N. D. 2017. "The Ecological Rise of Whales Chronicled by the Fossil Record." *Current Biology* 27: R558–R564.

Thewissen, J. G. M., et al. 2009. "From Land to Water: The Origin of Whales, Dolphins, and Porpoises." *Evolution: Education and Outreach* 2: 272–88.

白亜紀の鳥の求愛

Chiappe, M. L. M., et al. 1999. "Anatomy and Systematics of the Confuciusornithidae (Theropoda: Aves) from the Late Mesozoic of Northeastern China." *Bulletin of the American Museum of Natural History* 242: 89.

Chinsamy, A., et al. 2013. "Gender Identification of the Mesozoic Bird *Confuciusornis sanctus*." *Nature Communications* 4: 1381.

Chinsamy, A., et al. 2020. "Osteohistology and Life History of the Basal Pygostylian, *Confuciusornis sanctus*." *Anatomical Record* 303: 949–62.

参考文献

Attenborough, D. F. 1990. *The Trials of Life: A Natural History of Animal Behaviour.* London: Collins/BBC, 320.

Bottjer, D. J. 2016. *Paleoecology: Past, Present and Future.* Chichester, UK: Wiley, 232.

Boucot, A. J. 1990. *Evolutionary Paleobiology of Behavior and Coevolution.* New York: Elsevier, 725.

Boucot, A. J., and G. O. Poinar Jr. 2010. *Fossil Behavior Compendium.* Boca Raton, FL: CRC, 424.

Drickamer, L. C., S. H. Vessey, and E. M. Jakob. 2002. *Animal Behavior: Mechanisms, Ecology, Evolution*, 5th ed. Boston: McGraw-Hill, 422.

Hone, D. W. E., and C. G. Faulkes. 2013. "A Proposed Framework for Establishing and Evaluating Hypotheses About the Behaviour of Extinct Organisms." *Journal of Zoology* 292: 260–67.

Martin, A. J. 2014. *Dinosaurs Without Bones: Dinosaur Lives Revealed by Their Trace Fossils.* New York: Pegasus, 460.（アンソニー・J・マーティン『恐竜探偵 足跡を追う：糞、嘔吐物、巣穴、卵の化石から』野中香方子訳、文藝春秋、2017年）

Martin, A. J. 2017. *The Evolution Underground: Burrows, Bunkers, and the Marvelous Subterranean World Beneath Our Feet.* New York: Pegasus, 405.

はじめに

Benton, M. J. 2010. "Studying Function and Behavior in the Fossil Record." *PLoS Biology* 8, e1000321.

Boucot, A. J. 1990. *Evolutionary Paleobiology of Behavior and Coevolution.* New York: Elsevier, 725.

Boucot, A. J., and G. O. Poinar Jr. 2010. *Fossil Behavior Compendium.* Boca Raton, FL: CRC, 424.

Peckre, L. R., et al. 2018. "Potential Self-Medication Using Millipede Secretions in Red-Fronted Lemurs: Combining Anointment and Ingestion for a Joint Action Against Gastrointestinal Parasites?" *Primates* 59: 483–94.

1　交尾

序文

Bondar, C. 2015. *The Nature of Sex: The Ins and Outs of Mating in the Animal Kingdom.* London: W&N, 377.

Fisher, D. O., et al. 2013. "Sperm Competition Drives the Evolution of Suicidal Reproduction in Mammals." *PNAS* 110: 17910–914.

Knell, R. J., et al. 2013. "Sexual Selection in Prehistoric Animals: Detection and Implications." *Trends in Ecology & Evolution* 28: 38–47.

魚の母の子づくり

Long, J. A. 2012. *The Dawn of the Deed: The Prehistoric Origins of Sex.* Chicago: University of Chicago Press, 278.

Long, J. A. 2014. "Copulate to Populate: Ancient Scottish Fish Did It Sideways." *The Conversation*, October 19, 2014. https://theconversation.com/copulate-to-populate-ancient-scottish-fish-did-it-sideways-30910.

Long, J. A., et al. 2008. "Live Birth in the Devonian Period." *Nature* 453: 650–52.

Long, J. A., et al. 2015. "Copulation in Antiarch Placoderms and the Origin of Gnathostome Internal Fertilization." *Nature* 517: 196–99.

Newman, M. J., et al. 2020. "Earliest Vertebrate Embryos in the Fossil Record (Middle Devonian, Givetian)." *Palaeontology* 10.1111/pala.12511.

Shubin, N. 2009. *Your Inner Fish: The Amazing Discovery of Our 375-Million-Year-Old Ancestor.* London: Penguin, 256.（ニール・シュービン『ヒトのなかの魚、魚のなかのヒト：最新科学が明らかにする人体

〈ナ行〉

〈ハ行〉

索引

著者（文）　ディーン・R・ロマックス（Dean R. Lomax）

古生物学者、サイエンス・コミュニケーター。魚竜研究の第一人者で、マンチェスター大学の客員研究員を務めている。著書に『Dinosaurs of the British Isles』『Dinosaurs: 10 Things You Should Know』（未訳）などがある。

著者（絵）　ボブ・ニコルズ（Bob Nicholls）

世界的に有名な古生物復元アーティスト。先史時代の動植物や環境の復元を専門とし、数々の賞を受賞。そのイラストや模型は40冊以上の書籍に掲載され、世界各地の博物館、大学、観光施設で展示されている。

訳者　藤原 多伽夫（ふじわら たかお）

翻訳家、編集者。静岡大学理学部卒業。自然科学、考古学、探検、環境など幅広い分野の翻訳と編集に携わる。訳書にヘア＆ウッズ『ヒトは〈家畜化〉して進化した』、マクガヴァン『酒の起源』（以上、白揚社）、ライハニ『「協力」の生命全史』（東洋経済新報社）、グールソン『サイレント・アース』（NHK出版）、コケル『生命進化の物理法則』など多数。

解説者　真鍋 真（まなべ まこと）

国立科学博物館 副館長・研究調整役。標本資料センター・コレクションディレクター、分子生物多様性研究資料センター・センター長。専門は古脊椎動物学。恐竜など中生代の化石から爬虫類、鳥類の進化を研究し、また、「恐竜博」などの展覧会の企画・監修、恐竜や古生物、進化に関する書籍の監修などで知られる。著書に『深読み！　絵本「せいめいのれきし」』（岩波書店）、『恐竜学』（Gakken）、『恐竜の魅せ方』（CCCメディアハウス）ほか多数。

ISBN978-4-8269-0268-7

古生物《こせいぶつ》はこんなふうに生《い》きていた
化石《かせき》からよみがえる50の場面《ばめん》

二〇二五年三月二十一日　第一版第一刷発行

著者　ディーン・R・ロマックス（文）／ボブ・ニコルズ（絵）
訳者　藤原《ふじわら》多伽夫《たかお》
解説　真鍋《まなべ》真《まこと》

発行者　中村幸慈

発行所　株式会社 白揚社　© 2025 in Japan by Hakuyosha
東京都千代田区神田駿河台一―七―七　郵便番号一〇一―〇〇六二
電話（〇三）五二八一―九七七二
振替　〇〇一三〇―一―二五四〇〇

装幀・組版・デザイン　株式会社トンプウ（尾崎文彦・目黒一枝・島崎未知子）

印刷・製本　モリモト印刷株式会社